高等学校大数据专业系列教材

数据可视化原理及应用

第2版·ECharts版

樊银亭 夏敏捷 宋宝卫 著

清华大学出版社

北京

内 容 简 介

本书是面对当前科学可视化、信息可视化、可视分析研究和应用的新形势，专门为计算机、统计、大数据处理及相关专业开设的"数据可视化"课程而编写的。全书分为两篇：原理篇和应用篇。其中，原理篇从数据可视化发展历程、可视化数据的度量和可视化组件、可视化流程等方面讲解可视化基础理论和概念，针对实际应用中遇到的不同类型的数据(包括时空数据、地理信息数据、文本数据、层次数据)介绍相应的可视化方法；应用篇着重介绍可视化工具 ECharts 的综合应用，同时介绍流行语言 Python 在可视化方面的应用，最后一章用实例讲解一个 ECharts 在微信公众号舆情系统中可视化应用的实例。

本书可作为高等学校计算机、统计、大数据处理及相关专业高年级本科生和研究生的教学用书，也适用于 ECharts 学习者、可视化设计人员和数据分析人员，对于从事数据可视化、数据分析、视觉艺术开发和应用人员也有较大的参考价值。

图书在版编目（CIP）数据

数据可视化原理及应用：ECharts 版 / 樊银亭，夏敏捷，宋宝卫著. -- 2 版. -- 北京：
清华大学出版社，2025.1. --（高等学校大数据专业系列教材）. -- ISBN 978-7-302-67875-5

Ⅰ．TP274

中国国家版本馆 CIP 数据核字第 2025TM3660 号

责任编辑：陈景辉
封面设计：刘　键
责任校对：刘惠林
责任印制：宋　林

出版发行：清华大学出版社
   网 址：https://www.tup.com.cn，https://www.wqxuetang.com
   地 址：北京清华大学学研大厦 A 座   邮 编：100084
   社 总 机：010-83470000   邮 购：010-62786544
   投稿与读者服务：010-62776969，c-service@tup.tsinghua.edu.cn
   质量反馈：010-62772015，zhiliang@tup.tsinghua.edu.cn
   课件下载：https://www.tup.com.cn，010-83470236
印 装 者：天津安泰印刷有限公司
经 销：全国新华书店
开 本：185mm×260mm 印 张：19 字 数：509 千字
版 次：2019 年 10 月第 1 版 2025 年 2 月第 2 版 印 次：2025 年 2 月第 1 次印刷
印 数：1～1500
定 价：59.90 元

产品编号：104500-01

高等学校大数据专业系列教材
编 委 会

数据可视化(Data Visualization)起源于 18 世纪。William Playfair 在出版的图书 *The Commercial and Political Atlas* 中第一次使用了柱状图和折线图。当时的柱状图和折线图是用来表示国家的进出口量,如今柱状图和折线图依然在使用。19 世纪初,他出版了 *Statistical Breviary* 一书,里面第一次使用了饼图。这三种图形都是至今常用的、著名的可视化图形。19 世纪中叶,数据可视化主要被用于军事,用来表示军队死亡原因、军队的分布图等。进入 20 世纪后,数据可视化有了飞跃性的发展。1990 年,在人机界面学会上,它作为信息可视化原型的技术被发表。1995 年,IEEE Information Visualization 正式创立,信息可视化作为独立的学科被正式确立。随着 2012 年世界进入大数据时代,数据可视化作为大量数据的呈现方式,成为当前重要的课题。

数据可视化是指将大型数据集中的数据以图形图像形式表示,并利用数据分析和开发工具发现其中未知信息的处理过程。其目的是对数据进行可视化处理,并使其能被明确、有效地传递。比起枯燥乏味的数值,人类对于大小、位置、浓淡、颜色、形状等能有更好、更快的认识,经过可视化之后的数据能加深人类对于数据的理解和记忆。

全书分为两篇:原理篇和应用篇。其中,原理篇从数据可视化发展历程、数据可视化数据的度量和可视化组件、可视化流程等方面讲解可视化基础理论和概念,针对实际应用中遇到的不同类型的数据(包括时空数据、地理信息数据、文本数据、层次数据)介绍相应的可视化方法;应用篇着重介绍可视化工具 ECharts 的综合应用,同时介绍 Python 语言在可视化方面的应用,最后一章用实例讲解 ECharts 在微信公众号舆情系统中的可视化应用。

配套资源

为便于教与学,本书配有源代码、教学课件、教学大纲、教学日历。

(1) 获取源代码、全书网址和彩色图片方式:先刮开本书封底的文泉云盘防盗码并用手机版微信 App 扫描,授权后再扫描下方二维码,即可获取。

源代码

全书网址

彩色图片

（2）其他配套资源可以扫描本书封底的"书圈"二维码，关注后回复本书书号，即可下载。

本书特色

（1）夯实理论，注重实践。

本书深入浅出地阐述数据可视化的基础理论，为读者构建了坚实的知识基础。同时，紧跟技术前沿，通过 ECharts 和 Python 的可视化应用案例，展示了数据可视化在实际项目中的强大功能，帮助读者实现从理论到实践的跨越。

（2）案例丰富，强化操作。

本书在应用篇中安排大量的实践案例，最后一章以 ECharts 在微信公众号舆情系统中的可视化应用为例，详细讲解数据可视化技术在具体项目中的应用过程，旨在帮助读者掌握项目的实施流程和技术细节，从而提升其实际操作能力。

（3）图文并茂，易于理解。

本书以通俗易懂的语言和丰富的图表，将复杂的数据可视化理论讲解得生动有趣，旨在激发读者的学习兴趣和积极性，便于读者理解和掌握知识点。

读者对象

本书可作为高等学校计算机、统计、大数据处理及相关专业高年级本科生和研究生的教学用书，也适用于 ECharts 学习者、可视化设计人员和数据分析人员，对于从事数据可视化、数据分析、视觉艺术开发与应用等人员也有较大的参考价值。

本书由樊银亭和夏敏捷（中原工学院）主持编写，樊银亭编写第 1 章，宋宝卫（郑州轻工业大学）编写第 3～9 章，其余章由夏敏捷编写。

在本书的编写过程中，为确保内容的正确性，参阅了很多资料，并且得到了中原工学院和资深 Web 程序员的支持，研究生师钰博参与了资料整理。

由于编者水平有限，书中难免有疏漏之处，敬请广大读者批评指正。

夏敏捷

2024 年 8 月

CONTENTS 目录

原 理 篇

应 用 篇

原理篇

第 *1* 章

数据可视化简介

数据可视化旨在借助于图形化手段,清晰、有效地传达与沟通信息。但是,这并不意味着数据可视化就一定因为要实现其功能用途而令人感到枯燥乏味,或者是为了看上去绚丽多彩而显得极其复杂。为了有效地传达思想观念,美学形式与功能需要齐头并进,通过直观地传达关键的方面与特征,实现对于相当稀疏而又复杂的数据集的深入洞察。然而设计人员往往并不能很好地把握设计与功能之间的平衡,从而创造出华而不实的数据可视化形式,无法达到传达与沟通信息的目的。

数据可视化与信息图形、信息可视化、科学可视化以及统计图形密切相关。当前,在研究、教学和开发领域,数据可视化乃是一个极为活跃而又关键的方面。"数据可视化"这条术语实现了成熟的科学可视化领域与较年轻的信息可视化领域的统一。

1.1 数据可视化发展历程

数据可视化是数据描述的图形表示,是当今数据分析发展最快速、最引人注目的领域之一。借助于可视化工具的发展,或朴实,或优雅,或绚烂的可视化作品给我们讲述着各种数据故事。在这个领域中,科学、技术和艺术完美地结合在一起。

数据可视化一般被认为源于统计学诞生的时代,并随着技术手段、传播手段的进步而发扬光大;事实上,用图形描绘量化信息的思想植根于更早年代人们对于世界的观察、测量和管理的需要。本节将探索数据可视化的发展历程。

1. 数据可视化的起源

欧洲中世纪晚期是一个孕育着新纪元的时代。经济发展和文艺复兴点燃了欧洲人对人文和科学知识的追求,现代科学开始蹒跚起步。同时地理大发现如同大爆炸一般,把一个有待探索的新世界呈现在西欧人的面前,商人和探险家等满怀着对财富、贸易或者知识的渴望登上了驶向远方的航船。面对未知的新世界,很多新的科技,如绘图学、测量学、天文学等在迅速地更新着人们对世界的认识。

在 16 世纪,天体和地理的测量技术得到了很大的发展,特别是出现了像三角测量这样的可以精确绘制地理位置的技术。到了 17 世纪,笛卡儿发展了解析几何和坐标系;哲学家帕斯卡发展了早期概率论;英国人 John Graunt 开始了人口统计学的研究。数据的收集整理和绘制开始了系统的发展。这些早期的探索开启了数据可视化的大门。

2. 18 世纪——新的图形符号出现

18 世纪是一个科学史上承上启下的时代。在这个世纪开始的时候,牛顿爵士已经在苹果树下发现了天体运动的伟大方程,微积分建立起来了,数学和物理知识开始为科学提供坚实的基础;在这个世纪里,化学也摆脱了炼金术,开始探索物质的组成;博物学家们继续在世界各地探索着未知的事物。社会生活也在发展,在这个世纪稍晚的年代,英国开始了工业革命,从此社会化大生产深刻地改变了整个世界——技术成为科学的另一条主线,社会管理也走向数量化和精确化。

与这些社会和科技进步相伴,统计学出现了早期萌芽。一些与绘图相关的技术也出现了,如三色彩印(1710)和平板印刷(1798)(后者被当今学者称为如同施乐打印机一般伟大的发明)。数据的价值开始为人们所重视,人口、商业等方面的经验数据开始被系统地收集整理,天文、测量、医学等学科的实践也有大量的数据被记录下来。人们开始有意识地探索数据表达的形式,抽象图形和图形的功能被极大地扩展,许多崭新的数据可视化形式在这个世纪里诞生了。

这些新的图形创新涵盖很多图形领域。

在地图中,出现了以等值线(Edmund Halley,1701)以及等高线表示的 3D 地图(Marcellin du Carla-Boniface,1782)。比较国家间差别的几何图形开始出现在地图上(Charles de Fourcroy,1782)。时间线被历史研究者引入,用来表示历史的变迁(Priestley,1765)。

法国人 Marcellin du Carla-Boniface 绘制的等高线图(见图 1-1),用一条曲线表示相同的高程,对于测绘、工程和军事有重大的意义,成为地图的标准形式之一。

特别重要的是,在后来被人们作为基本图形使用的饼图、圆环图、条形图和线图也出现了。

3. 19 世纪前半叶

19 世纪前半叶是最好的时代也是最坏的时代。科技在迅速发展,工业革命从英国扩散到欧洲大陆和北美。但是财富的增加并未同步地改善社会生活,各种革命在这个时代里层出不穷。但对数据可视化来说,这是一个快速发展的好时代。随着社会对数据的积累和应用的需求,以及技术和设计的进步,现代的数据可视化——统计图形和主题图的主要表达方式,在这几十年间基本都出现了。

在这个时期内,数据可视化的重要发展包括:在统计图形方面,散点图、直方图、极坐标图和时间序列图等当代统计图形的常用形式都已出现。在主题图方面,主题地图和地图集成为这个时期展示数据信息的一种常用方式,应用领域涵盖社会、经济、疾病、自然等各个主题。

(1) 主题地图和社会学的发展。

在 1801 年,英国地质学家 William Smith(1769—1839)绘制了第一幅地质图,这幅描绘了英格兰地层的信息图在 1815 年出版后引起轰动,引领了一场在地图上表现量化信息的潮流。

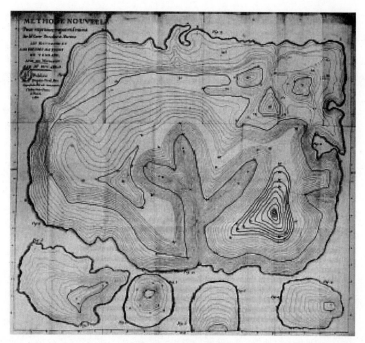

图 1-1　等高线图

1826 年,法国男爵 Charles Dupin 发明了使用连续的黑白底纹来显示法国识字分布情况的方法,这可能是第一幅现代形式的主题统计地图。

（2）霍乱地图与传染病的研究。

19 世纪上半叶的欧洲,伴随工业迅速发展的是城市的扩张和人口的增长,但是公共管理并未能与时俱进。城市居民极易受到传染病的侵害。1831 年 10 月,英国第一次暴发霍乱,夺走了 5 万余条生命。在 1848—1849 年和 1853—1854 年的霍乱中,死亡人数更多。霍乱传播因何而来又如何传播？可视化最终给出了答案。

1854 年,英国 Broad 大街大规模暴发霍乱,John Snow 对空气传播霍乱理论表示了怀疑,于 1855 年发表了关于霍乱传播理论的论文。John Snow 采用了点图的方式,图中心东西方向的街道即为 Broad 大街,黑点表示死亡的地点。这幅图揭示了一个重要现象,就是死亡发生地都在街道中部一处水源(公共水泵)周围,市内其他水源周围极少发现死者。通过进一步调查,他发现这些死者都饮用过这里的水。后来证实离这口水泵仅 3 英尺(1 英尺 ≈ 0.3048 米)远的地方有一处污水坑,坑内滋生的细菌正是霍乱发生的罪魁祸首。他成功地说服了当地政府废弃那个水泵。这是可视化历史上的一个划时代的事件。

（3）提灯女神的玫瑰图。

玫瑰图即极坐标面积图(Polar Area Diagram),将极坐标平面分为若干角相等但面积不等的区域,适合表示周期循环的数据。这种图形可以被视为饼图的一个变种,又因为每个扇区区域面积不同,又称玫瑰图(也称为风玫瑰图)。

在克里米亚战争期间,南丁格尔通过搜集数据发现,很多人死亡的原因并非是"战死沙场",而是因为在战场外感染了疾病,或是在战场上受伤,却没有得到适当的护理。

为了解释这个原因,并降低英国士兵的死亡率,她绘制了这幅著名的图,并于 1858 年送到了维多利亚女王手中。这幅图中一个切角是一个月,其中面积最大的灰色块代表着可预防的疾病。这幅图真的很厉害,为什么呢? 第一,它用面积直观地表现出了一个时间段内几种死因的占比,让任何人都能看懂;第二,它还很漂亮,像一朵玫瑰花一样。它为什么要那么漂亮? 因为这幅图的汇报对象以及最终的决策人是维多利亚女王。南丁格尔的故事告诉我们:数据可视化是为了更好地促进行动,所以要让行动的决策人看懂。

4.19 世纪下半叶的黄金时期

19 世纪下半叶,系统地构建可视化方法的条件日渐成熟,进入了统计图形学发展的黄金时期。值得一提的是法国人 Charles Joseph Minard,他是将可视化应用于工程和统计的先驱者。其最著名的工作是 1869 年发布的描绘 1812—1813 年拿破仑进军莫斯科大败而归的历史事件的流图。

这幅拿破仑 1812 年的远征图被后世学者称为“有史以来最好的统计图表”。这场战争以法国军队的惨败而告终,侵入俄国的 42 万人最终生还者仅数万。造成法军损失惨重的原因,除了俄罗斯人的顽强抵抗,还有恶劣的自然条件,特别是 1812 年冬季的严寒。

这幅远征图反映了这场战争全景,其经典之处在于在一幅简单的二维图上,表现了丰富的信息:法军部队的规模、地理坐标、前进和撤退的方向、抵达某处的时间以及撤退路上的温度。这张图对 1812 年的战争提供了全面、强烈的视觉表现,如撤退路上在别列津河的重大损失、严寒对法军损失的影响等,这种视觉的表现力用历史学家的文字是难以比拟的。

5.20 世纪上半叶

20 世纪上半叶,数据可视化最重要的影响是在天文、物理、生物和其他科学领域中。图形方法被广泛应用在新发现、新思想和新理论的过程中。其中主要包括:①E. W. Maunder (1904)的蝴蝶图,研究了太阳黑子随时间的变化。他发现 1645—1715 年太阳黑子的频率有明显减少。图 1-2 是由 NASA 按照 Maunder 方法绘制的蝴蝶图;②Hertzsprung-Russell 图(1911),作为温度函数的恒星亮度的对数图,解释了恒星的演化,成为现代天体物理的奠基之一;③Henry Moseley 关于原子序数的发现(1913),这也是基于大量的图形分析。

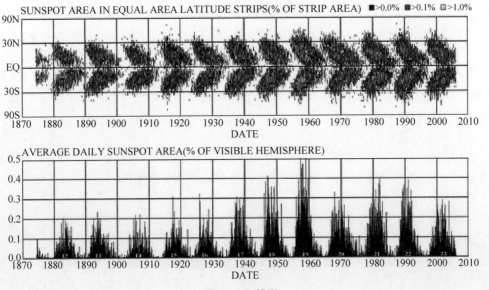

图 1-2　蝴蝶图

在这个时期稍晚的阶段,统计和心理学上的一些多维数据可视化的思想和方法提供了超越二维图形表现的动力。

在主题图方面,这个时期的一个有意思的创新是关于伦敦地铁图(见图 1-3)的设计,并由此产生了 Tube Map 这样一种交通简图的表现手法。早期的地铁图与普通地图无异,对乘客来说,地理信息充分但远非简明直观。1931 年,身为电气工程师的 Beck 重新设计了伦敦地铁图,使之具有三个比较明显的特点:①以颜色区分路线;②路线大多以水平、垂直、45°三种形式来表现;③路线上的车站距离与实际距离不呈比例关系。其简明易用的特点使其在 1933 年出版后迅速为乘客接受,并成为今日交通线路图形的一种主流表现方法。

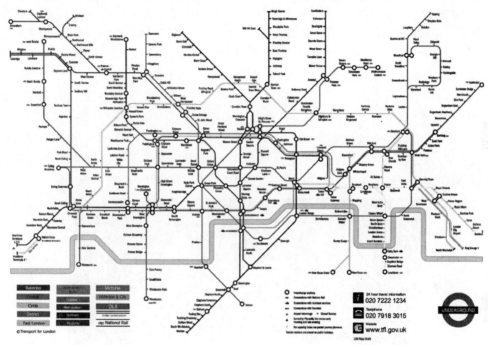

图 1-3 伦敦地铁图

6. 20 世纪下半叶至今——数据可视化的创新思维时代

引领这次大潮的首先是一个划时代的事件——现代电子计算机的诞生。计算机的出现彻底地改变了数据分析工作。1957 年,出现了第一个用于计算的高级程序语言 FORTRAN,从此用于统计数据的高效的计算机处理工具开始慢慢出现。到 20 世纪 60 年代晚期,大型计算机已广泛分布于西方的大学和研究机构,使用计算机程序绘制数据可视化图形逐渐取代手绘的图形。计算机对数据可视化的影响是提供了高分辨率图形和交互式图形分析,实现了手绘时代无法企及的表现能力。

其次是唤醒可视化的历史事件是统计应用的发展,这是一个可能缓慢但是坚定地慢慢深入的过程。数理统计把数据分析变成了坚实的科学,第二次世界大战后的工业和科学发展使数据处理这门科学运用到各行各业。统计的各个应用分支建立起来,处理各自行业面对的数据问题。在应用中,图形表达占据了重要地位,比起参数估计、假设检验,明快直观的图形形式更容易被人接受。

下面来看一下这个时期的一些新发展。

（1）美国统计学家 John Tukey 是较早认识到统计作为应用学科价值的数理统计学家之一。1962 年，John Tukey 发表论文呼吁把实践性的数据分析作为数理统计的一个分支。随后，他投身于发展新的、简单有效的图形表现之中，创造了茎叶图（Stem-Leaf Plot）、盒形图（Box Plot）等我们今天常用的图形。

（2）除了 John Tukey 的各种描述性数据图形，统计图形领域在这个时期最引人注目的发展是多元数据的可视化。如 Andrews Plot（1972）利用有限的傅里叶序列表现高维数据。另外，聚类图和树形图等也在 1970 年开始应用。

（3）另一个发展是数据缩减（Data Reduction）的图形技术。多维标度法（Multi Dimensional Scaling，MDS）是一种在低维空间展示"距离"数据结构的多元数据分析技术，是一种将多维空间的研究对象（样本或变量）简化到低维空间进行定位、分析和归类，同时又保留对象间原始关系的数据分析方法。多维标度法与主成分分析（Principal Component Analysis，PCA）、线性判别分析（Linear Discriminant Analysis，LDA）类似，都可以用来降维。

（4）出现了现代 GIS（Geographic Information System，地理信息系统）和二维、三维的统计图形交互系统。

对于可视化来说，三维是必要的，因为典型问题涉及连续的变量、体积和表面积（内外、左右和上下）（见图 1-4）。然而，对于信息可视化来说，典型问题包含更多的分类变量和股票价格、医疗记录或社会关系类数据中模式、趋势、聚类、异类和空白的发现。

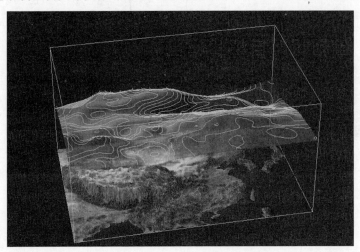

图 1-4　500hPa 高度场的三维显示

1986 年 10 月，美国国家科学基金会主办了一次名为"图形学、图像处理及工作站专题讨论"的研讨会，旨在为从事科学计算工作的研究机构提出方向性建议。会议将计算机图形学和图像方法应用于计算科学的学科称为科学计算之中的可视化。

1990 年，IEEE 举办了首届 IEEE Visualization Conference（可视化会议），汇集了一个由物理、化学、计算、生物医学、图形学、图像处理等交叉学科领域研究人员组成的学术群体。2012 年，为突出科学可视化的内涵，该会议更名为 IEEE Conference on Scientific Visualization。

进入 21 世纪，现有的可视化技术已难以应对海量、高维、多源、动态数据的分析挑战，需要综合可视化、图形学、数据挖掘理论与方法，研究新的理论模型、新的可视化方法和新的用户交互手段，辅助用户从大尺度、复杂、矛盾甚至不完整的数据中快速挖掘有用的信息以便做出有效决策,从而催生了可视分析学这一新兴学科。该学科的核心理论基础和研究方法目前仍处于探索阶段。从 2004 年起,研究界和工业界都朝着面向实际数据库、基于可视化的分析推理与决策、解决实际问题等方向发展。随着大数据和人工智能技术的发展,数据可视化开始朝着智能化和自动化的方向发展。智能数据可视化工具可以根据数据的特征,自动选择合适的图形和图表,并对数据进行自动整理和处理。这一阶段的特点是数据可视化工具能更智能地理解用户需求,提供更准确、更有价值的数据分析和数据可视化结果。同时,自动化功能也提高了数据可视化的效率和准确性。

随着数据可视化技术的不断发展和普及,越来越多的人开始接触和使用数据可视化工具。这不仅包括专业的研究人员和开发者,还包括各行各业人员、管理者。数据可视化已经成为一种通用的数据呈现和沟通方式。

1.2 数据可视化的目标和作用

1.2.1 数据可视化的目标

数据可视化就是运用计算机图形和图像处理技术,将数据转换为图形图像显示出来。根本目的是实现对稀疏、杂乱、复杂的数据深入洞察,发现数据背后有价值的信息,并不是简单地将数据转换为可见的图形符号和图表。可视化能将不可见的数据现象转换为可见的图形符号和图表,能将错综复杂、看起来没法解释和关联的数据,建立起联系和关联,发现规律和特征,获得更有商业价值的洞见。并且利用合适的图表直截了当且清晰而直观地表达出来,实现数据自我解释,让数据说话。人类右脑记忆图像的速度比左脑记忆抽象的文字快100 万倍,数据可视化能够加深和强化受众对于数据的理解和记忆。

通俗地说,数据可视化设计的目的是"让数据说话"。作为一种媒介,可视化已经发展成为一种很好的故事讲述方式。马修·迈特在"图解博士是什么"的图表中运用这一点达到了很好的效果(见图 1-5)。制作图 1-5 是为了对研究生进行指导,当然它也适用于所有正在学习并且想要在自己领域中获得进步的人。

1.2.2 数据可视化的作用

1. 提供感性的认知方式

人的眼睛是人们感知世界的主要途径,因此,数据可视化提供了一种感性的认知方式,是提高人们感知能力的重要途径。可视化可以扩大人们的感知,增加人们对海量数据分析的一系列的想法和分析经验,从而对人们感知和学习提供参考或者帮助。

通常为了交互式操作,从较大的数据集中提取出大量条目,利用信息可视化提供紧凑的图形表示用户界面。这种方法被称为视觉数据挖掘,它使用巨大的视觉带宽和非凡的人类感知系统,使用户能对模式、条目分组或单个条目有所发现,做出决定或提出解释。

人类具有非凡的感知能力,这些感知能力在当前的大多数界面设计中远未被充分利用。人类能快速地浏览、识别和回忆图像,能够察觉大小、颜色、形状、移动或质地的微妙变化。在图形用户界面中呈现的核心信息大部分仍旧是文字导向的(虽然已用吸引人的图标和优

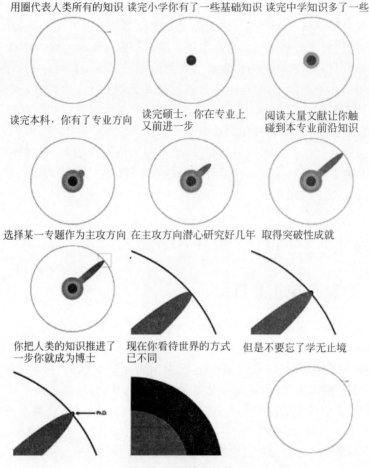

图1-5　图解博士是什么

雅的插图增强），倘若探索更视觉化的方法，吸引人的新机会就会出现。

2. 信息推理和分析

数据可视化的多样性和表现力吸引了许多从业者，而其创作过程中的每一环节都有强大的专业背景支持。无论是动态的还是静态的可视化图形，都为我们搭建了新的桥梁，让我们能洞察世界、发现形形色色的关系、感受每时每刻围绕在我们身边的信息变化，还能让我们理解其他形式下不易发掘的事物。

在可视化数据分析中常用的图表有很多种，如柱状图、折线图、饼图、GIS地图等，并且可用于描绘多维度、多指标的数据，大大地方便了使用者观察与分析数据。实际上，图形表现数据比传统的统计分析法更加精确和有启发性。我们可以借助可视化的图表寻找数据规律、分析推理、预测未来趋势。另外，与传统的统计分析法相比，利用可视化技术实时监控业务运行状况更加阳光透明，能及时发现问题并在第一时间做出应对。例如，天猫的"双11"数据大屏实况直播，可视化大屏展示大数据平台的资源利用、任务成功率、实时数据量等。

3. 信息传播和协同

数据可视化实现准确而高效、精简而全面地传递信息和知识。数据可视化被用于教育、宣传或政治领域，被制作成海报、课件，出现在街头、广告手持、杂志和集会上。这类可视化拥有强大的说服力,使用强烈的对比、置换等手段,可以创造出极具冲击力、直指人心的图像。在国外,许多媒体会根据新闻主题或数据,雇用设计师来创建可视化图表对新闻主题进行辅助。

1.3 数据可视化的优势

数据可视化的优势如下。

1. 传递速度快

人脑对视觉信息的处理要比书面信息快 10 倍。使用图表来总结复杂的数据,可以确保人脑对关系的理解要比那些混乱的报告或电子表格快。

2. 数据显示的多维性

在可视化的分析下,数据将每一维的值分类、排序、组合和显示,这样就可以看到表示对象或事件数据的多个属性或变量。

3. 更直观地展示信息

大数据可视化报告使我们用一些简短的图形就能体现那些复杂信息,甚至单个图形也能做到。决策者可以轻松地解释各种不同的数据源。丰富而有意义的图形有助于让忙碌的主管和业务伙伴了解问题和未来的计划。

4. 大脑记忆能力的限制

实际上,在观察物体的时候,我们的大脑和计算机一样,具有长期记忆(Memory,硬盘)和短期记忆(Cache,内存)的特点。只有我们记下文字、诗歌、物体,一遍一遍地进行短期记忆之后,它们才可能进入长期记忆。

很多研究已经表明,在进行理解和学习任务的时候,图文一起能够帮助读者更好地了解所要学习的内容,图形更容易理解,更有趣,也更容易让人们记住。

1.4 数据可视化与人机交互技术

人机交互技术(Human-Computer Interaction,HCI)是 21 世纪信息领域需要发展的重大课题。例如,美国 21 世纪信息技术计划中的基础研究内容定为四项,即软件、人机交互、网络、高性能计算。其目标就是要开发 21 世纪个性化的信息环境。其中,人机交互在信息技术中被列为与软件技术和计算机技术等并列的六项国家关键技术之一,并被认为"对计算机工业有着突出的重要性,对其他工业也很重要"。美国国防关键技术计划不仅把人机交互列为软件技术发展的重要内容之一,还专门增加了与软件技术并列的人机界面这项内容。

1.4.1 人机交互的发展历史

1959 年,美国学者 B. Shackel 从人在操作计算机时如何才能减轻疲劳的角度出发,发表了被认为是人机界面的第一篇关于计算机控制台设计的人机工程学的论文。1960 年,J. C. R. Licklider 首次提出人机紧密共栖(Human-Computer Close Symbiosis)的概念,被视为人机界面学的启蒙观点。1969 年,在英国剑桥大学召开了第一次人机系统国际大会,同年第一份专业《国际人机研究杂志》(IJMMS)创刊。可以说,1969 年是人机界面学发展史的里程碑。

1970 年,成立了两个 HCI 研究中心:一个是英国 Loughbocough 大学的 HUSAT 研究中心;另一个是美国施乐(Xerox)公司的 Palo Alto 研究中心。

1970—1973 年,学术界出版了四本与计算机相关的人机工程学专著,为人机交互界面的发展指明了方向。

20 世纪 80 年代初期,学术界相继出版了六本专著,对最新的人机交互研究成果进行了总结。人机交互学科逐渐形成了自己的理论体系和实践范畴的架构。在理论体系方面,人机交互学从人机工程学独立出来,更加强调认知心理学、行为学和社会学的某些人文科学的理论指导;在实践范畴方面,从人机界面(人机接口)拓延开来,强调计算机对于人的反馈交互作用。"人机界面"一词被"人机交互"取代。HCI 中的"I",也由"Interface"(界面/接口)变成了"Interactive"(交互)。

自 20 世纪 90 年代后期以来,随着高速处理芯片、多媒体技术和 Internet Web 技术的迅速发展和普及,人机交互的研究重点放在了智能化交互、多模态(多通道)—多媒体交互、虚拟交互以及人机协同交互等方面,也就是放在以人为中心的人机交互技术方面。

人机交互的发展历史,是从人适应计算机到计算机不断地适应人的发展史。它经历了以下几个阶段。

1. 早期的手工作业阶段

当时交互的特点是由设计者本人(或本部门同事)来使用计算机,他们采用手工操作和依赖机器(二进制机器代码)的方法去适应现在看来十分笨拙的计算机。

2. 作业控制语言及交互命令语言阶段

这一阶段的特点是计算机的主要使用者——程序员,他们可采用批处理操作或交互命令语言的方式与计算机打交道,虽然要记忆许多命令和熟练地使用键盘,但已可用较方便的手段来调试程序、了解计算机执行情况。

3. 图形用户界面阶段

图形用户界面(Graphical User Interface,GUI)的主要特点是桌面隐喻、WIMP 技术、直接操作和"所见即所得"。由于 GUI 简明易学减少了使用键盘,实现了"事实上的标准化",因而使不懂计算机的普通用户也可以熟练地使用,开拓了用户人群,它的出现使信息产业得到了空前发展。

4. 网络用户界面的出现

以超文本标记语言(Hyper Text Markup Language,HTML)及超文本传输协议(HTTP)为主要基础的网络浏览器是网络用户界面的代表。由它形成的 WWW 已经成为当今 Internet 的支柱。这类人机交互技术的特点是发展快,新的技术不断出现,如搜索引擎、网络加速、多媒体动画、聊天工具等。

5. 多通道、多媒体的智能人机交互阶段

以虚拟现实为代表的计算机系统的拟人化和以手持计算机、智能手机为代表的计算机的微型化、随身化、嵌入化,是当前计算机的两个重要的发展趋势,而以鼠标和键盘为代表的 GUI 技术是影响它们发展的"瓶颈"。

利用人的多种感觉通道和动作通道(如语音、手写、姿势、视线、表情等输入),以并行、非精确的方式与(可见或不可见的)计算机环境进行交互,可以提高人机交互的自然性和高效性。多通道、多媒体的智能人机交互对我们来说既是一个挑战,也是一个极好的机遇。

1.4.2　人机交互的研究内容

1. 人机交互界面表示模型与设计方法

一个交互界面的好坏,直接影响到软件开发的成败。友好人机交互界面的开发离不开好的交互模型与设计方法(Model and Methodology)。因此,研究人机交互界面的交互模型与设计方法,是人机交互的重要研究内容之一。

2. 可用性分析与评估

可用性是人机交互系统的重要内容,它关系到人机交互能否达到用户期待的目标,以及实现这一目标的效率与便捷性。人机交互系统的可用性分析与评估(Usability and Evaluation)的研究,主要涉及支持可用性的设计原则与可用性的评估方法等。

3. 多通道交互技术

多通道交互(MultiModal Interaction,MMI)是近年来迅速发展的一种人机交互技术,它既适应了"以人为中心"的自然交互准则,也推动了互联网时代信息产业(包括移动计算、移动通信、网络服务器等)的快速发展。

MMI 是一种使用多种通道与计算机通信的人机交互方式。通道(Modality)涵盖了用户表达意图、执行动作或感知反馈信息的各种通信方法,如语音、眼神、脸部表情、唇动、手动、手势、头动、肢体姿势、触觉、嗅觉、味觉等。采用这种方式的计算机用户界面称为多通道用户界面。MMI 的各类通道(界面)技术中,有不少已经实用化、产品化、商品化。其中,我国科技人员做出了不少优异的工作。

多通道交互主要研究多通道交互界面的交互模型、多通道交互界面的评估方法以及多通道信息的融合等。多通道信息整合是多通道用户界面研究的重点和难点。

4. 智能用户界面

智能用户界面(Intelligent User Interface,IUI)的最终目标是使人机交互像人人交互一样自然、方便。上下文感知、眼动跟踪、手势识别、三维输入、语音识别、表情识别、手写识别、自然语言理解等都是认知与智能用户界面需要解决的重要问题。

5. 群件

群件(Groupware)是指帮助群组协同工作的计算机支持的协作环境,主要涉及个人或群组间的信息传递、群组中的信息共享、业务过程自动化与协调,以及人和过程之间的交互活动等。目前与人机交互技术相关的研究主要包括群件系统的体系结构、计算机支持交流与共享信息的方式、交流中的决策支持工具、应用程序共享以及同步实现方法等内容。

6. Web 交互

Web 交互(Web-interaction)重点研究 Web 界面的信息交互模型和结构、Web 界面设计的基本思想和原则、Web 界面设计的工具和技术,以及 Web 界面设计的可用性分析与评估方法等内容。

7. 移动界面设计

移动计算(Mobile Computing)、无处不在计算(Ubiquitous Computing)等对人机交互技术提出了更高的要求,面向移动应用的界面设计问题已成为人机交互技术研究的一个重要应用领域。针对移动设备的便携性、位置不固定性和计算能力有限性以及无线网络的低带宽/高延迟等诸多的限制,研究移动界面的设计方法、移动界面可用性与评估原则、移动界面导航技术,以及移动界面的实现技术和开发工具,是当前的人机交互技术的研究热点之一。

随着计算机技术的发展,计算机功能也越来越强。随着模式识别,如语音识别、汉字识别等输入设备的发展,操作员与计算机在类似于自然语言或受限制的自然语言这一级上进行交互成为可能。此外,通过图形和数据可视化进行人机交互也吸引着人们去进行研究。这些人机交互可称为智能化的人机交互。这方面的研究工作正在积极开展。

1.4.3　人机交互的前景

人机交互技术领域热点技术的应用潜力已经开始展现,如智能手机配备的地理空间跟踪技术,应用于可穿戴式计算机、隐身技术、浸入式游戏等的动作识别技术,应用于虚拟现实、遥控机器人及远程医疗等的触觉交互技术,应用于呼叫路由、家庭自动化及语音拨号等场合的语音识别技术,对于有语言障碍的人士的无声语音识别,应用于广告、网站、产品目录、杂志效用测试的眼动跟踪技术,针对有语言和行动障碍人士开发的“意念轮椅”采用的基于脑电波的人机界面技术等。人机交互解决方案的供应商不断地推出各种创新技术,如指纹识别技术、侧边滑动指纹识别技术、压力触控技术等。热点技术的应用开发既是机遇也是挑战。基于视觉的手势识别率低、实时性差,需要研究各种算法来改善识别的精度和速度,眼睛虹膜、掌纹、笔迹、步态、语音、唇读、人脸、DNA 等人类特征的研发、应用也正受到关注,多通道的整合也是人机交互的热点,另外,与“无所不在计算”“云计算”等相关技术的融合与促进也需要继续探索。

第2章

数据可视化基础

数据可视化技术的基本思想,是将数据集合中每一个数据对象作为单个图元元素表示,大量的数据对象构成数据图像,同时将数据对象的各个属性值以多维的形式表示,可以从不同的维度观察数据对象,从而对数据进行更深入的观察和分析。本章学习数据、视觉的有关知识与基于数据的可视化组件。

2.1　数据对象与属性类型

2.1.1　数据对象

现实生活中常见的数据集合包括各种表格、文本语料和社会关系网络等。这些数据集合由数据对象组成。一个数据对象代表一个实体。例如,在销售数据库中,数据对象可以是客户、商品或销售。

通常,数据对象用属性描述。数据对象又称样本、实例、数据点或对象。

如果数据对象存放在数据库中,则它们是记录(元组)。也就是说,数据库的行对应于数据对象,而列对应于属性。

2.1.2　属性

属性是一个数据字段,表示数据对象的一个特征。在文献中,属性、维、特征与变量可以互换使用。术语"维"一般用在数据仓库中。机器学习文献更倾向于使用术语"特征",而统计学家则更愿意使用术语"变量"。数据挖掘和数据库的专业人士一般使用术语"属性"。

用来描述一个给定对象的一组属性称作属性向量(或特征向量)。涉及一个属性(或变量)的数据分布称作单变量的数据分布,涉及两个属性的数据分布称作双变量的数据分布,以此类推。

一个属性的类型由该属性可能具有的值的集合决定。属性可以是标称的(类别型)、二元的、序数的或数值的。

2.1.3　属性类型

属性可分为标称、二元、序数和数值类型。

1. 标称属性

标称属性(类别型属性)的值是一些符号或事物的名称。每个值代表某种类别、编码或状态,因此标称属性又被看作是分类的。这些值不必具有有意义的序。在计算机科学中,这些值被看作是枚举值。

举一个标称属性的例子。假设 hair_color(头发颜色)是描述人的属性,可能的值为黑色、棕色、淡黄色、红色、赤褐色、灰色和白色等。

尽管标称属性的值是一些符号或"事物的名称",但是可以用数表示这些符号或名称(例如,0 表示黑色,1 表示棕色,等等)。

在标称属性之上,数字运算没有意义。因为标称属性值并不具有有意义的序,并且不是定量的,因此,给定一个对象集,找出这种属性的均值(平均值)或中位数(中值)没有意义,但找出众数却是有意义的。

2. 二元属性

二元属性是一种标称属性特例,只有两个类别或状态：0 或 1。其中,0 通常表示该属性不出现;而 1 表示该属性出现。如果两种状态对应于 True 和 False,则二元属性又称布尔属性。

举一个二元属性的例子。假设属性 Smoker 表示对象,那么 1 表示该对象抽烟,0 表示该对象不抽烟。

一个二元属性是对称的,它的两种状态具有同等价值并且携带相同的权重,即关于哪个结果应该用 0 或 1 编码并无偏好(例如,属性 sex 的两种状态为男和女)。

一个二元属性是非对称的,其状态的结果不是同等重要的。如艾滋病病毒(HIV)化验的阳性和阴性结果。为方便计,我们将用 1 对应最重要的结果(通常是稀有的)编码(如HIV 阳性),而另一个用 0 编码(如 HIV 阴性)。

3. 序数属性

序数属性是一种有序型属性,其可能的值之间具有有意义的序或等级。

举一个序数属性的例子。例如,高校教师职称等级有助教、讲师、副教授和教授之分。

对于数据对象,不能客观度量需要主观质量评估的属性,序数属性是有用的。因此,序数属性通常用于等级评定调查(例如,客户满意度调查分为 0、1、2、3、4 级别)。

序数属性的中心趋势可以用它的众数和中位数表示,但不能定义均值。

注意,标称、二元和序数属性都是定性的,即它们描述对象的特征,而不给出实际大小或数量。这种定性属性的值通常是代表类别的词。如果使用整数,则它们代表类别的计算机编码,而不是可测量的量。

4. 数值属性

数值属性是定量的,即它是可度量的量,用整数或实数值表示,如长度、质量、体积、温度等常见物理属性。数值属性又可以分为区间型数值属性和比值(比率)型数值属性。

(1) 区间型数值属性用相等的单位尺度进行度量。区间型数值属性的值有序,可以为正、0 或负,因此其数值可以进行差异运算。例如,temperature(温度)、月销售额、日期是区间型数值属性。两个相邻月的销售额之差可以表达月销售额的增加。对于区间型数值属性,值之间的差是有意义的。

由于区间型数值属性是用数值度量的,除了中心趋势度量中位数和众数外,还可以计算它们的均值。

(2) 比值型数值属性是具有固定零点的数值属性。也就是说,如果度量是比值标度的,则一个值是另一个的倍数(或比率)。此外,这些值是有序的。因此我们可以计算值之间的差,也能计算均值、中位数和众数。例如,度量重量、高度、速度和货币量(100 美元比 1 美元多 99 倍)的属性。

对于比值型数值属性,差和比率都是有意义的。对于日期来讲,不能说 2014 年是 1007 年的 2 倍,所以日期是区间型数值属性而不是比值型数值属性。也就是说,差是有意义的,但是比值却没有意义。

另外,我们也可以把属性分为离散属性与连续属性。

离散属性具有有限可数个值,可以用整数表示。如果属性不是离散的,则它是连续的。如人的性别只有男(0)、女(1)两种情况,所以是离散属性;而人的身高有无数种情况,所以是连续属性。机器学习领域开发的分类算法通常把属性分成离散的或连续的。

2.2 数据的基本统计描述

基本统计描述可以用来识别数据的性质,凸显哪些数据值应该视为噪声或离群点。

2.2.1 中心趋势度量

假设有某个属性 X(如 Salary),一个数据对象集合记录了它们的值。令 $x_1, x_2, \cdots, x_n$ 为 X 的 N 个观测值或观测。如果我们标出 Salary 的这些观测,大部分值将落在何处? 这反映了数据的中心趋势的思想。中心趋势度量包括均值、中位数、众数。

1. 均值

数据集"中心"的最常用、最有效的数值度量是(算术)均值。令 $x_1, x_2, \cdots, x_n$ 为某数值属性 X(如 Salary)的 N 个观测值或观测,该值集合的均值为

$$\overline{X} = \frac{\sum_{i=1}^{N} x_i}{N} = \frac{x_1 + x_2 + \cdots + x_N}{N}$$

有时,对于 $i = 1, 2, \cdots, N$,每个值 x_i 可以与一个权重 w_i 相关联。权重反映它们所依赖的对应值的意义、重要性或出现的频率。在这种情况下,我们可以计算:

$$\overline{X} = \frac{\sum_{i=1}^{N} w_i x_i}{\sum_{i=1}^{N} w_i} = \frac{w_1 x_1 + w_2 x_2 + \cdots + w_N x_N}{w_1 + w_2 + \cdots + w_N}$$

这称作加权算术均值或加权均值。

尽管均值是描述数据集合的最有用的量,但是它并非总是度量数据中心的最佳方法。主要问题是,均值对极端值(如离群点)很敏感。为了抵消少数极端值的影响,我们可以使用截尾均值(丢弃高、低端值后的均值)。应避免在两端截去太多(如 20%),因为这可能导致丢失有价值的信息。

2. 中位数

中位数(又称中值 Median)。对于倾斜(非对称)数据,数据中心的更好度量是中位数。中位数是有序数据值的中间值。它是把数据较高的一半与较低的一半分开的值。

在 X 是数值属性的情况下,根据约定,中位数取作最中间两个值的平均值。

有一组数据 $X_1, X_2, \cdots, X_N$,将它按从小到大的顺序排序为 $X_{(1)}, X_{(2)}, \cdots, X_{(N)}$,则当 N 为奇数时,$m_{0.5} = X_{(N+1)/2}$;当 N 为偶数时,$m_{0.5} = \dfrac{X_{(N/2)} + X_{(N/2+1)}}{2}$。

例如,找出这组数据:23、29、20、32、23、21、33、25 的中位数。

首先将该组数据进行排列(这里按从小到大的顺序),得到 20、21、23、23、25、29、32、33。

因为该组数据一共由 8 个数据组成,即 N 为偶数,故按中位数的计算方法,得到中位数 $= \dfrac{23+25}{2} = 24$,即第四个数和第五个数的平均数。

再如一组数为 2、1、4、5、3,重新排列成 1、2、3、4、5,那么中位数就是 3。

中位数可以用来评估数值数据的中心趋势。

3. 众数

众数(Mode)是另一种中心趋势度量。众数是集合(一组数据)中出现最频繁的值。因此,求一组数据的众数不需要排序,而只要计算出现次数较多的那个数值。众数可能不唯一,具有一个、两个、三个众数的数据集合分别称为单峰的(Unimodal)、双峰的(Bimodal)和三峰的(Trimodal)。一般地,具有两个或更多众数的数据集是多峰的(Multimodal)。

例如,1、1、2、3、3、4、4、4、7、8、8、9 的众数为 4;1、2、3、3、3、4、4、5、5、5、7、8 的众数为 3 和 5。

众数的大小仅与一组数据中的部分数据有关。当一组数据中有不少数据多次重复出现时,它的众数也往往是我们关心的一种集中趋势。众数表示数据的普遍情况,但没有平均数准确。

在具有完全对称数据分布的单峰频率曲线中,均值、中位数和众数都是相同的中心值。在大部分实际应用中,数据都是不对称的。它们可能是正倾斜的,其中众数出现在小于中位数的值上;或者是负倾斜的,其中众数出现在大于中位数的值上。均值、中位数和众数关系如图 2-1 所示。

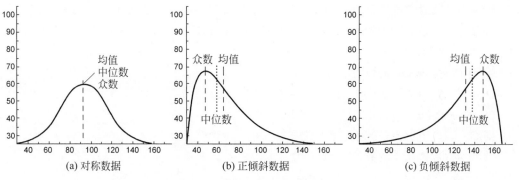

图 2-1　均值、中位数和众数关系

2.2.2　数据分布度量

1. 极差、四分位数和四分位数极差

极差又称范围误差或全距（Range），以 R 表示。设 $x_1,x_2,\cdots,x_n$ 为某数值属性 X 上的观测的集合。该集合的极差是最大值与最小值之差。

$$R = X_{\max} - X_{\min}$$

式中，$X_{\max}$ 为最大值；$X_{\min}$ 为最小值。R 越大，表示分得越开，最大值和最小值之间的差就越大；R 越小，数字间就越紧密，这就是极差的概念。

例如：12、12、13、14、16、21，这组数的极差就是 $21-12=9$。

分位数是取自数据分布中每隔一定间隔上的点，把数据划分成基本上大小相等的连贯集合。给定数据分布的第 k 个 q-分位数是值 x，使得小于 x 的数据值所占百分比最多为 k/q，而大于 x 的数据值所占百分比最多为 $(q-k)/q$。其中，k 是整数，使得 $0<k<q$。我们有 $q-1$ 个 q-分位数。

2-分位数（二分位数）是一个数据点，它把数据分布划分成高低两半。2-分位数对应于中位数。

4-分位数（四分位数）是 3 个数据点，它们把数据分布划分成 4 个相等的部分，使得每部分表示数据分布的 1/4。其中每部分包含 25% 的数据。如图 2-2 所示，中间的四分位数 Q_2 就是中位数，通常在 25% 位置上的 Q_1 称为下四分位数，在 75% 位置上的 Q_3（称为上四分位数）。

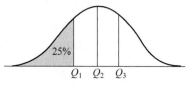

图 2-2　四分位数示意

4-分位数中的四分位差（InterQuartile Range，IQR）定义为

$$IQR = Q_3 - Q_1$$

它给出被数据的中间一半所覆盖的范围。四分位差反映了中间 50% 数据的离散程度，其数值越小，说明中间的数据越集中；其数值越大，说明中间的数据越分散。四分位差不受极值的影响。此外，由于中位数处于数据的中间位置，因此，四分位差的大小在一定程度上也说明了中位数对一组数据的代表程度。四分位差主要用于度量顺序数据的离散程度。对于数值型数据也可以计算四分位差，但不适合分类数据。

100-分位数通常称作百分位数,它们把数据分布划分成 100 个大小相等的连贯集。

例如,由 7 人组成的旅游小团队,年龄分别为 17、19、22、24、25、28、34,求其年龄的四分位差。计算步骤为:

① 计算 Q_1 与 Q_3 的位置。

Q_1 的位置$=(n+1)/4=(7+1)/4=2$,其中 n 为人数。

Q_3 的位置$=3\times(n+1)/4=3\times(7+1)/4=6$。

即 Q_1 与 Q_3 的位置分别为第 2 位和第 6 位。

② 确定 Q_1 与 Q_3 的数值。

$Q_1=19$(岁)

$Q_3=28$(岁)

即第 2 位和第 6 位对应年龄分别为 19 岁和 28 岁。

③ 计算四分位差。

$IQR=Q_3-Q_1=28-19=9$(岁)

④ 含义。

说明该旅游小团队有 50% 的人年龄集中在 19～28 岁,差异为 9 岁。

2. 五数概括、盒图与离群点

因为下四分位数 Q_1、中位数和上四分位数 Q_3 不包含数据的端点信息,可以通过并提供最大值和最小值得到数据分布形状更完整的概括,称作五数概括。数据分布的五数概括由中位数(Q_2)、四分位数 Q_1 和 Q_3、最小观测值和最大观测值组成。

盒图体现了五数概括,是一种流行的数据分布的直观表示,如图 2-3 所示。

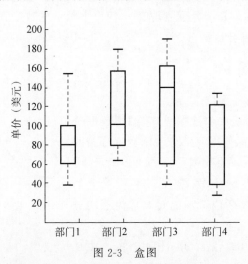

图 2-3 盒图

(1) 盒的端点一般在四分位数上,使得盒的长度是四分位差 IQR。

(2) 中位数用盒内的线标记。

(3) 盒外的两条线(称作胡须)延伸到最小观测值和最大观测值。

3. 方差和标准差

方差和标准差都是数据散布度量,它们指出数据分布的散布程度。低标准差意味着数据观测趋向于非常靠近均值,而高标准差表示数据散布在一个大的值域中。

方差是各个数据与**平均数**之差的平方和的平均数。假设数值属性 X 的 N 个观测值是 $x_1, x_2, \cdots, x_N$,则方差 σ^2 为

$$\sigma^2 = \frac{1}{N}\left[(x_1 - x)^2 + (x_2 - x)^2 + \cdots + (x_N - x)^2\right]$$

观测值的标准差是方差 σ^2 的平方根。

2.3 数据的相似性和相异性度量

2.3.1 数据矩阵与相异性矩阵

假设我们有 n 个对象,被 p 个属性刻画。这些对象是 $x_1 = (x_{11}, x_{12}, \cdots, x_{1p})$,$x_2 = (x_{21}, x_{22}, \cdots, x_{2p})$,等等。其中,$x_{ij}$ 是对象 x_i 的第 j 个属性的值,这些对象可以是关系数据库的记录(元组),也称数据样本或特征向量。

数据矩阵或称对象—属性结构:这种数据结构用关系表的形式或 $n*p$(n 个对象 $*$ p 个属性)矩阵存放 n 个数据对象,具体如下。

$$\begin{bmatrix} x_{11} & \cdots & x_{1f} & \cdots & x_{1p} \\ x_{21} & \cdots & x_{2f} & \cdots & x_{2p} \\ \vdots & & \vdots & & \vdots \\ x_{i1} & \cdots & x_{if} & \cdots & x_{ip} \\ \vdots & & \vdots & & \vdots \\ x_{n1} & \cdots & x_{nf} & \cdots & x_{np} \end{bmatrix}$$

其中,每行对应于一个对象。

相异性矩阵或称对象—对象结构:存放 n 个对象两两之间的邻近度,通常用一个 $n*n$ 矩阵表示,具体如下。

$$\begin{bmatrix} 0 & & & & \\ d(2,1) & 0 & & & \\ d(3,1) & d(3,2) & 0 & & \\ \vdots & \vdots & \vdots & \ddots & \\ d(n,1) & d(n,2) & \cdots & \cdots & 0 \end{bmatrix}$$

式中,$d(i,j)$ 为对象 i 和 j 之间的相异性或"差别"的度量。

相似性度量可以表示成相异性度量的函数。例如,对象 i 和 j 之间的相似性 $\mathrm{sim}(i,j)$ 计算如下:

$$\mathrm{sim}(i,j) = 1 - d(i,j)$$

数据矩阵经常被称为二模矩阵,因为数据矩阵由对象和属性两种实体组成,即行(对象)和列(属性)。相异性矩阵被称为单模矩阵,因为相异性矩阵只包含一种实体对象。

许多聚类算法和最近邻算法都在相异性矩阵上运行。在使用这些算法之前,可以把数据矩阵转化成相异性矩阵。

2.3.2 标称属性的度量

设一个标称属性的状态数目是 M，这些状态可以用字母、符号或者一组整数(如 1，2，$\cdots$，M)表示。注意，这些整数只是用于数据处理，并不代表任何特定的顺序。

如何计算由标称属性组成的对象之间的相异性呢? 两个对象 i 和 j 之间的相异性可以根据不匹配率来计算:

$$d(i,j)=(p-m)/p$$

式中，m 为对象 i 和 j 中取值相同的属性数目; p 为对象的属性总数。例如，学生档案中包含性别、籍贯和年级三个类别属性，两个学生的档案分别为(男，河南，三年级)和(男，上海，三年级)，则它们的相异度为: $(3-2)/3=1/3$。

两个对象 i 和 j 之间相似性可以用下式计算:

$$\text{sim}(i,j)=1-d(i,j)=m/p$$

上面的两个学生相似度为: $1-(3-2)/3=2/3$。

2.3.3 二元属性的度量

如何计算两个二元属性之间的相异性? 假设所有的二元属性都被看作具有相同的权重，则得到一个两行两列的列联表，如表 2-1 所示。其中，q 是对象 i 和 j 都取 1 的属性数; t 是对象 i 和 j 都取 0 的属性数; 而属性的总数是 p。

表 2-1 二元属性列联表

		对象 j		
		1	0	sum
对象 i	1	q	r	$q+r$
	0	s	t	$s+t$
	sum	$q+s$	$r+t$	p

基于对称(具有相同的权重)二元属性的相异性被称作对称的二元相异性。如果对象 i 和 j 都用对称的二元属性刻画，则 i 和 j 的相异性为:

$$d(i,j)=(r+s)/(q+r+s+t)$$

对于非对称的二元属性，两个状态不是同等重要的，给定两个非对称的二元属性，两个都取值 1 的情况(正匹配)比两个都取值 0 的情况(负匹配)更有意义。因此，这样的二元属性经常被认为是"一元的"(只有一种状态)。基于这种属性的相异性被称为非对称的二元相异性，其中负匹配数 t 被认为是不重要的，在计算时可以被忽略。计算公式如下所示:

$$d(i,j)=(r+s)/(q+r+s)$$

2.3.4 数值属性的度量

距离可被用来衡量两个数值属性对象的相异度。在某些情况下，在计算距离之前数据应该规范化。这涉及变换数据，使之落入较小的公共值域，如 $[-1,1]$ 或 $[0.0,1.0]$。规范化数据试图给所有属性相同的权重。

一个最流行的距离度量方法是欧几里得距离(也称欧氏距离)。

令 $i=(x_{i1},x_{i2},\cdots,x_{ip})$ 和 $j=(x_{j1},x_{j2},\cdots,x_{jp})$ 为两个被 p 个数值属性描述的对象。对象 i 和 j 之间的欧几里得距离定义为：

$$d(i,j)=\sqrt{(x_{i1}-x_{j1})^2+(x_{i2}-x_{j2})^2+\cdots+(x_{ip}-x_{jp})^2}$$

在二维和三维空间中的欧几里得距离就是两点之间的实际距离。

另一个著名的度量方法是曼哈顿距离。在规则布局的街道中,从一个十字路口前往另外一个十字路口,行走距离不是两点间的直线距离,而是垂直的移动线路,即曼哈顿距离,也称为城市街区距离(city block distance)。对象 i 和 j 之间的曼哈顿距离定义如下：

$$d(i,j)=|x_{i1}-x_{j1}|+|x_{i2}-x_{j2}|+\cdots+|x_{ip}-x_{jp}|$$

还有一个度量方法为闵可夫斯基距离,是欧几里得距离和曼哈顿距离的推广,定义如下：

$$d(i,j)=\sqrt[h]{|x_{i1}-x_{j1}|^h+|x_{i2}-x_{j2}|^h+\cdots+|x_{ip}-x_{jp}|^h}$$

式中,h 为整数,这种距离又称 Lp 范数。p 就是公式中的 h,当 $p=1$ 时,它表示曼哈顿距离(即 L_1 范数)；当 $p=2$ 时,它表示欧几里得距离(即 L_2 范数)。

如果对每个变量根据其重要性赋予一个权重,则加权的欧几里得距离可以用下式计算：

$$d(i,j)=\sqrt{w_1|x_{i1}-x_{j1}|^2+w_2|x_{i2}-x_{j2}|^2+\cdots+w_p|x_{ip}-x_{jp}|^2}$$

加权也可以用于其他距离度量。

2.3.5　序数属性的度量

每个序数属性都可以有不同的状态数,假设某个序数属性 t 有 N_t 个可能取值,排序后顺序为 $1,2,\cdots,N_t$,通常需要将每个属性的值归一化到 $[0,1]$ 区间中的值,以便每个属性都有相同的权重。

如果对象的某个序数属性 t 的取值为 k,则它归一化后的值为 $(k-1)/(N_t-1)$；若对象有多个序数属性,则将这几个序数属性的归一化后的值组成向量,再利用数值属性的距离函数计算对象的相异度。

例如,英语口语考试成绩分为不流利、较流利和流利三档；作文考试分为不及格、及格、中等、良好和优秀五档。假如学生 X,Y 的两门成绩分别为不流利和及格以及较流利和优秀,则它们归一化后的数据向量分别是：

$$((1-1)/(3-1),(2-1)/(5-1))=(0,0.25)$$
$$((2-1)/(3-1),(5-1)/(5-1))=(0.5,1)$$

相异性可以用欧几里得距离计算：

$$d(X,Y)=\sqrt{(0.5-0)^2+(1-0.25)^2}=\sqrt{13}/4$$

2.3.6　文档的余弦相似性

文档有数以千计的属性,每个文档都可以被一个所谓的词频向量表示。对于多个不同的文档或者短文本,要计算它们之间的相似度,一个方便且高效的做法就是将这些文档或者短文本中的词语映射到向量空间,形成文档中文字和向量数据的映射关系,通过计算多个不同向量的差异大小,来计算多个文档的相似度。

余弦相似性(Cosine Similarity)是一种度量,用向量空间中两个向量夹角的余弦值作为衡量两个对象间差异大小的数据。余弦值越接近1,就表明夹角越接近0°,也就是两个向量越相似,这就叫"余弦相似性"。它可以用来比较文档或针对给定的查询词向量给文档排序。

图 2-4 中两个向量 **a**、**b** 的夹角很小,可以说向量 **a** 和向量 **b** 有很高的相似性;极端情况下,向量 **a** 和向量 **b** 完全重合,如图 2-5 所示。

图 2-5 中可以认为向量 **a** 和向量 **b** 是相等的,也即向量 **a**、**b** 代表的文档是完全相似的,或者说是相等的。有时向量 **a** 和向量 **b** 夹角较大,或者反方向,如图 2-6 所示。

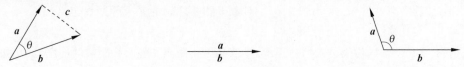

图 2-4　两个向量 **a**、**b** 的夹角　　图 2-5　两个向量 **a**、**b** 的夹角为0°　　图 2-6　两个向量 **a**、**b** 的夹角很大

图 2-6 中两个向量 **a**、**b** 的夹角很大,可以说向量 **a** 和向量 **b** 有很低的相似性,或者说向量 **a** 和向量 **b** 代表的文档基本不相似。

令 **A** 和 **B** 是两个待比较的向量,使用余弦度量作为相似性函数,公式如下:

$$\cos\theta = \frac{\boldsymbol{A} \cdot \boldsymbol{B}}{\|\boldsymbol{A}\| * \|\boldsymbol{B}\|}$$

分子为向量 **A** 与向量 **B** 的点乘,分母为二者各自的 L_2 范数(向量的 2-范数,即将所有维度值的平方相加后开方)相乘。余弦相似度的取值为 $[-1,1]$,值越大表示越相似。

下面举一个例子说明余弦计算文本相似度。为了简单起见,用句子来说明。

句子 A:这只皮靴号码大了,那只号码合适。

句子 B:这只皮靴号码不小,那只更合适。

怎样计算上面两句话的相似程度?

基本思路是:如果这两句话的用词越相似,它们的内容就应该越相似。因此,可以从词频入手,计算它们的相似程度。

第一步,分词。

句子 A:这只/皮靴/号码/大了,那只/号码/合适。

句子 B:这只/皮靴/号码/不/小,那只/更/合适。

第二步,列出所有的词。

这只,皮靴,号码,大了,那只,合适,不,小,更。

第三步,计算词频。

句子 A:这只 1,皮靴 1,号码 2,大了 1,那只 1,合适 1,不 0,小 0,更 0。

句子 B:这只 1,皮靴 1,号码 1,大了 0,那只 1,合适 1,不 1,小 1,更 1。

第四步,写出词频向量。

句子 A:(1,1,2,1,1,1,0,0,0)。

句子 B:(1,1,1,0,1,1,1,1,1)。

到这里,问题就变成了如何计算这两个向量的相似程度。我们可以把它们想象成空间中的两条线段,都是从原点(0,0,…)出发,指向不同的方向。两条线段之间形成一个夹角,如果夹角为 0°,意味着方向相同、线段重合,这时两个向量代表的文本完全相等;如果夹角为 90°,意味着形成直角,方向完全不相似;如果夹角为 180°,意味着方向正好相反。因此,我们可以通过夹角的大小,来判断向量的相似程度。夹角越小,就代表越相似。

计算句子 A:(1,1,2,1,1,1,0,0,0)和句子 B:(1,1,1,0,1,1,1,1,1)的向量余弦值来确定两个句子的相似度。

计算过程如下:

$$\cos \theta = \frac{1\times 1+1\times 1+2\times 1+1\times 0+1\times 1+1\times 1+0\times 1+0\times 1+0\times 1}{\sqrt{1^2+1^2+2^2+1^2+1^2+1^2+0^2+0^2+0^2} \times \sqrt{1^2+1^2+1^2+0^2+1^2+1^2+1^2+1^2+1^2}}$$

$$=\frac{6}{\sqrt{9} \times \sqrt{8}}$$

$$=0.71$$

计算结果中夹角的余弦值为 0.71,非常接近于 1。所以,上面的句子 A 和句子 B 是基本相似的。

由此,我们就得到了文本相似度计算的处理流程是:①找出两篇文章的关键词;②每篇文章各取出若干关键词,合并成一个集合,计算每篇文章对于这个集合中的词的词频;③生成两篇文章各自的词频向量;④计算两个向量的余弦相似度,值越大表示越相似。

2.4 视觉感知

视觉是人与周围世界发生联系的最重要的感觉通道,外界 80% 的信息都是通过视觉获得的。人的眼睛有着接收及分析视像的不同能力,从而组成视觉,以辨认物象的外貌和所处的空间(距离),以及该物在外形和空间上的改变。脑部将眼睛接收到的物象信息分析出四类主要资料,就是有关物象的空间、色彩、形状及动态。有了这些数据,我们可辨认外物且对外物做出及时和适当的反应。

当有光线时,人的眼睛能辨别物象本体的明暗。物象有了明暗的对比,眼睛便能产生视觉的空间深度,看到对象的立体程度。同时眼睛能识别形状,有助于我们辨认物体的形状及动态。此外,眼睛能看到的色彩称为色彩视或色觉。此四种视觉的能力是混为一体使用的,作为我们探察与辨别外界数据,建立视觉感知的源头。

2.4.1 视敏度和色彩感知

视敏度又称视锐度或视力,是指眼睛能辨别物体很小间距的能力,通常用被辨别物体最小间距所对应的视角的倒数表示。在一定视距条件下,能分辨物体细节的视角越小,视敏度就越大。视敏度是评价人的视觉功能的主要指标,它受几个因素的影响,即图像本身的复杂程度、光的强度、图像的颜色和背景光等。若光的强度过低,则会使图像很难分辨;若增加照明,则可以提高视敏度。因此,视屏显示器应配以良好的照明。但是,如果光太强,又会引起瞳孔收缩,从而降低视敏度。同时,亮度的增加使视屏显示器的闪烁更加明显,人们直视荧光屏会很不舒服。

视敏度也可以用闪光融合频率来测量。闪光融合频率是由于眼睛要在一个短的时间内分辨图像的变化引起的。如果变化得足够快,使眼睛看到连续的状态,且不能区分每一幅图像的差异,此时大约每秒 32 幅。在变化较慢时,眼睛开始感到差异,视屏显示器的闪烁会令人烦恼,其闪烁取决于它的刷新速度,也即一秒内荧光屏的扫描次数和图像的重画次数。

人的视敏度是很高的,但不同个体间的差异也很大。多数人能在 2m 的距离分辨 2mm 的间距。在界面设计中,对较为复杂的图像、图形和文字的分辨更为重要。视力测试统计表明,最佳视力是在 6m 远处辨认出最下一行 20mm 高的字母,平均视力能够辨认 40mm 高的字母。

另外,人具有色彩感知能力,能感觉到不同的颜色,这是眼睛接收不同波长的光的结果。各种波长的光是从带色的物体表面或有色光源反射出来的。正常的眼睛可感受到的光谱波长为 $400\sim700\mu m$。但视网膜对不同波长的光敏感程度不同。颜色不同而具有同样强度的光,有的看起来会亮一些,有的看起来会暗一些。当眼睛已经适应光强时,最亮的光谱大约为 $550\mu m$,接近于黄绿色。当光波长接近于光谱的两端,即 $400\mu m$(红色)或 $700\mu m$(紫色)时,亮度会逐渐减弱。

2.4.2　视觉模式识别

人们在观察事物或现象的时候,常常要寻找它与其他事物或现象的不同之处,并根据一定的目的把各个相似的但又不完全相同的事物或现象组成一类。字符识别就是一个典型的例子。例如,数字"4"可以有各种写法,但都属于同一类别。更为重要的是,即使对于某种写法的"4",以前虽未见过,也能把它分到"4"所属的这一类别。人脑的这种思维能力就构成了"模式"的概念。

模式识别(Pattern Recognition)就是通过计算机,用数学技术方法来研究模式的自动处理和判读。我们把环境与客体统称为"模式"。随着计算机技术的发展,人类有可能研究复杂的信息处理过程。信息处理过程的一个重要形式是人类对环境及客体的识别。对人类来说,特别重要的是对光学信息(通过视觉器官来获得)和声学信息(通过听觉器官来获得)的识别。这是模式识别的两个重要方面。市场上可见到的代表性产品有光学字符识别系统和语音识别系统。

视觉模式识别涉及较高级的信息加工过程。在视觉模式识别中,既要有当时进入感官的信息,也要有记忆中存储的信息,只有在所存储的信息中与当前信息进行比较的加工,才能够实现对视觉模式的识别。

外界刺激作用于感觉器官,人们辨认出对象的形状或色彩时,就完成了对视觉模式的识别。目前,针对视觉模式识别过程的理论主要有格式塔、模板匹配、原型匹配和特征分析等。

1. 格式塔理论

格式塔(Gestalt)理论又称完形心理学,是西方现代心理学的主要学派之一,诞生于德国,后来在美国得到进一步发展。该学派既反对美国构造主义心理学的元素主义,也反对行为主义心理学的刺激—反应公式,主张研究直接经验(即意识)和行为,强调经验和行为的整体性,认为整体大于部分之和,主张以整体的动力结构观来研究心理现象。该学派的创始人是韦特海默,代表人物还有科勒和考夫卡。

格式塔理论最基本的法则是简单精炼法则,认为人们在进行观察的时候,倾向于将视觉感知的内容理解为常规的、简单的、相连的、对称的或有序的结构。同时人们在获取视觉感知的时候,会倾向于将事物理解为一个整体,而不是将事物理解为组成事物的所有部分的集合。

格式塔理论认为,模式识别是基于对刺激的整个模式的知觉。其中主要有以下几个原则。

(1)接近性原则。

接近性原则(Proximity)是指某些距离较短或互相接近的部分,视觉上容易组成整体。例如,图2-7(a)中距离较近而毗邻的两条线段,自然而然地组合起来成为一个整体。图2-7(b)也是如此,因为黑色小点的纵排距离比横排更为接近,所以人们认为它是六条竖线而不是看成五条横线。

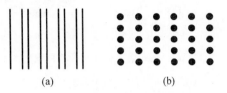

图2-7 格式塔接近性原则的图示

(2)相似性原则。

相似性原则(Similarity)是指人们容易将看起来相似的物体看成一个整体。如图2-8所示,○为白点,●为黑点,观察者倾向于将其看作纵向排列,而非横向排列。

(3)连续性原则。

连续性原则(Continuity)是指对线条的一种知觉倾向。如图2-9所示,我们多半把它看成两条线,一条从a到b,另一条从c到d。由于从a到b的线条比从a到d的线条具有更好的连续性,因此不会产生线条从a到d或者c到b的知觉。

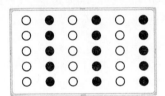

图2-8 格式塔相似性原则的图示

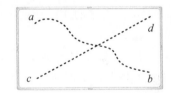

图2-9 格式塔连续性原则的图示

(4)完整和闭合性原则。

完整和闭合性原则(Closure)是指彼此相属的部分,容易组合成整体;反之,彼此不相属的部分,则容易被隔离开来。如图2-10(a)所示,12个圆圈排列成一个椭圆,旁边还有一个圆圈,尽管按照接近性原则,它靠近12个圆圈中的其中一个,但我们还是把12个圆圈当作一个完整的整体来知觉,而把单独的一个圆圈作为另一个整体来知觉。这说明,知觉者的一种推论倾向,即把一种不连贯的有缺口的图形尽可能在心理上使之趋合,即闭合倾向。完整和闭合性原则在所有感觉通道中都起作用,它为知觉图形提供完整的界定、对称和形式。

图2-10(b)所示的是使用简单的任意形状组成的一只熊猫。完整和闭合性可以被认为是一种维持元素之间的黏合剂。这也是人类更加倾向于去寻找和探索的一种模式。

(5)对称性原则。

比较图2-11(a)和图2-11(b)中所示的模式,图2-11(a)中模式似乎是"好"得多的模式,因为它是对称的。格式塔的对称性原则(Symmetry)能够反映人们知觉物体时的方式。例如,图2-11(c)中的模式,我们多半将图2-11(c)知觉为由菱形和垂直线组成的图形,而不把它看成由许多字母K组成的图形,尽管图中有很多正向的K和反向的K。这是因为图2-11(c)中菱形是对称的,而K不是对称的。

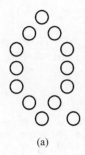
(a)

(b)

图 2-10　格式塔完整和闭合性原则的图示

(a)

(b)

(c)

图 2-11　格式塔对称性原则的图示

（6）图形与背景的关系原则。

当我们观察事物的时候，会认为有些物体或图形比背景更加突出。

图形与背景的关系原则（Figure-Ground）是指主要元素和空间之间的关系。眼睛会分开背景和图形，以了解区分什么是被强调突出的，人们第一眼看到的就是它的组成部分。

可以从图 2-12 中看到图形与背景两者之间哪个更容易确定和更加稳定。图 2-12 就是一个很好的关于不稳定的例子。你可能只会看到一个花瓶（相对于白色地面），其实也会看到黑色部分是两个人的侧脸，反之亦然。在两者之间来回切换，可看到这种不稳定性关系。

在相对于稳定的环境中，我们可以利用它，使用户更好地专注于我们想要突出的元素。以下两个方法可以帮助我们。

①　面积：两个重叠的形状，较小的会被视为图形，较大的会被认为是背景（地面）。

②　凹凸感：凸出来的往往会被认为是元素而不是凹进去的部分。

（7）以往经验原则。

以往经验原则（Pass Experience）是指在某些情形下视觉感知与过去的经验有关。以往经验原则认为有着共同的经历就会有相似之处，例如很多的颜色就被过去的经验赋予了一些意义。

例如，在生活中，我们看到的红绿灯，红色预示着停止，绿色意味着走，如图 2-13 所示的就是由三种常见色作为路口一侧的红绿灯，这就是以往经验的结果。

图 2-12　格式塔图形与背景的关系原则的图示

图 2-13　格式塔以往经验原则的图示

格式塔原则是很重要的原则。它们是指引我们视觉上一切设计的基础，描述了每个人都是如何直观地感知对象的。上述原则应该比较容易理解。对大部分初级设计者而言，需要了解这些原则的基本思路，并以不一样的角度来理解它们，以及考虑在设计中如何影响设计。

除格式塔理论外，还有以下理论。

2. 模板匹配理论

在模式识别的知识中,模板指的是一种内部结构,当它与感觉刺激匹配时,就能识别对象。这一概念认为,在人们的生活经验中创造了大量的模板,每一个模板都与一定的意义相联系。因此,对一个形状(如几何形状)的视觉识别将会这样产生:发源于形体的光能落在视网膜上,并转换为神经能,然后传送到大脑。大脑对现有的模板进行搜索,如果发现了与神经模式相匹配的模板,就识别了该物体。当物体与模板相匹配后,就可能产生对物体的进一步加工和解释。

按照模板匹配(Template Matching)理论,只有当外部物体与其内部表征之间具有 1∶1 匹配时才可能识别,哪怕只有微小的不一致,物体也不会被识别。这样就需要形成无数个模板,它们分别与我们所看到的各种对象及这些对象的变形相对应。为了存储许多模板,我们的大脑会非常大,这种本领从神经方面来说却是不可能的。

3. 原型匹配理论

原型匹配(Prototype Matching)是取代模板匹配的另一种手段。它不是对要识别的千百万种不同模式形成各种特定的模板,而是把模式的某种抽象物存储在长时记忆中,并且起着原型的作用,这样,模式对照原型进行检查,如果发现相似性,模式就被识别。

这种理论认为,眼前的一个字母 A,不管它是什么形状,也不管把它放在什么地方,它都和过去知觉过的 A 有相似之处。按照这种模型,我们可以形成一个理想化的字母 A 的原型,它概括了与这个原型相类似的各种图像的共同特征,这就使我们能够识别与原型相似的所有其他的 A 了。因此,我们能识别不同大小、不同方位的 A,并不是因为它们整齐地装到了大脑里,而是因为它们有共同的特点。

4. 特征分析理论

特征分析(Feature Analysis)理论是模板匹配理论和原型匹配理论的发展,它认为刺激是一些基本特征的结合物。例如,对于英文字母,特征可能包括水平线、垂直线、大约 45°的线以及曲线。这样,大写的字母 A 便能被看成两条 45°的线和一条水平线。字母 A 的模式由这些线条加上它们结合在一起的形式组成。在进行模式识别时,人们把知觉对象的基本特征与存储于记忆中的特征相匹配,以做出肯定或者否定的决定。

2.5 视觉通道

视觉通道(Sensory Modality)是个体接受刺激和传递信息形成感觉经验的通道,负责接收或输入信息。最初由德国生理学家赫尔姆霍茨提出。根据感官及其经验的不同,感觉通道可分为视觉通道、听觉通道、嗅觉通道、味觉通道、温度觉通道、触压觉通道、振动觉通道和运动觉通道。它们都有专门化的感受器,每一种感受器通常只对一种能量形式的刺激特别敏感。这种刺激就是该通道的适宜刺激或适宜信号。除适宜刺激外,各感觉通道对其他能量形式的刺激不能或不易传送。如视觉通道可顺利地传送可见光信号,但不能传送声音信号;听觉通道可顺利地传送声音信号,但不能传送光信号。通道对传送刺激信号的能量形式、能量品质和能量大小都有严格的要求。

2.5.1 视觉通道简介

数据可视化的核心内容是可视化编码,是将数据信息映射成可视化元素的技术。可视化编码由几何标记(图形元素)和视觉通道两部分组成。

(1) 几何标记:可视化中,标记通常是一些几何图形元素,如点、线、面、体,如图 2-14 所示。

(2) 视觉通道:用于控制几何标记的展示特性,包括标记的位置、大小、形状、方向、色调、饱和度和亮度等。

可视化的基本形式就是简单地把数据映射成图形。它的工作原理就是大脑倾向于寻找模式,可以在图形和它所代表的数字间来回切换。这一点很重要。必须确定数据的本质并没有在这反复切换中丢失,如果不能映射回数据,可视化图表就只是一堆无用的图形。所谓视觉通道,就是在可视化数据的时候,用形状、大小和颜色对数据进行编码。必须根据目的来选择合适的视觉通道,并正确使用它。而这又取决于对形状、大小和颜色的理解。图 2-14 展示了有哪些是能用的视觉通道。

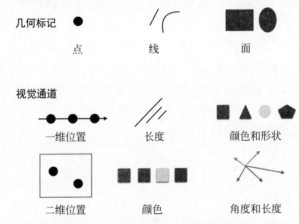

图 2-14 几何标记和可视化的视觉通道

1. 位置

用位置做视觉通道时,要比较给定空间或坐标系中数值的位置。如图 2-15 所示,观察散点图的时候,是通过一个数据点的 X 坐标和 Y 坐标以及和其他点的相对位置来判断。

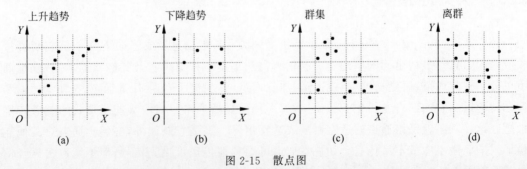

图 2-15 散点图

只用位置做视觉通道的一个优势是,它往往比其他视觉通道占用的空间更少。因为可

以在一个 *XOY* 坐标平面里画出所有的数据,每一个点都代表一个数据。与其他用尺寸大小来比较数值的视觉通道不同,坐标系中所有点的大小相同。然而在绘制大量数据之后,一眼就可以看出趋势、群集和离群值。这个优势同时也是劣势:在观察散点图中的大量数据点时,很难分辨出每一个点分别表示什么。即便是在交互图中,仍然需要鼠标悬停在一个点上以得到更多信息,而点重叠时会更不方便。

2. 长度

长度通常用于条形图中,条形越长,绝对数值越大。不同方向上,如水平方向、垂直方向或者圆的不同角度上都是如此。

长度是从图形一端到另一端的距离,因此要用长度比较数值,就必须能看到线条的两端。否则得到的最大值、最小值及期间的所有数值都是有偏差的。

图 2-16 所示的是一个简单的例子,它是一家主流新闻媒体在电视上展示的一幅税率调整前后的条形图。其中,图 2-16(a)为错误的条形图,图 2-16(b)为正确的条形图。

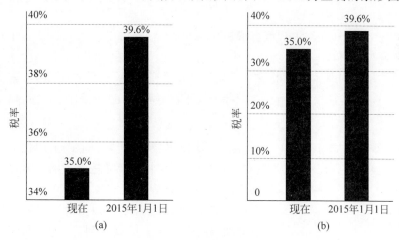

图 2-16　错误的条形图和正确的条形图

图 2-16(a)中两个数值看上去有巨大的差异。因为数值坐标轴从 34% 开始,导致右边条形长度几乎是左边条形长度的 5 倍。而图 2-16(b)中坐标轴从 0 开始,数值差异看上去就没有那么夸张了。当然,你可以随时注意坐标轴,印证你所看到的(也本应如此),但这无疑破坏了用长度表示数值的本意,而且如果图表在电视上一闪而过,那么大部分人是不会注意到这个错误的。

3. 角度

角度的取值范围为 0°～360°,构成一个圆。有 90° 的直角,大于 90° 的钝角和小于 90° 的锐角。直线是 180°。

0°～360° 中的任何一个角度,都隐含着一个能和它组成完整圆形的对应角,这两个角被称作共扼。这就是通常用角度来表示整体中部分的原因。尽管圆环图常被当作是饼图的近亲,但圆环图的视觉通道是弧长,因为可以表示角度的圆心被切除了。

4. 方向

方向和角度类似。角度是相交于一个点的两个向量,而方向则是坐标系中一个向量的方向,可以看到上、下、左、右及其他所有方向,这可以帮助测定斜率,如图 2-17 所示。在

图 2-17 中可以看到增长、下降和波动趋势。

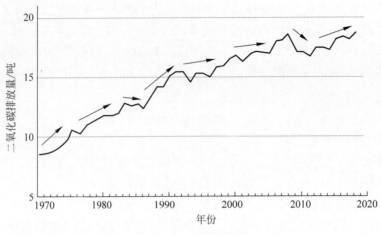

图 2-17　斜率和时序

对变化大小的感知在很大程度上取决于标尺。例如,可以放大比例让一个很小的变化看上去很大,同样也可以缩小比例让一个巨大的变化看上去很小。一个经验法则是缩放可视化图表,使波动方向基本都保持在 45°左右。如果变化很小,但却很重要,就应该放大比例以突出差异;相反,如果变化微小且不重要,那就不需要放大比例使之变得显著了。

5. 形状

形状和符号通常被用在地图中,以区分不同的对象和分类。地图上的任意一个位置可以直接映射到现实世界,所以用图表来表示现实世界中的事物是合理的。可以用一些树表示森林,用一些房子表示住宅区。

图 2-18　散点图中的不同形状

在图表中,形状已经不像以前那样频繁地用于显示变化。例如,在图 2-18 中可以看到,三角形和正方形都可以用在散点图中。不过,不同的形状比一个个点能提供的信息更多。

6. 面积和体积

大的物体代表大的数值。长度、面积和体积分别可以用在二维和三维空间中,表示数值的大小。二维空间通常用圆形和矩形,三维空间一般用立方体或球体;也可以更为详细地标出图示的大小。

一定要注意所使用的空间维度。最常见的错误就是只使用一维(如高度)来度量二维、三维的物体,却保持了所有维度的比例。这会导致图形过大或者过小,无法正确比较数值。

假设使用正方形这个有宽和高两个维度的形状来表示数据,数值越大,正方形的面积就越大。如果一个数值比另一个大 50%,那么你希望正方形的面积也大 50%。然而一些软件的默认行为是把正方形的边长增加 50%,而不是面积,这会得到一个非常大的正方形,面积增加了 125%,而不是 50%。三维物体也有同样的问题,而且会更加明显,把一个立方体的长、宽、高各增加 50%,立方体的体积将会增加大约 238%。

7. 颜色

颜色视觉通道分两类：色相（Hue）和饱和度（Saturation）。两者可以分开使用，也可以结合起来使用。色相就是通常所说的颜色，如红色、绿色、蓝色等。不同的颜色通常用来表示分类数据，每个颜色代表一个分组。饱和度是一个颜色中色相的量。假如选择红色，高饱和度的红就非常浓，随着饱和度的降低，红色会越来越淡。同时使用色相和饱和度，可以用多种颜色表示不同的分类，每个分类有多个等级。如图2-19中的点分成两类，用颜色代表不同分类。图2-19中左下侧部分点组成一类（蓝色），右上侧部分点也组成一类（红色）。

在日常生活中，也常常使用颜色来分类。例如，车牌颜色有蓝色、黄色、白色、黑色。其中蓝色是小车车牌，黄色是大车或农用车用的车牌及教练车车牌；白色是特种车车牌（如军车、警车车牌及赛车车牌）；黑色是外籍人员及外资企业的车牌。

定量（连续）数据的颜色映射如图2-20所示，每个格子颜色实际上可以代表格子内的数据。各省份人口普查数据可以采用类似颜色映射表示。

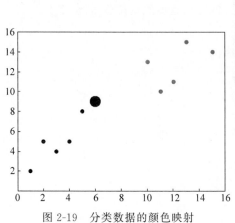

图 2-19　分类数据的颜色映射

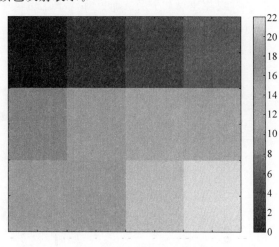

图 2-20　定量数据的颜色映射

对颜色的谨慎选择能给数据增添背景信息。因为不依赖于大小和位置，你可以一次性编码大量的数据。不过，要时刻考虑到色盲人群，确保所有人都可以解读你的图表。有将近8%的男性和0.5%的女性是红绿色盲，如果只用这两种颜色对数据进行编码，这部分读者会很难理解你的可视化图表。可以通过组合使用多种视觉通道，使所有人都可以分辨得出。

2.5.2　视觉通道的类型

人类对视觉通道的识别有两种基本的感知模式。第一种感知模式得到的信息是关于对象本身的特征和位置等，对应视觉通道的定性性质和分类性质；第二种感知模式得到的信息是对象某一属性在数值上的大小，对应视觉通道的定量性质或者定序性质。因此将视觉通道分为如下两大类。

（1）定性（分类）的视觉通道：如形状、颜色的色调、空间位置。

（2）定量（连续、有序）的视觉通道：如直线的长度、区域的面积、空间的体积、斜度、角度、颜色的饱和度和亮度等。

然而这两种分类不是绝对的，如位置信息，既可以区分不同的分类，又可以分辨连续数据的差异。

2.5.3　视觉通道的表现力

进行可视化编码时需要考虑不同视觉通道的表现力,主要体现在以下 4 方面。

(1) 准确性:是否能够准确地在视觉上表达数据之间的变化。

(2) 可辨认性:同一个视觉通道能够编码的分类个数,即可辨识的分类个数上限。

(3) 可分离性:不同视觉通道的编码对象放置到一起是否容易分辨。

(4) 视觉突出:重要的信息是否用更加突出的视觉通道进行编码。

1985 年,AT&T 贝尔实验室的统计学家威廉·克利夫兰和罗伯特·麦吉尔发表了关于图形感知和方法的论文,研究焦点是确定人们理解上述视觉通道(不包括形状)的精确程度,最终得出了从最精确到最不精确的视觉通道排序清单,即位置→长度→角度→方向→面积→体积→饱和度→色相。

很多可视化建议和最新的研究都源于这份清单。不管数据是什么,最好的办法是知道人们能否很好地理解视觉通道,领会图表所传达的信息。

从图 2-21 中的视觉通道表现力的精确程度可见,各视觉通道的精确程度不同。

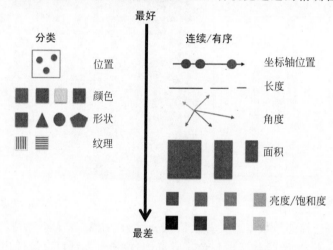

图 2-21　视觉通道表现力的精确程度

2.6　可视化的组件

所谓可视化数据,其实就是根据数值,用标尺、颜色、位置等各种视觉通道的组合来表现数据。深色和浅色的含义不同,二维空间中右上方的点和左下方的点含义也不同。

可视化是从原始数据到条形图、折线图和散点图的飞跃。人们很容易会以为这个过程很方便,因为软件可以帮忙插入数据,你立刻就能得到反馈。其实在这中间还需要一些步骤和选择,如用什么图形对数据编码?什么颜色对你的寓意和用途是最合适的?可以让计算机帮你做出所有的选择以节省时间,但如果你清楚可视化的原理以及整合、修饰数据的方式,你就知道如何指挥计算机,而不是让计算机替你做决定。对于可视化,如果你知道如何解释数据,以及图形元素是如何协作的,得到的结果通常比软件做得更好。

　　基于数据的可视化组件可以分为四种：视觉通道、坐标系、标尺以及背景信息。不论在图的什么位置,可视化都是基于数据和这四种组件创建的。有时它们是显式的,有时它们则会组成一个无形的框架。这些组件协同工作,对一个组件的选择会影响到其他组件。

　　(1) 视觉通道：可视化包括用形状、颜色和大小来对数据编码,选择什么取决于数据本身和目标。

　　(2) 坐标系：用散点图映射数据和用饼图是不一样的。散点图中有 x 坐标和 y 坐标,饼图中则有角度,就像直角坐标系和极坐标系的对比。

　　(3) 标尺：指定在每一个维度里数据映射的位置。

　　(4) 背景信息：如果可视化产品的读者对数据不熟悉,则应该阐明数据的含义以及读图的方式。

2.6.1　坐标系

　　数据编码的时候,总得把物体放到一定的位置,有一个结构化的空间,还有指定图形和颜色画在哪里的规则,这就是坐标系,它赋予 XOY 坐标或经纬度以意义。有几种不同的坐标系,图 2-22 所示的三种坐标系几乎可以覆盖所有的需求,它们分别为直角坐标系(也称为笛卡儿坐标系)、极坐标系和地理坐标系。

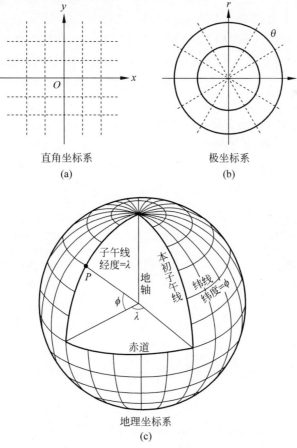

图 2-22　常用坐标系

1. 直角坐标系

直角坐标系是最常用的坐标系(对应如条形图或散点图)。通常可以认为坐标就是被标记为(x, y)的XY坐标值对。坐标的两条线垂直相交,取值范围从负到正,组成了坐标轴。交点是原点,坐标值指示到原点的距离。举例来说,$(0, 0)$点就位于两线交点,$(1, 2)$点在水平方向上距离原点一个单位,在垂直方向上距离原点2个单位。

直角坐标系还可以向多维空间扩展。例如,三维空间可以用(x, y, z)三值对来替代(x, y)。可以用直角坐标系来画几何图形,使在空间中画图变得更为容易。

2. 极坐标系

极坐标系(对应如饼图)由一个圆形网格构成,最右边的点是零度,角度越大,逆时针旋转越多。距离圆心越远,半径越大。

将自己置于最外层的圆上,增大角度,逆时针旋转到垂直线(或者直角坐标系的y轴),就得到了$90°$,也就是直角。再继续旋转$1/4$,到达$180°$。继续旋转直到返回起点,就完成了一次$360°$的旋转。沿着内圈旋转,半径会小很多。

极坐标系没有直角坐标系用得多,但在角度和方向很重要时它会更有用。

3. 地理坐标系

位置数据的最大好处就在于它与现实世界的联系,它能给相对于你的位置的数据点带来即时的环境信息和关联信息。用地理坐标系可以映射位置数据,位置数据的形式有许多种,但通常都是用纬度和经度来描述,分别相对于赤道和子午线的角度,有时还包含高度。纬度线是东西向的,标识地球上的南北位置。经度线是南北向的,标识东西位置。高度可被视为第三个维度。相对于直角坐标系,纬度就好比水平轴,经度就好比垂直轴。也就是说,相当于使用了平面投影。

绘制地表地图最关键的地方是要在二维平面(如计算机屏幕)上显示球形物体的表面。有多种不同的实现方法,被称为投影。当把一个三维物体投射到二维平面上时,会丢失一些信息,与此同时,其他信息则被保留下来了。如图2-23所示,这些投影都有各自的优缺点。

(a)圆柱投影　　　　　(b)圆锥投影　　　　　(c)方位投影

图2-23　地图投影

2.6.2　标尺

坐标系指定了可视化的维度,而标尺则指定了在每一个维度里数据映射到哪里。标尺有很多种,也可以用数学函数来定义自己的标尺,但是基本上不会偏离图2-24中所展示的标尺。标尺和坐标系一起决定了图形的位置以及投影的方式。

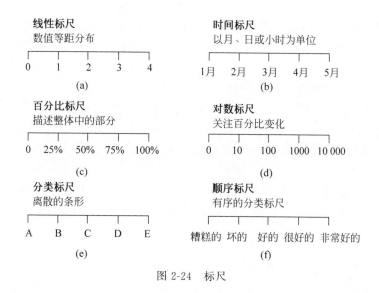

图 2-24 标尺

1. 线性标尺

线性标尺就是日常生活中常用的数值标尺。标尺上数值呈等距离分布。

2. 时间标尺

时间是连续变量,可以把时间数据画到线性标尺上,也可以将其分成月份或者星期这样的分类,作为离散变量处理。当然,它也可以是周期性的,总有下一个正午、下一个星期六和下一个一月。和读者沟通数据时,时间标尺带来了更多的好处,因为和地理地图一样,时间是日常生活的一部分。随着日出和日落,在时钟和日历里,我们每时每刻都在感受和体验着时间。

3. 百分比标尺和对数标尺

百分比标尺描述整体中某部分占的比例,而对数标尺关注的是百分比变化而不是绝对数值。

4. 分类标尺和顺序标尺

数据并不总是以数字形式呈现的。它们也可以是分类的,如人们居住的城市。分类标尺为不同的分类提供视觉分隔,通常和线性标尺一起使用。拿条形图来说,可以在水平轴上使用分类标尺(如 A、B、C、D、E),在垂直轴上用线性标尺,这样就可以显示不同分组的数量和大小。分类间的间隔是随意的,和数值没有关系,通常会为了增加可读性而进行调整,顺序与数据背景信息相关。当然,也可以相对随意,但对于分类的顺序标尺来说,顺序就很重要了。例如,将电影的分类排名数据按从糟糕的到非常好的这种顺序显示,能帮助观众更轻松地判断和比较影片的质量。

2.6.3 背景信息

背景信息(帮助更好地理解数据相关的 5W 信息,即何人、何事、何时、何地、为何)可以使数据更清晰,并且能正确引导读者。至少,几个月后回过头来再看的时候,它可以提醒你这张图在说什么。

有时背景信息是直接画出来的,有时隐含在媒介中。至少可以很容易地用一个描述性标题来让读者知道将要看到的是什么。想象一幅呈上升趋势的汽油价格时序图,可以把它叫作"油价",这样显得清楚明确,你也可以叫它"上升的油价",来表达出图片的信息,你还可以在标题底下加上引导性文字描述价格的浮动。

所选择的视觉通道、坐标系和标尺都可以隐性地提供背景信息。明亮、活泼的对比色和深的、中性的混合色表达的内容是不一样的。同样,地理坐标系让你置身于现实世界的空间中,直角坐标系的 XOY 坐标轴只停留在虚拟空间。对数标尺更关注百分比变化而不是绝对数值。这就是为什么注意软件默认设置很重要。

现有的软件越来越灵活,但是软件无法理解数据的背景信息。软件可以帮你初步画出可视化图形,但还要由你来研究和做出正确的选择,让计算机为你输出所需要的可视化图形。

2.6.4　整合可视化组件

单独看这些可视化组件没那么神奇,它们只是空间里的一些几何图形而已。如果把它们放在一起,就得到了值得期待的完整的可视化图形。

举例来说,在一个直角坐标系里,水平轴上用分类标尺,垂直轴上用线性标尺,长度做视觉通道,这时得到了条形图。在地理坐标系中使用位置信息,则会得到地图中的一个个点。

在极坐标系中,半径用百分比标尺,旋转角度用时间标尺,面积做视觉通道,可以画出极区图(即南丁格尔-玫瑰图)。

本质上,可视化是一个抽象的过程,是把数据映射到了几何图形和颜色上。从技术角度看,这很容易做到。你可以很轻松地用纸笔画出各种形状并涂上颜色;难点在于,你要知道什么形状和颜色是最合适的、画在哪里以及画多大。

要完成从数据到可视化的飞跃,你必须知道自己拥有哪些原材料。对于可视化来说,视觉通道、坐标系、标尺和背景信息都是你拥有的原材料。视觉通道是人们看到的主要部分,坐标系和标尺可使其结构化,创造出空间感,背景信息则赋予数据以生命,使其更贴切,更容易被理解,从而更有价值。

知道每一部分是如何发挥作用的,尽情发挥,并观察别人看图的时候得到了什么信息。不要忘了最重要的东西,没有数据,一切都是空谈。同样,如果数据很空洞,得到的可视化图表也会是空洞的。即使数据提供了多维度的信息,而且粒度足够小,使你能观察到细节,那你也必须知道应该观察些什么。

数据量越大,可视化的选择就越多,然而很多选择可能是不合适的。为了过滤掉那些不好的选择,找到最合适的方法,得到有价值的可视化图表,你必须了解自己的数据。

第3章

数据可视化过程

人类视觉感知到心理认知的过程要经过信息的获取、分析归纳、存储、概念、提取、使用等一系列加工阶段。尽管不同领域的数据可视化面向不同数据,面临不同的挑战,但可视化的基本步骤和流程是相同的。本章将学习从社会自然现象数据中提取信息、知识和灵感的可视化基本流程。

3.1 数据可视化流程

可视化不是一个单独的算法,而是一个流程。除了视觉映射外,也需要设计并实现其他关键环节,如前端的数据采集、处理和后端的用户交互。这些环节是解决实际问题必不可少的步骤,且直接影响可视化效果。作为可视化设计者,解析可视化流程有助于把问题化整为零,降低设计的复杂度。作为可视化开发者,解析可视化流程有助于软件开发模块化、提高开发效率、缩小问题范围、重复利用代码,有助于设计工具库、编程界面和软件模块。

数据可视化是一个流程,有点像流水线,但这些流水线之间是可以相互作用的、双向的。可视化流程以数据流为主线,主要包括数据采集、数据处理和变换、可视化映射、用户感知模块。图 3-1 所示的是一个数据可视化流程。

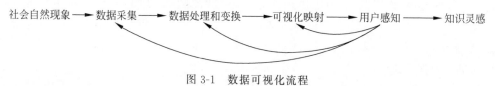

图 3-1 数据可视化流程

(1)数据采集。数据的采集直接决定了数据的格式、维度、尺寸、分辨率、精确度等重要性质,在很大程度上决定了可视化结果的质量。

(2)数据处理和变换。数据处理和变换是可视化的前期处理。一方面,原始数据不可避免地含有噪声和误差；另一方面，数据的模式和特征往往被隐藏。而可视化需要将难以理解的原始数据变换成用户可以理解的模式和特征并显示出来。这个过程包括去除数据噪声、数据清洗、提取特征等，为之后的可视化映射做准备。

（3）可视化映射。可视化映射是整个可视化流程的核心，它将数据的数值、空间位置、不同位置数据间的联系等，映射到不同的视觉通道，如标记、位置、形状、大小和颜色等。这种映射的最终目的是让用户通过可视化，洞察数据和数据背后隐含的现象和规律。因此可视化映射的设计不是一个孤立的过程，而是与数据、感知、人机交互等方面相互依托，共同实现的。

（4）用户感知。数据可视化和其他数据分析处理办法的最大不同是用户的关键作用。用户借助数据可视化结果感受数据的不同，从中提取信息、知识和灵感。可视化映射后的结果只有通过用户感知才能转换成知识和灵感。用户感知可以在任何时期反作用于数据的采集、处理变换以及映射过程中，如图 3-1 所示。

数据可视化可用于从数据中探索新的假设，也可证实相关假设与数据是否吻合，还可以帮助专家向公众展示数据中的信息。用户的作用除被动感知外，还包括与可视化其他模块的交互。交互在可视化辅助分析决策中发挥了重要作用。有关人机交互的探索已经持续了很长时间，但智能、适用于海量数据可视化的交互技术，如任务导向的、基于假设的方法还是一个未解难题。

上面的可视化流程虽然简单，但也要注意以下两点。

（1）上述过程都是基于数据背后的自然现象或者社会现象，而不是数据本身。

（2）图 3-1 中的各个模块的联系并不是顺序的线性的联系，它们之间的联系更多的是非线性的，任意两个模块之间都可能存在联系。

3.2 数据处理和数据变换

在可视化流程中，原始数据经过处理和变换后得到清洁、简化、结构清晰的数据，并输出到可视化映射模块中。数据处理和变换直接影响到可视化映射的设计，对可视化的最终结果也有重要的影响。

当今现实世界的数据库极易受噪声、缺失值和不一致数据的侵扰，有大量数据预处理技术。数据清理可以清除数据中的噪声，纠正不一致；数据集成将数据由多个数据源合并成一致的数据存储，如数据仓库；数据归约可以通过如聚集、删除冗余特征或聚类来降低数据的规模；数据变换（如规范化）可以用来把数据压缩到较小的区间，如 $[0.0, 1.0]$，这可以提高涉及距离度量的挖掘算法的精确率和效率。这些技术不是相互排斥的，可以一起使用。例如，数据清理可能涉及纠正错误数据的变换，如通过把一个数据字段的所有项都变换成公共格式进行数据清理。

数据如果能满足其应用要求，那么它是高质量的。数据质量涉及许多因素，包括准确性、完整性、一致性、时效性、可信性和可解释性。

数据处理和数据变换主要步骤：数据清理、数据集成、数据变换与数据离散化以及数据配准。

3.2.1 数据清理

现实世界的数据一般是不完整的、有噪声的和不一致的。数据清理试图填充缺失的值，光滑噪声和识别或删除离群点，并纠正数据中的不一致来清理数据。

1. 缺失值

假设分析某公司 AllElectronics 的销售和客户数据，发现许多记录的一些属性（如客户的 income）没有记录值。那么应怎样处理该属性缺失的值呢？可用的处理方法如下。

（1）删除记录。删除属性缺少的记录简单直接，代价和资源较少，并且易于实现，然而直接删除记录会浪费该记录中被正确记录的属性。当属性缺失值的记录百分比很大时，它的性能特别差。

（2）人工填写缺失值。一般地说，该方法很费时，并且当数据集很大、缺少很多值时，该方法可能行不通。

（3）使用一个全局常量填充缺失值。将缺失的属性值用同一个常量（如 Unknown 或-）替换。如果缺失的值都用 Unknown 替换，则挖掘程序可能误以为它们形成了一个有趣的概念，因为它们都具有相同的值——Unknown。因此，尽管该方法简单，但是并不十分可靠。

（4）使用属性的中心度量（如均值或中位数）填充缺失值。对于正常的（对称的）数据分布而言，可以使用均值，而倾斜数据分布应该使用中位数。例如，假定 AllElectronics 的客户的平均收入为 18 000 美元，则使用该值替换 income 中的缺失值。

（5）使用与属性缺失的记录属同一类的所有样本的属性均值或中位数。例如，如果将客户按 credit_risk 分类，则用具有相同信用风险的客户的平均收入替换 income 中的缺失值。如果给定类的数据分布是倾斜的，则中位数是更好的选择。

（6）使用最可能的值填充缺失值。可以用回归、贝叶斯形式化方法的推理工具或决策树归纳确定。例如，利用数据集里其他客户的属性，可以构造一棵判定树来预测 income 的缺失值。

方法（3）～方法（6）使数据有偏差，填入的值可能不正确。然而方法（6）是最流行的策略。与其他方法相比，它使用已有记录（数据）的其他部分信息来推测缺失值。在估计 income 的缺失值时，通过考虑其他属性的值，有更大的机会保持 income 和其他属性之间的联系。

在某些情况下，缺失值并不意味着有错误；在理想情况下，每个属性都应当有一个或多个关于空值条件的规则。这些规则可以说明是否允许空值，并且/或者说明这样的空值应当如何处理或转换。

2. 噪声数据与离群点

噪声是被测量变量的随机误差（一般指错误的数据）。离群点是数据集中包含的一些数据对象，它们与数据的一般行为或模型不一致（正常值，但偏离大多数数据）。例如，在图 3-2 中出现了负年龄（噪声数据），以及 85～90 岁的用户（离群点）。

给定一个数值属性，可以采用下面的数据光滑技术"光滑"数据，去掉噪声。

（1）分箱。

分箱方法通过考查数据的"近邻"（即周围的值）来光滑有序数据值。这些有序的值被分

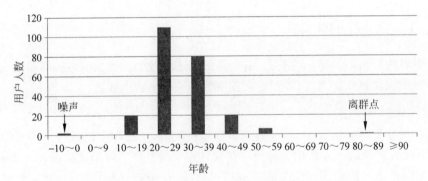

图 3-2　系统用户年龄的分析

布到一些桶或箱中。由于分箱方法考查近邻的值,因此对它进行局部光滑。

① 用箱均值光滑。箱中每一个值被箱中的平均值替换。

② 用箱边界光滑。箱中的最大值和最小值同样被视为边界。箱中的每一个值被最近的边界值替换。

③ 用箱中位数光滑。箱中的每一个值被箱中的中位数替换。

如图 3-3 所示,数据首先排序并被划分到大小为 3 的等深的箱中。对于用箱均值光滑,箱中每一个值都被替换为箱中的均值。类似地,可以使用箱边界光滑或者箱中位数光滑等。

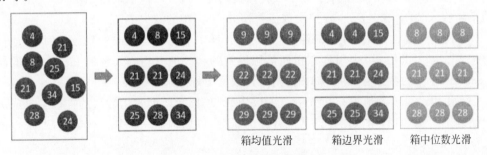

图 3-3　数据光滑的分箱方法

上面分箱的方法采用等深分箱(每个"桶"的样本个数相同),也可以是等宽分箱(其中每个箱值的区间范围相同)。一般而言,宽度越大,光滑效果越明显。分箱也可以作为一种离散化技术使用。

(2) 回归。

回归(Regression)用一个函数拟合数据来"光滑"数据。线性回归涉及找出拟合两个属性(或变量)的"最佳"直线,使得一个属性能够预测另一个。图 3-4 即对数据进行线性回归拟合。图 3-4 中已知有 10 个点,此时获得信息将在横坐标 7 的位置出现一个新的点,却不知道纵坐标,请预测最有可能的纵坐标值。这是典型的预测问题,可以通过回归来实现。预测结果如图 3-4 所示,预测点采用菱形标出。

多线性回归是线性回归的扩展,它涉及多于两个属性,并且数据拟合到一个多维面。使用回归,找出适合数据的拟合函数,能够帮助消除噪声。

离群点分析可以通过如聚类来检测离群点。聚类将类似的值组织成群或"簇"。直观地落在簇集合之外的值被视为离群点。

图 3-5 所示为聚类出 3 个数据簇。可以将离群点看作落在簇集合之外的值来检测。

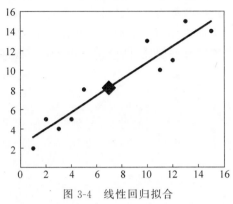

图 3-4　线性回归拟合

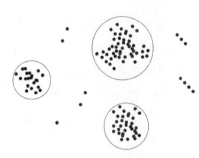

图 3-5　聚类出 3 个数据簇

许多数据光滑的方法也用于数据离散化(一种数据变换方式)和数据归约。例如,上面介绍的分箱技术减少了每个属性不同值的数量。对于基于逻辑的数据挖掘方法(决策树归纳),数据离散化充当了一种形式的数据归约。概念分层是一种数据离散化形式,也可以用于数据平滑。

3. 不一致数据

对于有些事务,所记录的数据可能存在不一致。有些数据不一致可以根据其他材料上的信息人工地加以更正。例如,数据输入时的错误可以使用纸上的记录加以更正,也可以用纠正不一致数据的程序工具来检测违反限制的数据。例如,知道属性间的函数依赖,可以查找违反函数依赖的值。

3.2.2　数据集成

上述数据清理方法一般应用于同一数据源的不同数据记录上。在实际应用中,经常会遇到来自不同数据源的同类数据,且在用于分析之前需要进行合并操作。实施这种合并操作的步骤称为数据集成。有效的数据集成过程有助于减少合并后的数据冲突,降低数据冗余程度等。

数据集成需要解决的问题如下。

1. 属性匹配

对于来自不同数据源的记录,需要判定记录中是否存在重复记录。而首先需要做的是确定不同数据源中数据属性间的对应关系。例如,从不同销售商收集的销售记录可能对用户 id 的表达有多种形式(销售商 A 使用 cus_id,数据类型为字符串;销售商 B 使用 customer_id_number,数据类型为整数),在进行销售记录集成之前,需要先对不同的表达方式进行识别和对应。

2. 冗余去除

数据集成后产生的冗余包括两方面:数据记录的冗余,例如,Google 街景车在拍摄街景照片时,不同的街景车可能有路线上的重复,这些重复路线上的照片数据在进行集成时便会造成数据冗余(同一段街区被不同车辆拍摄);因数据属性间的推导关系而造成数据属性冗余,例如,调查问卷的统计数据中,来自地区 A 的问卷统计结果注明了总人数和男性受调查者人数,而来自地区 B 的问卷统计结果注明了总人数和女性受调查者人数,当对两个地区的问卷统计数据进了集成时,需要保留"总人数"这一数据属性,而"男性受调查者人数"和"女性受调查者人数"这两个属性保留一个即可,因为两者中任一属性可由"总人数"与另一属性推出,从而避免了在集成过程中由于保留所有不同数据属性(即使仅出现在部分数据源中)而造成的属性冗余。

3. 数据冲突检测与处理

来自不同数据源的数据记录在集成时因某种属性或约束上的冲突,导致集成过程无法进行。例如,当来自两个不同国家的销售商使用的交易货币不同时,无法将两份交易记录直接集成(涉及货币单位不同这一属性冲突)。

数据挖掘和数据可视化经常需要数据集成——合并来自多个数据存储的数据。谨慎集成有助于减少结果数据集的冗余和不一致。这有助于提高其后挖掘和数据可视化过程的准确性和速度。

3.2.3   数据变换与数据离散化

在数据处理阶段,数据被变换或统一,使得数据可视化分析更有效,挖掘的模式可能更容易理解。数据离散化是一种数据变换形式。

1. 数据变换策略概述

数据变换策略包括以下 6 种。

(1) 光滑。去掉数据中的噪声。这种技术包括分箱、聚类和回归。

(2) 属性构造(或特征构造)。可以由给定的属性构造新的属性并添加到属性集中,以帮助挖掘过程。

(3) 聚集。对数据进行汇总和聚集。例如,可以聚集日销售数据,计算月和年销售量。通常这一步用来为多个抽象层的数据分析构造数据立方体。

(4) 规范化。把属性数据按比例缩放,使之落入一个特定的小区间,如$[-1.0,1.0]$或$[0.0,1.0]$。

(5) 离散化。数值属性(如年龄)的原始值用区间标签(如$[0,10]$,$[11\sim20]$等)或概念标签(如 youth、adult、senior)替换。这些标签可以递归地组织成更高层概念,导致数值属性的概念分层。

(6) 由标称数据产生概念分层。属性如 street,可以泛化到较高的概念层,如 city 或 country。

2. 通过规范化变换数据

规范化数据可赋予所有属性相等的权重。有许多数据规范化的方法,常用的是最小—最大规范化、z-score 规范化和小数定标规范化。

下面令 A 是数值属性,具有 n 个值 $v_1,v_2,\cdots,v_n$,采用这三种规范化方法变换数据。

(1) 最小—最大规范化是对原始数据进行线性变换。假定 $\max_A$ 和 $\min_A$ 分别为属性 A 的最大值和最小值。最小—最大规范化通过计算公式:

$$v'_i = \frac{v_i - \min_A}{\max_A - \min_A}(\text{new\_max}_A - \text{new\_min}_A) + \text{new\_min}_A$$

把 A 的值 v_i 映射到区间 $[\text{new\_min}_A，\text{new\_max}_A]$ 中的 v_i'。最小—最大规范化保持原始数据值之间的联系。如果属性 A 的实际测试值落在 A 的原数据值域 $[\min_A，\max_A]$ 之外，则该方法将面临"越界"错误。

（2）在 z-score 规范化（或零—均值规范化）中，基于 A 的平均值和标准差规范化。A 的值 v_i 被规范化为 v_i'，由下式计算：

$$v_i' = \frac{v_i - \text{avg}_A}{\delta_A}$$

式中，avg_A 和 δ_A 分别为属性 A 的平均值和标准差。当属性 A 的实际最大值和最小值未知，或离群点左右了最小—最大规范化时，该方法是有用的。

（3）小数定标规范化通过移动属性 A 的值的小数点位置进行规范化。小数点的移动位数依赖于 A 的最大绝对值。A 的值 v_i 被规范化为 v_i'，由下式计算：

$$v_i' = \frac{v_i}{10^j}$$

式中，j 为使得 $\max(|v_i'|) < 1$ 的最小整数。

3. 通过分箱离散化

分箱是一种基于指定的箱个数的自顶向下的分裂技术。前面光滑噪声时已经介绍过。

分箱并不使用分类信息，因此是一种非监督的离散化技术。它对用户指定的箱个数很敏感，也容易受离群点的影响。

4. 通过直方图分析离散化

像分箱一样，直方图分析也是一种非监督离散化技术，因为它也不使用分类信息。直方图把属性 A 的值划分成不相交的区间，称作桶或箱。桶安放在水平轴上，而桶的高度（和面积）是该桶所代表值的出现频率。通常，桶表示给定属性的一个连续区间。

可以使用各种划分规则定义直方图。例如，在图 3-6 的直方图中，将值分成相等分区或区间（如属性"价格"，其中每个桶宽度为 10 美元）。

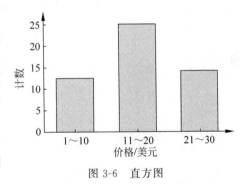

图 3-6 直方图

5. 通过聚类、决策树离散化

聚类分析是一种流行的离散化方法。通过将属性 A 的值划分成簇或组，聚类算法可以用来离散化数值属性 A。聚类考虑 A 的分布以及数据点的邻近性，因此可以产生高质量的离散化结果。

为分类生成决策树的技术可以用来离散化。这类技术使用自顶向下划分方法。离散化的决策树方法是监督的，因为它使用分类标号。其主要思想是选择划分点，使得一个给定的结果分区包含尽可能多的同类记录。

6. 标称数据的概念分层产生

概念分层可以用来把数据变换到多个粒度值。例如，由用户或专家在模式级显式地说明属性的部分序或全序，可以很容易地定义概念分层。例如，关系数据库或数据仓库的维

location 可能包含如下一组属性：street、city、province_or_state 和 country。可以在模式级说明一个全序，如 street < city < province_or_state < country，来定义分层结构。

使用概念分层变换数据使得较高层的知识模式可以被发现。

3.2.4　数据配准

数据可视化往往需要在同一空间中显示不同时间、不同角度、不同仪器或模拟算法产生的数据。例如，医生在观察病人的医学图像时，会比较当前的图像和该病人以前扫描的图像或健康人的图像，观察其异同。气象专家在观察气象数据时，会比较模拟算法产生的结果、气象台观测数据以及卫星图片等。这种不同数据之间的比较需要在同一空间中配准。图 3-7 所示的是数据配准过程。不同尺寸、方向的数据通过配准统一取目标数据的尺寸和方向。

图 3-7　数据配准过程

配准后更便于数据比较和发现细微的不同点。

数据配准的方法很多，在空间数据场分析和可视化中应用广泛，如医学影像处理。实现两个空间数据场的配准，大多需要计算两个数据之间的相似度，并通过对其中一个数据场的位移和变形来提高两者的相似度，以达到数据配准的目的。按计算相似度的方式，可以将数据配准分为基于像素强度的方法和基于特征的方法。基于像素强度的方法，用数据场采样点的强度的分布计算两个数据的相似度；而基于特征的方法，则用数据场中的特征，如点、线、等值线检测两者的相似度。

在可视化中还经常用到数据转换函数，如将数据的取值映射到显示像素的强度范围内（规范化）；对数据进行统计，如计算其平均值和方差；或变换数据的分布（如将指数分布的数据用对数函数转换为直线分布）等。当数据经过这些变换后，需要告知用户变换的函数和目的，以帮助用户分析可视化，避免解读上的偏差。

3.3　可视化映射

简单来讲，人类视觉的特点如下。

（1）对亮度、运动、差异更敏感，对红色相对于其他颜色更敏感。

（2）对于具备某些特点的视觉元素具备很强的识别能力，如空间距离较近的点往往被认为具有某些共同的特点。

（3）对眼球中心正面物体的分辨率更高，这是由于人类晶状体中心区域锥体细胞分布最为密集。

（4）人在观察事物时习惯于将具有某种方向上的趋势的物体视为连续物体。

（5）人习惯于使用经验去感知事物整体，而忽略局部信息。

根据人类视觉特点，将数据信息映射成可视化元素，这里引入一个概念——可视化映射（或称可视化编码，Visual Encoding）。可视化映射是数据可视化的核心步骤，指将数据信息映射成可视化元素。映射结果通常具有表达直观、易于理解和记忆等特性。数据对象由属性描述。例如,在学生成绩数据中,学生数据对象由学号、姓名、成绩等属性组成,"学号"属性取值为数字串,"姓名"属性取值为字符串,"成绩"属性取值为数字。属性和它的值对应可视化元素分别是图形标记和视觉通道。

3.3.1 图形标记和视觉通道

可视化映射(可视化编码)是信息可视化的核心内容。数据通常有属性和它的值,因此可视化编码类似地由图形标记和视觉通道两方面组成。图形标记通常是一些几何图形元素,如点、线、面等,如图 3-8 所示。视觉通道用于控制标记的视觉特征。

1. 图形标记维度

根据图形标记代表的数据维度来划分,图形标记分为如下 4 种。

(1) 零维。点是常见的零维图形标记,点仅有位置信息。

(2) 一维。常见的一维图形标记是直线。

(3) 二维。常见的二维标记是二维平面。

(4) 三维。常见的立方体、圆柱体都是三维的图形标记。

图形标记可以代表的数据维度如图 3-8 所示。

2. 图形标记自由度

前面我们介绍过坐标系,坐标系代表了图形所在的空间维度;而图形空间的自由度是在不改变图形性质的基础下可以自由扩展的维度,即自由度＝空间维度－图形标记的维度。那么:

(1) 点在二维空间内的自由度是 2,即可以沿 x 轴、y 轴方向进行扩展。

(2) 线在二维空间内的自由度是 1,即线仅能增加宽度,而无法增加长度。

(3) 面在二维空间内的自由度是 0,以一个多边形为示例,在不改变代表多边形数据的前提下,我们无法增加多边形的宽度或者高度。

(4) 面在三维空间的自由度是 1,可以更改面的厚度。

图形标记可以代表的数据自由度如图 3-9 所示。

图 3-8 图形标记的数据维度 　　　　图 3-9 图形标记的数据自由度

3. 可视化表达常用的视觉通道

第 2 章已经介绍了可视化视觉通道。视觉通道用于控制标记的视觉特征,通常可用的视觉通道包括位置、大小、形状、方向、色调、饱和度、亮度等(见第 2 章的图 2-14)。例如,对于柱状图[见图 3-10(a)]而言,图形标记就是矩形,视觉通道就是矩形的颜色、高度或宽度等。对于散点图[见图 3-10(b)]而言,图形标记就是点,视觉通道就是竖直位置和水平位置,这样达到数据编码的目的。图形标记的自由度与数据能够映射到图形的视觉通道数量相关。

高效的可视化可以使用户在较短的时间内获取原始数据更多、更完整的信息,而其设计的关键因素是视觉通道的合理运用。

数据可视化的设计目标和制作原则在于信、达、雅,即一要精准展现数据的差异、趋势、

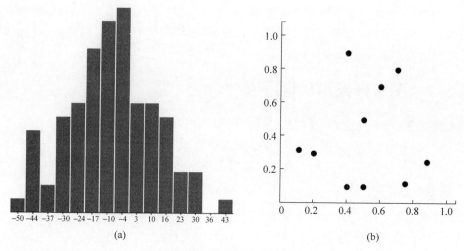

图 3-10　柱状图和散点图

规律;二要准确传递核心思想;三要简洁美观,不携带冗余信息。结合人的视觉特点,很容易总结出好的数据可视化作品的基本特征。

(1) 让用户的视线聚焦在可视化结果中最重要的部分。

(2) 对于有对比需求的数据,使用亮度、大小、形状来进行编码更佳。

(3) 使用尽量少的视觉通道数据编码,避免干扰信息。

3.3.2　可视化编码的选择

图形标记的选择通常基于人们对于事物理解的直觉。然而,不同的视觉通道在表达信息的作用和能力上可能具有截然不同的特性。可视化设计人员必须了解和掌握每个视觉通道的特性以及它们可能存在的相互影响。例如,可视化设计中应该优选哪些视觉通道?具体有多少不同的视觉通道可供使用?某个视觉通道能编码什么信息,能包含多少信息量?视觉通道表达信息能力有什么区别?哪些视觉通道不相关,而哪些又相互影响?只有熟知视觉通道的特点,才能设计出有效解释数据信息的可视化。图 3-11 所示的是视觉通道在数值型数据可视化编码的优先级。

显然,可视化的对象不仅是数值型数据,也包含非数值型数据。图 3-11 的排序对数值型可视化有指导意义,但对非数值型数据并不通用。例如,颜色对区分不同种类数据非常有效,但它排在图 3-11 的底层。

图 3-12 显示视觉通道的可视化元素对数值型数据、序列型数据和类别型数据的有效性排序。不同视觉通道元素在这三种数据中的排序不一样,又有一定的联系。例如,标记的位置是最准确反映各种类型数据的可视化元素。颜色对数值型数据的映射效果不佳,却能很好地反映类别型数据甚至序列型数据。而长度、角度和方向

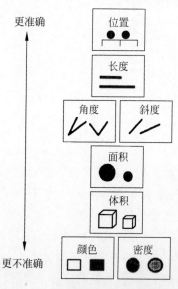

图 3-11　视觉通道在数值型数据
可视化编码的优先级

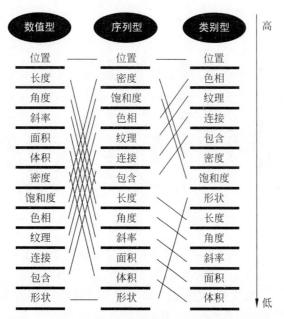

图 3-12 视觉通道在不同数据可视化编码的优先级

等元素对数值型数据有很好的效果,却不能很好地反映序列型数据和类别型数据。

从图 3-12 可以看出,数据可视化中常用的视觉编码通道,针对同种数据类型,采用不同的视觉通道带来的主观认知差异很大。数值型适合用能够量化的视觉通道表示,如坐标、长度等,使用颜色表示的效果就大打折扣,且容易引起歧义;类似地,序列型适合用区分度明显的视觉通道表示;类别型适合用易于分组的视觉通道表示。

需要指出的是,图 3-12 蕴含的理念可以应对绝大多数应用场景下可视化图形的设计"套路",但数据可视化作为视觉设计的本质决定了"山无常势,水无常形",任何可视化效果都拒绝生搬硬套,更不要说数据可视化的应用还要受到业务、场景和受众的影响。

3.3.3 源于统计图表的可视化

统计图表是使用最早的可视化图形,在数百年的发展过程中,逐渐形成了基本"套路",符合人类感知和认知,进而被广泛接受。

常见于各种统计分析报告的有柱状图、折线图、饼图、散点图、气泡图、雷达图。在可视化设计中,我们将常见的图形标记定义成图表类型。下面了解一下最常用的图表类型。

1. 柱状图

柱状图(Bar Chart)是最常见的图表之一,也最容易解读。它的适用场合是二维数据集(每个数据点包括两个值 x 和 y),但只有一个维度需要比较。如图 3-13 所示,月销售额就是二维数据,"月份"和"销售额"就是它的两个维度,但只需要比较"销售额"这一个维度。

柱状图利用柱子的高度,反映数据的差异。肉眼对高度差异很敏感,辨识效果非常好。柱状图的局限在于只适用中小规模的数据集。

2. 折线图

折线图(Line Chart)是用直线段将各数据点连接起来而组成的图形,以折线方式显示

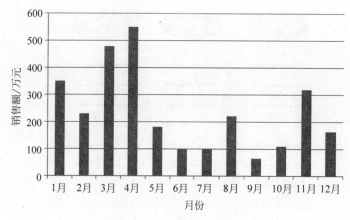

图 3-13   月销售额柱状图

数据的变化趋势和对比关系。折线图可以显示随时间而变化的连续数据,因此非常适用于显示在相等时间间隔下数据的趋势。

折线图适合二维的大数据集,尤其适合研究趋势的场合。它还适合多个二维数据集的比较。图 3-14 所示的是一个二维数据集(月销售额)的折线图。

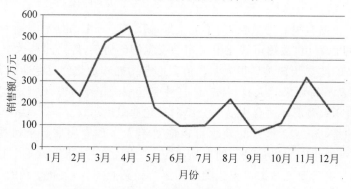

图 3-14   月销售额折线图

3. 饼图

饼图(Pie Chart)是用扇形面积,也就是圆心角的度数来表示数量。饼图可以根据圆中各个扇形面积的大小来判断某一部分在总体中所占比例的多少。饼图是一种应该避免使用的图表,因为肉眼对面积大小不敏感。

图 3-15(a)中饼图的五个色块的面积排序不容易看出来;若换成图 3-15(b)中的柱状图,就容易多了。一般情况下,总是用柱状图替代饼图。但有一个例外,就是反映某部分占整体的比重情况,如贫穷人口占总人口的百分比。

4. 散点图

散点图(Scatter Chart)表示因变量随自变量而变化的大致趋势,据此可以选择合适的函数对数据点进行拟合。散点图通常用于显示和比较数值,如科学数据、统计数据和工程数据。当不考虑时间的情况而比较大量数据点时,散点图就是最好的选择。散点图中包含的数据越多,比较的效果就越好。在默认情况下,散点图以圆点显示数据点。如果在散点图中有多个序列,可考虑将每个点的标记形状更改为方形、三角形、菱形或其他形状。散点图适

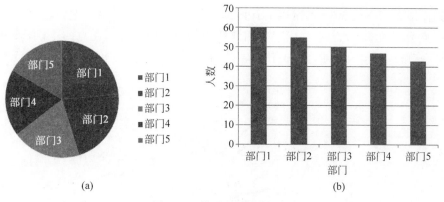

(a)

(b)

图 3-15 饼图和柱状图对比

用于两维比较。

图 3-16(a)所示的是普通的散点图,数据点的分布展示了不同年龄段的月均网购金额,从图表中可以分析出,月均网购金额较高的人群主要集中 30 岁左右。但是,对比图 3-16(b)后发现,在连续的年龄段上,图 3-16(a)中数据较密的点不容易区分,而图 3-16(b)中将所有数据点通过年龄的增加联系起来,不但表示了数据本身的分布情况,还表示了数据的连续性。用带平滑线(函数拟合)和数据标记的散点图来表示这样的数据比普通的散点效果更好。

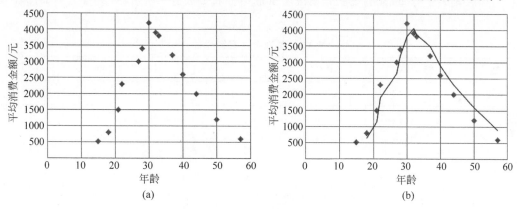

图 3-16 散点图

5. 气泡图

气泡图(Bubble Chart)是散点图的一种变体,通过每个点的面积大小,反映第三维。图 3-17 是气泡图,显示"卡特里娜"飓风的路径,三个维度分别为经度、纬度、强度。点的面积越大,就代表强度越大。因为用户不善于判断面积大小,所以气泡图只适用不要求精确辨识第三维的场合。

如果为气泡加上不同颜色(或文字标签),气泡图就可用来表达四维数据。如通过颜色,表示每个点的风力等级。

图 3-17 气泡图

6. 雷达图

雷达图(Radar Chart)将多个维度的数据量映射到坐标轴上。这些坐标轴起始于同一个圆心点,通常结束于圆周边缘,将同一组的点使用线连接起来就成了雷达图,如图 3-18 所示。雷达图适用于多维数据(四维以上),且每个维度必须可以排序。但是,它有一个局限,就是数据点最多为 6 个,否则无法辨别,因此适用场合有限。需要注意的是,如果用户不熟悉雷达图,在解读时就有困难。因此使用雷达图时应尽量标注说明,以减轻解读负担。

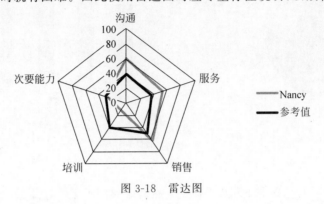

图 3-18　雷达图

7. 直方图

直方图(Histogram)又称质量分布图,是一种统计报告图,也是数据属性频率的统计工具。直方图由一系列高度不等的纵向条纹或线段表示数据分布的情况,一般用横轴表示数据类型,纵轴表示分布情况。例如,某次考试成绩分布如表 3-1 所示,对应直方图如图 3-19所示。

表 3-1　某次考试成绩分布

分数段	0~29	30~39	40~49	50~59	60~69	70~79	80~89	≥90
人数	1	5	2	8	14	37	14	8

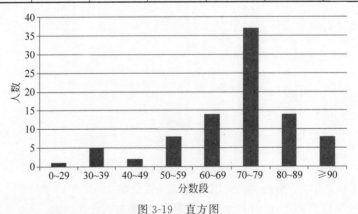

图 3-19　直方图

除了常用的图表外,可供大家选择的还有如下 7 种。

(1) 漏斗图:适用于业务流程比较规范、周期长、环节多的流程分析,通过漏斗各环节业务数据的比较,能够直观地发现和说明问题所在。

(2) (矩形)树图:一种有效地实现层次结构可视化的图表结构,适用于表示类似文件目录结构的数据集。

(3) 热度图:以特殊高亮的形式显示访客热衷的页面区域和访客所在的地理区域的图示,用于显示人或物品的相对密度。

（4）关系图：基于三维空间中的点—线组合，再加以颜色、粗细等维度的修饰，适用于表征各结点之间的关系。

（5）词云：各种关键词的集合，往往以字体的大小或颜色代表对应词的频次。

（6）桑基图：一种由一定宽度的曲线集合表示的图表，适用于展现分类维度间的相关性，以分流的形式呈现共享同一类别的元素数量，如展示特定群体的人数分布等。

（7）日历图：顾名思义，以日历为基本维度的对单元格加以修饰的图表。

在制作可视化图表时，首先要从业务出发，优先挑选合理的、符合惯例的图表，尤其在用户层次比较多样的情况下，要兼顾各个年龄段或者不同认知能力的用户的需求；其次是根据数据的各种属性和统计图表的特点来选择，例如，饼图并不适合用作展示绝对数值，只适用于反映各部分的比例。对于不同图表类型，带着目的出发，遵循各种约束，才能找到合适的图表。

第 **4** 章

数据可视化方法

不同类型的数据如标量场、向量场、时间序列、地理空间、文本与文档和层次数据等，具体的可视化方法和技术不同，本章主要针对不同类型的数据分别介绍可视化方法。

4.1 二维标量场数据可视化方法

所谓标量(Scalar)，是指只有大小而没有方向的量，如长度、质量等。标量场可视化是指通过图形的方式揭示标量场(Scalar Field)中数据对象空间分布的内在关系。由于很多科学测量或者模拟数据都是以标量场的形式出现，对标量场的可视化是科学可视化研究的核心课题之一。

标量场的空间中每一点的属性都可以由一个单一数值(标量)来表示。常见的标量场包括温度场、压力场、势场等。标量场既可以是一维、二维，也可以是三维。三维标量场也常被称为体数据。体数据中的单元称为体素(Voxel)，对应于二维图像的像素。每个体素的数值对应于在三维空间中的网格格点上采样的数值。

最常见的二维标量场可视化方法包括颜色映射法、等值线法、高度映射法以及标记法。

4.1.1 颜色映射法

颜色映射法常用于二维标量场数据可视化。二维标量场数据比一维数据更为常见，如用于医学诊断的 X 光片、实测的地球表面温度、遥感观测的卫星影像等。

颜色映射法将标量场中的数值与一种颜色相对应，可以通过建立一张以标量数值作为索引的颜色对照表的方式实现，即在数据与颜色之间建立一个映射关系，把不同的数据映射为不同的颜色。更普遍的建立颜色对应关系的方法称为传递函数(Transfer Function)，它可以是任何将标量数值映射到特定颜色的表达方式。

颜色映射是一系列颜色,它们从起始颜色渐变到结束颜色,在可视化中,颜色映射用于突出数据的规律。例如,用较浅的颜色来显示较小的值,并使用较深的颜色来显示较大的值。

在绘制图形时,根据标量场中的数据确定点或图元的颜色,从而以颜色来反映标量场中的数据及其变化。对于颜色映射的可视化,选择合适的对应颜色非常重要,不合理的颜色方案将无法帮助解释标量场的特征,甚至产生错误的信息。图 4-1 所示的是使用颜色代表交通事故每天(在每小时)的发生数量,深色代表交通事故越多。

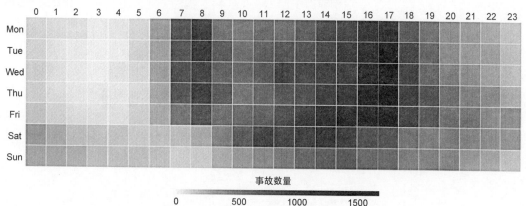

图 4-1　采用颜色映射法表示交通事故每天的发生数量示意

4.1.2　等值线法

等值线中的点 (x_i, y_i) 满足条件 $F(x_i, y_i) = F_i$(F_i 为一给定值),将这些点按一定顺序连接组成了函数 $F(x, y)$ 的值为 F_i 的等值线。常见的等值线如等高线、等温线,是以一定的高度、温度作为度量的。等值线的抽取算法可分为两类:网格序列法和网格无关法。

网格序列法的基本思想是按网格单元的排列顺序,逐个处理每一个单元,寻找每一个单元内相应的等值线段。处理完所有单元后,自然就生成了该网格中的等值线分布。

网格无关法则通过给定等值线的起始点,利用起始点附近的局部几何性质,计算等值线的下一个点,然后利用计算出的新点,重复计算下一个点,直至达到边界区域或回到原始起始点。

网格序列法按网格排列顺序逐个处理单元,这种遍历的方法效率不高;网格无关法则是针对这一情况提出的一种高效的算法。

下面就举例说明计算等值线的方法。假设网格单元都是矩形,其等值线生成算法的步骤如下。

(1)逐个计算每一个网格单元与等值线的交点。

(2)连接该单元内等值线的交点,生成该单元内的等值线线段。

(3)由一系列单元内的等值线线段构成该网格中的等值线。

等值线将二维空间划分为等值线内部与外部两个区域,如图 4-2 所示。

等值线法是二维标量场数据中的重要模式和特征的表示方法,如医学影像中的组织边界、大气数值数据中的低压区和降雨区的边缘等。地图等高线如图 4-3 所示。

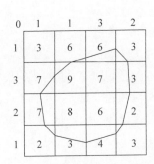

图 4-2　二维网格中等值为 5 的等值线

图 4-3　地图等高线

4.1.3　高度映射法

高度映射法(立体图法)则是根据二维标量场数值的大小,将表面的高度在原几何面的法线方向做相应的提升。表面的高低起伏对应于二维标量场数值的大小和变化。图 4-4 所示为高度映射法示意,呈现了美国的人口密度分布,将人口密度以高度的形式表现,越高的地方,人口密度越大。

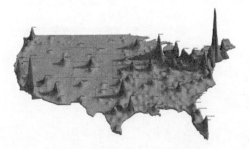

图 4-4　美国人口密度分布使用高度映射法示意

4.1.4　标记法

标记是离散的可视化元素,可采用标记的颜色、大小和形状等直接进行可视表达,而不需要对数据进行插值等操作。如果标记布局稀疏,还可以设计背景图形显示其他数据,并将标记和背景叠加在一个场景中,达到多变量可视化的目的。图 4-5 所示的是对于二维标量场数据的两种标记法实例。其中,图 4-5(a)为原始数据;图 4-5(b)用标记的大小代表数据;图 4-5(c)用标记的密度代表数据。

(a)　　　　　　　　(b)　　　　　　　　(c)

图 4-5　标记法示意

4.2 三维标量场数据可视化方法

三维标量场也被称为三维体数据场(Volumetric Field)。三维标量场与二维数据场不同,它是对三维空间中的采样,表示了一个三维空间内部的详细信息。这类数据场最典型的是医学 CT 采样数据,每个 CT 的照片实际上是一个二维数据场,照片的灰度表示了某一片物体的密度。将这些照片按一定的顺序排列起来,就组成了一个三维标量场。此外,用大规模计算机计算的航天飞机周围的密度分布,也是一个三维标量场的例子。

三维标量场数据可视化方法主要包括直接体绘制和等值面绘制。

4.2.1 直接体绘制

在自然环境和计算模型中,许多对象和现象只能用三维体数据场表示。对象体不是用几何曲面和曲线表示的三维实体,而是以体素为基本造型单元。例如,人体就十分复杂,如果仅用几何表示各器官的表面,不可能完整显示人体的内部信息。

体绘制(Volume Rendering)的目的就在于提供一种基于体素的绘制技术,它有别于传统的基于面的绘制技术,能显示出对象体丰富的内部细节。体绘制直接研究光线穿过三维体数据场时的变化,得到最终的绘制结果,所以体绘制也被称为直接体绘制。从结果图像质量上讲,体绘制优于面绘制,但从交互性能和算法效率上讲,至少在目前的硬件平台上,面绘制优于体绘制。这是因为面绘制采用的是传统的图形学绘制算法,现有的交互算法与图形硬件和图形加速技术能充分发挥作用。

体绘制方法提供二维结果图像的生成方法。根据不同的绘制次序,体绘制方法主要分为两类:以**图像空间**为序的体绘制方法和以**物体空间**为序的体绘制方法。其中,以图像空间为序的体绘制方法(又称光线投射方法)是从屏幕上每一像素点出发,根据视点方向,发射出一条射线,这条射线穿过三维数据场,沿射线进行等距采样,求出采样点处物体的不透明度和颜色值。可按由前到后或由后到前的两种顺序,将一条光线上的采样点的颜色和不透明度进行合成,从而计算出屏幕上该像素点的颜色值。这种方法是从反方向模拟光线穿过物体的过程。以物体空间为序的体绘制方法(又称投影体绘制方法)首先是根据每个数据点的函数值计算该点的颜色及不透明度;然后根据给定的视平面和观察方向,将每个数据点投影到图像平面上,并按数据点在空间中的先后遮挡顺序,合成计算不透明度和颜色,最后得到图像。

1. 光线投射方法

光线投射方法从图像平面的每个像素向数据场投射光线,在光线上采样或沿线段积分计算光亮度和不透明度,按采样顺序进行图像合成,得到结果图像。光线投射方法是一种以图像空间为序的方法,它从反方向模拟光线穿过物体的全过程,并最终计算这条光线到达穿过数据场后的颜色。

在图 4-6 所示的光线投射直接体绘制示意

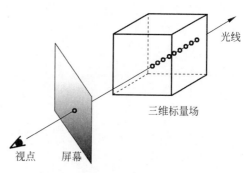

图 4-6 光线投射直接体绘制示意图

图中,光线从视点出发,穿过屏幕,与三维标量场的几何空间相交。在三维标量场内,小圆点表示沿光线的采样点。

光线投射方法主要有如下过程。

(1) 数据预处理:包括采样网格的调整、数据对比增强等。

(2) 数据分类和光照效应计算:分别建立场值到颜色值和不透明度之间的映射,并采用中心差分方法计算法向量,进行光照效应的计算。

(3) 光线投射:从屏幕上的每个像素,沿观察方向投射光线,穿过数据场,在每一根光线上采样,插值计算出颜色值和不透明度。

(4) 合成与绘制:在每一根光线上,将每一个采样点的颜色值按前后顺序合成,得到像素的颜色值,显示像素。

2. 投影体绘制方法

投影体绘制方法的出发点是利用场中区域和体的相关性。这种方法将体元向图像平面投影,计算各体元对像素的贡献,按体元的前后遮挡次序合成各体元的效果。这种方法实质上是计算数据场中的各个体元发出的光线到达图像平面上,对图像上各个像素的影响,并最终计算出图像。投影体绘制的主要步骤如下。

(1) 确定数据场中体元的前后遮挡次序,以从前到后或从后到前的顺序遍历体元。

(2) 每个体元分解为一组子体元,要求子体元的投影轮廓在观察平面上互不重叠。

(3) 子体元向图像平面投影,得到投影多边形;计算投影多边形顶点的值,以扫描转换的方式计算出投影多边形对所覆盖像素的光亮度贡献,并与像素原值合成显示像素。

直接体绘制通过颜色映射,可以直接将三维标量场投影为二维图像。这种算法并不构造中间几何图元,而是由离散的三维数据场直接产生屏幕上的二维图像。选择三维标量场的颜色映射方案就是对体数据的直接体绘制设计传递函数的问题。如何设计合理的传递函数一直是可视化研究中的重要课题。

4.2.2 等值面绘制

等值面绘制是一种使用广泛的三维标量场数据可视化方法,它利用等值面提取技术获取数据中的层面信息,直观地展示数据中的形状和拓扑信息。等值面绘制先提取显式的几何表达(等值面、等值线、特征线等),再用曲面绘制方法进行可视化,可以更好地表示特定曲面的特征和信息。但是与直接体绘制方法相比,丢失了指定等值面以外的数据场信息。另外,直接体绘制虽然显示了包括全部三维数据场的信息,但是由于数据之间的遮挡以及体绘制中的合成计算,特征之间可能发生干扰。如何通过选择合理的传递函数,使得体数据可视化最佳地揭示内在特征是一个很大的挑战。此外,三维标量场还可以通过设立切面(Slicing)的方式对特定平面的信息可视化,这种方法在医学成像数据方面使用较多。图 4-7 所示的是对三维 CT 图像数据的直接体绘制和等值面绘制的可视化效果图。其中,图 4-7(a) 为直接体绘制,图 4-7(b)为等值面绘制。

经过多年的努力,对标量场可视化的研究已经从最初的关注于效率问题,到更加注重对其内容的分析和交互处理上。如何可视化三维标量场中的不确定信息、选择高效合理的传递函数、比较多个标量场、处理 TB 乃至 PB 量级的标量场数据等,都是具有高度挑战性的课

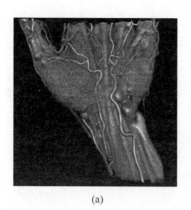

(a)   (b)

图 4-7　直接体绘制和等值面绘制示意

题。此外多个空间上重合的标量场组成一个多变量场也是常见的情况,如医学中 CT、MRI、PET 等多模式成像,科学模拟计算每个网格点上可能有多个不同的标量变量。对多变量标量场的可视化非常值得探索和研究。最新的工作还包括引入信息可视化的方法、分析处理标量场数据的可视化。

4.3　向量场可视化方法

所谓向量(Vector),也叫矢量,是既有大小也有方向的量,如力、速度等。

假如一个空间中的每一个点的属性都可以以一个向量来代表,那么这个场就是一个向量场。向量场同标量场一样,也分为二维、三维等,但向量场中每个采样点的数据不是温度、压力、密度等标量,而是速度等向量。向量场可视化技术的难点是很难找出在三维空间中表示向量的方法。

4.3.1　向量简化为标量

向量简化为标量不是直接对向量进行可视化处理,而是将向量转换为能够反映其物理本质的标量数据,然后对标量数据可视化。例如,向量的大小、单位体积中粒子的密度等。这些标量的可视化可采用常规的可视化技术:等值面抽取和直接体绘制等。

4.3.2　箭头表示方法

向量的显示要求同时表示出向量的大小和方向信息,最直接的方法是在向量场中有限的离散点上显示带有箭头的有向线段,用线段的长度表示向量的大小,用箭头表示其方向。这种方法适用于二维向量场,如图 4-8 所示。对于二维平面上的三维向量,也可用箭头来表示,箭头可指向显示表面或由显示表面指出。也可用这种方法表示定义在体中的三维向量,还可采用光照处理或深度显示以增加真实感。可用向量的颜色表示另一标量信息或另一个变量。但在三维空间中绘制向量,往

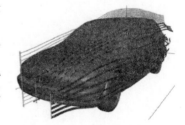

图 4-8　箭头表示方法

往给人以杂乱无章的感觉,且难以分辨向量的方向。

4.3.3　流线、迹线、脉线、时线

向量场中,线上所有质点的瞬时速度都与之相切的线称为场线,速度向量场中的场线称为流线(Stream Line),在磁场中就称为磁力线。

流线是某一确定瞬时流场中的空间曲线簇,每条曲线上的每点切线方向,都和该瞬时通过该点的流体速度方向相同。

迹线(Path Line)是特定流体质点随时间改变位置而形成的轨迹,以及一个粒子的运动轨迹。

脉线(Streak Line)是在某一时间间隔内相继经过空间一固定点的流体质点依次串联起来而成的曲线。在观察流场流动时,可以从流场的某一特定点不断向流体内输入颜色液体(或烟雾),这些液体(或烟雾)质点在流场中构成的曲线即为脉线。对定常流场,脉线就是迹线(迹线是一个粒子的运动轨迹),同时也就是流线;但对非定常场,三者各不相同。脉线是一系列连续释放的粒子组成的线,烟筒中冒出的烟雾是典型的脉线的例子。

时线(Time Line)是由一系列相邻流体质点在不同瞬时组成的曲线。某一时刻沿一垂直于流动方向的直线同时释放许多小粒子,这些粒子在不同时刻组成的线就是时线。

流线、迹线、脉线、时线是向量场中可视化常用的一些方法。这些方法如果用编程来实现,是比较复杂的。

4.4　时间序列数据可视化方法

可视化时序数据时,目标是看到什么已经成为过去、什么发生了变化,以及什么保持不变、相差程度又是多少? 与去年相比,增加了还是减少了? 造成这些增加、减少或不变的原因可能是什么? 有没有重复出现的模式,是好还是坏? 是预期内的还是出乎意料的? 有很多方法可以观察到随着时间推移生成的模式,可以用长度、方向和位置等视觉通道。图 4-9所示的是时间序列数据可视化的常用方法。

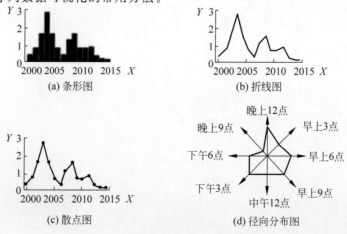

图 4-9　时间序列数据可视化的常用方法

时间序列数据和分类数据一样,条形图一直以来都是观察数据最直观的方式,只是坐标轴上不再用分类,而是用时间序列数据。条形图通常对于离散的时间点很有用。

条形图看起来像是一个连续的整体,然而不容易区分变化,当用连续的线时,会更容易看到坡度。折线图以相同的标尺显示了与条形图一样的数据,但通过方向这一视觉通道直接显现出了变化,使变化趋势更加明显。

同样,也可以用散点图。散点图的数据、坐标轴和条形图一样,但视觉通道不同。散点图的重点在每个数值上,趋势不是那么明显。如果数据量不大,可以用线连接起来以显示趋势。

径向分布图与折线图类似,按时间规律围绕成一圈。

除了以上常用可视化方法外,还有星状图、日历视图、邮票图表法,用以描述在时间上的规律性变化。

4.4.1 星状图

在日常生活中,很多事情都是在规律性地重复着。学生们有暑假,人们也常在夏天度假;午餐时间通常很集中,因此街角那些卖肉夹馍的摊位一到中午就经常会排起长队。

来自机场的航班数据也显示了类似的循环现象,通常星期六的航班最少,星期五的航班最多,切换到极坐标轴,显示为图 4-10 所示的星状图(也称雷达图、径向分布图或蛛网图)。从顶部的数据开始,沿顺时针方向看,一个点越接近中心,其数值就越低;离中心越远,数值则越大。

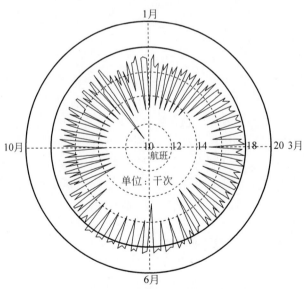

图 4-10　时序数据的星状图

因为数据在重复,所以比较每周同一天的数据就有了意义。例如,比较每一个星期一的情况。要弄清那些异常值的日期,最直接的方法就是回到数据中一天天地查看最小值。

总体来说,要寻找随时间推移发生的变化,更具体地说是要注意变化的本质。变化很大还是很小?如果很小,那这些变化还重要吗?想想产生变化的可能原因,即使是突发的短暂波动,也要看看是否有意义。变化本身是有趣的,但更重要的是,要知道变化有什么意义。

4.4.2　日历视图

在人类社会中,时间分为年、月、周、日、小时等多个等级。因此,采用日历表达时间属性,和识别时间的习惯符合。图 4-11 所示的是一种常用的日历视图,展示了 2006—2009 年美国道琼斯股票指数变化,深浅表示涨跌幅度,可视化结果清晰展现了 2008 年 10 月金融危机爆发前后美国股市的起伏状况。

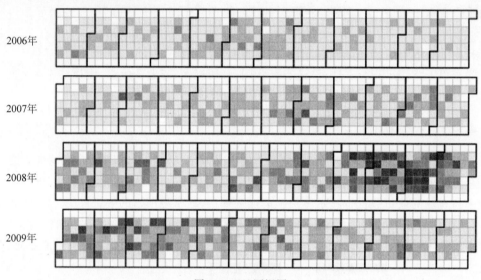

图 4-11　日历视图

4.4.3　邮票图表法

当数据空间本身是二维或三维时,直接将时间映射到显示空间,会造成数据在视觉空间中的重叠。一种简单的方法可以解决这个问题,即邮票图表法。邮票图表法是指基于某种可视化方法将时间序列数据按时间点生成一系列图表,并在一个视图空间内有序地平铺展示。

邮票图表法避免采用动画形式,是高维数据可视化的标准模式之一。邮票图表法既可表示时间序列的全局概貌,又能以缩略图的形式呈现每个图表的细节,由于方法直观、明了、表达数据完全,读者只需要熟悉一个小图数据显示方法,便可以类推到其他小图上。该方法的缺点是缺乏时间上的连续性,难以表达时间上的高密度数据。

4.5　地理空间数据可视化方法

人类长期以来通过对地球和周遭自然环境进行观测来研究和了解自己生存的自然空间,科学家们也通过建立数学模型来模拟环境的变化。这些观测和模拟得到的数据通常包含了地理空间中的位置信息,因此自然需要用到地理信息可视化来呈现数据,最常见的是气象数据、GPS 导航、车辆行驶轨迹等。

地图是地理空间信息的载体,可以承载各种类型的复杂信息。大部分地理数据的空间区域属性可以在地球表面(二维曲面)中表示和呈现。将地理信息数据投影到地球表面(二维曲面)的方法称为地图投影。

4.5.1 地图投影

地图投影是地理空间数据可视化基础,它将地球球面映射到平面上,将地球表面上的一个点与平面(即地图平面)的某个点建立对应关系,即建立之间的数学转换公式。地图投影作为一个不可展平的曲面,即地球表面投影到一个平面的方法,保证了空间信息在区域上的联系与完整。这个投影过程将产生投影变形,而且不同的投影方法具有不同性质和大小的投影变形。通常有三种投影方法,如图4-12所示。

(1) 圆柱投影(Cylindrical Projection),用一圆柱筒套在地球上,圆柱轴通过球心,并与地球表面相切或相割,将地面上的经线、纬线均匀地投影到圆柱筒上,然后沿着圆柱母线切开展平,即成为圆柱投影图网,如图4-12(a)所示。

(2) 圆锥投影(Conical Projection),用一个圆锥面相切或相割于地面的纬度圈,圆锥轴与地轴重合,然后以球心为视点,将地面上的经、纬线投影到圆锥面上,再沿圆锥母线切开展成平面。地图上纬线为同心圆弧,经线为相交于地极的直线,如图4-12(b)所示。

(3) 平面投影(Plane Projection),又称方位投影,将地球表面上的经、纬线投影到与球面相切或相割的平面上去的投影方法。平面投影大都是透视投影,即以某一点为视点,将球面上的图像直接投影到投影面上去,如图4-12(c)所示。

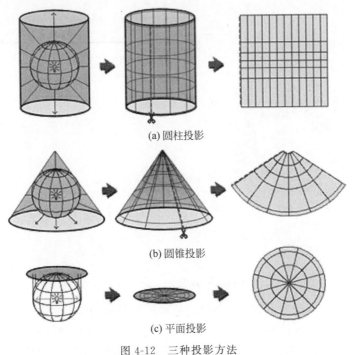

(a) 圆柱投影

(b) 圆锥投影

(c) 平面投影

图4-12 三种投影方法

4.5.2 墨卡托投影

墨卡托投影是最常用的圆柱投影之一,并且通常以赤道为切线,经线以几何方式投影到圆柱面上,而纬线以数学方式进行投影。这种投影方式产生90°的经纬网格。将圆柱沿任意一条经线"剪开"可以获得最终的圆柱投影。经线等间距排列,而纬线间的间距越小,极点越大。此投影是等角投影,并沿直线显示真实的方向。

4.5.3　摩尔威德投影

摩尔威德投影是经线投影成为椭圆曲线的一种等面积伪圆柱投影。这一投影是德国数学家摩尔威德(K. B. Mollweide,1774—1825)于1805年创拟的。该投影用椭圆表示地球,所有和赤道平行的纬线都被投影成平行的直线,所有的经线被平均投影为椭球上的曲线。

该投影常用于绘制世界地图。近年来国外许多地图书刊,特别是通俗读物,很多用此投影制作世界地图。这主要是由于该投影具有椭球形感、等面积性质和纬线为平行于赤道的直线等特点,因此适用于表示具有纬度地带性的各种自然地理现象的世界分布图。

4.5.4　地理空间可视化方法

地理空间可视化中常用视觉通道有大小(图形标记的大小、宽度)、形状(图形标记的形状)、亮度、颜色、方向(某个区域中图形标记的朝向)、高度(在三维透视空间中投影的点、线和区域的高度)、布局(点的排列、图形标记的分布)。图4-13和图4-14可视化地绘制了一个城市的人口密度。其中,图4-13采用颜色表示人口密度;图4-14采用圆形标记的尺寸大小表示人口密度。

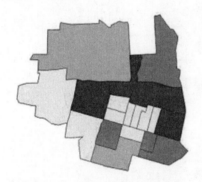 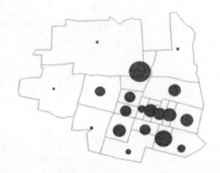

　　　图4-13　采用颜色绘制的可视化方法　　　　图4-14　采用圆形标记尺寸大小的可视化方法

4.5.5　统计地图

统计地图是统计图的一种,是以地图为底本,用各种几何图形、实物形象或不同线纹、颜色等表明指标的大小及其分布状况的图形。它是统计图形与地图的结合,可以突出说明某些现象在地域上的分布,可以对某些现象进行不同地区间的比较,可以表明现象所处的地理位置及与其他自然条件的关系等。统计地图有点地图、面积地图、线纹地图、颜色地图、象形地图等,具体可分为如下4种。

(1)线纹或颜色地图:用不同线纹或颜色在地图上绘制,明显地表明被研究现象的相对指标或平均指标在各地区的分布情况。

(2)点或面积地图:用点、方点或圆点在地图上绘制。其适用于显示各地区人口密度。

(3)象形地图:以大小不同的象形按地区绘制,是地图与象形图的结合,用以表明统计指标数量的大小。

（4）标针地图：用细针或小标旗插于地图上的多少，表示各地区内某统计指标数量的大小或变化的情况。其特点在于标针可以随形势的变化而转移。

4.6　文本与文档可视化方法

文字是传递信息最常用的载体。在当前这个信息爆炸的时代，人们接收信息的速度已经小于信息产生的速度，尤其是文本信息。当大段大段的文字摆在面前时，已经很少有人耐心地认真把它读完，经常是先找文中的图片来看。一方面说明了人们对图形的接受程度比枯燥的文字要高很多；另一方面说明了人们急需一种更高效的信息接收方式，文本可视化正是解药良方。

文本可视化技术综合了文本分析、数据挖掘、数据可视化、计算机图形学、人机交互、认知科学等学科的理论和方法，是人们理解复杂的文本内容、结构和内在的规律等信息的有效手段。

4.6.1　文本可视化的基本流程

文本可视化的基本流程包括三个步骤，即文本分析、可视化呈现、用户认知，如图 4-15 所示。

1. 文本分析

文本可视化依赖于自然语言处理，因此词袋模型、命名实体识别、关键词抽取、主题分析、情感分析等是较常用的文本分析技术。

文本分析的过程主要包括：

（1）特征提取，通过分词、抽取、归一化等操作提取出文本及词汇的内容；

（2）利用特征构建向量空间模型（Vector Space Model，VSM）并进行降维，以便将其呈现在低维空间，或者利用主题模型处理特征；

（3）最终以灵活有效的形式表示这些过程处理过的数据，以便进行可视化呈现和用户认知。

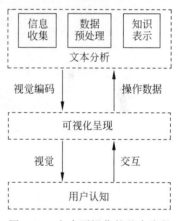

图 4-15　文本可视化的基本流程

2. 可视化呈现

文本内容的视觉编码主要涉及尺寸、颜色、形状、方位、文理等；文本间关系的视觉编码主要涉及网络图、维恩图、树状图等。

文本可视化的一个重要任务是选择合适的视觉编码呈现文本信息的各种特征。例如，词频通常由字体的大小表示，不同的命名实体类别用颜色加以区分。

3. 用户认知

用户认知便于用户能够通过可视化有效地发现文本信息的特征和规律，通常会根据使用的场景为系统设置一定程度的交互功能。交互方式类型有高亮（Highlighting）、缩放

（Zooming）、动态转换（Animated Transitions）、关联更新（Brushing and Linking）、焦点＋上下文（Focus＋Context）等。

4.6.2　文本可视化典型案例——词云

如何快速获取文本内容的重点、快速理解文本的大体内容？一种方法就是采用词云实现。词云又叫文字云，是对文本数据中出现频率较高的关键词在视觉上的突出呈现，形成类似云一样的彩色图片，从而一眼就可以领略文本数据的主要表达意思。词云将关键词按照一定的顺序和规律排列，如频度递减、字母顺序等，并以文字的大小代表词语的重要性。越重要的关键词，字体越大，颜色越显著。词云广泛用于报纸、杂志等传统媒体和互联网，甚至T恤等实物中。

图 4-16 所示的方法是基于词频的可视化。将文本看成词汇的集合（词袋模型），用词频（TF-IDF）表现文本特征。关键词简单地按行进行排列，出现的先后顺序与该词在原始文本中出现的顺序有关。词语布局遵循严格的条件，文字间的空隙得以充分利用。

图 4-16　词云

4.7　层次数据可视化方法

层次数据表达事物之间的从属和包含关系，这种关系可以是事物本身固有的整体与局部的关系，也可以是人们在认识世界时赋予的类别与子类别的关系或逻辑上的承接关系。典型的层次数据有企业的组织架构、生物物种遗传和变异关系、决策的逻辑层次关系等。

按数据的理解方式的不同，数据层次的构建分自上而下和自下而上两种。以我国的行政划分为例，自上而下的方法是细分的过程：一个国家可分为若干省（直辖市、特别行政区）；省（直辖市、特别行政区）又可以细分为市（区）；市（区）还可以再细分到县、镇、乡、村。自下而上的方法是合并的过程：同乡的村合并到乡；乡合并到镇；再到县、市（区）、省（直辖市、特别行政区），最后合并为一个国家。在层次数据可视化中，这两种布局顺序分别称为细分法和聚类法。

层次数据可视化方法的核心是如何表达层次关系的树结构、如何表达树结构中的父结点和子结点以及如何表现父子结点、具有相同父结点的兄弟结点之间的关系等。按布局策略,主流的层次数据可视化方法可分为结点链接法和空间填充法两种。

1. 结点链接法

结点链接(Node Link)是树结构的直观表达。用结点表达数据个体,父结点和子结点之间用链接(边)表达层次关系。结点链接法包括正交布局、径向布局以及在三维空间中布局等方法。由于结点链接法能够直观地展现数据的层次结构,因此又被称为结构清晰型表达。当树的结点分布不均或树的广度、深度相差较大时,部分结点占位稀疏,而另一部分结点密集分布,可能造成空间浪费和视觉混淆。下面主要介绍正交布局和径向布局。

(1)正交布局。

在正交布局(网格型布局)中,结点沿水平或竖直方向排列,所有子结点在父结点的同一侧分布,因此父结点和子结点之间的位置关系和坐标轴一致,这种规则的布局方式非常符合人眼阅读的识别习惯。图 4-17 所示的是采用正交布局树结构显示我国部分城市和地区。

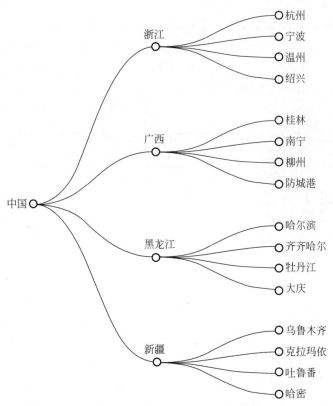

图 4-17　采用正交布局树结构显示我国部分城市和地区

(2)径向布局。

为了提高空间利用率,径向布局将根结点置于整个界面的中心,不同层次的结点放在半径不同的同心圆上。结点的半径随着层次深度的增加,若半径越大,则周长越长,结点的布局空间越大,正好可提供越来越多的子结点的绘制空间。图 4-17 和图 4-18 分别是采用正交布局和径向布局的可视化效果,可以看出正交布局的子结点布局比较拥挤,而径向布局的子结点能获得更大的布局空间。

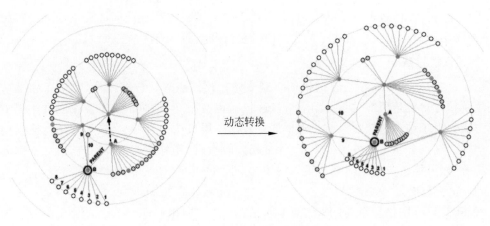

图 4-18   径向布局结点链接

2. 空间填充法

空间填充法(Space-Filling)采用嵌套(Nested)的方式表达树状结构。代表性方法有圆填充、矩阵树状图、Voronoi 树图等。空间填充法能有效利用屏幕空间,因此也称为空间高效型方法。在数据层次信息表达上,空间填充法不如结点链接法结构清晰,处理层次复杂的数据时不易表现非兄弟结点之间的层次关系。

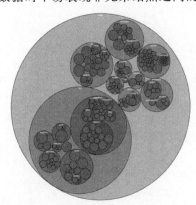

图 4-19   圆填充图

(1) 圆填充图(Circle Packing)是一种"大圆包小圆"的布局(见图 4-19),所有子结点在父结点的圆内用圆填充,子圆之间互不遮挡。由于圆与圆之间必然存在空隙,圆填充法的有效空间利用率低于下面介绍的矩形填充法,即矩阵树状图。"填充密度"指被圆覆盖的区域占所有布局空间的比例,填充密度越高,布局越紧凑。

(2) 矩阵树状图(Treemap)是一种有效地实现层次结构可视化的图表结构,简称树图。在矩阵树状图中,各个小矩形的面积表示每个子结点的大小,矩形面积越大,表示子结点在父结点中的占比越大,整个矩形的面积之和表示整个父结点。它直观地以面积表示数值,以颜色表示类目。通过矩阵树状图及其占比情况,我们可以很清晰地知道数据的全局层级结构和每个层级的详情。

矩阵树状图有哪些实际的应用场景呢? 矩阵树状图的特点是可以清晰地显示树状层次结构,在展示横跨多个粒度的数据信息时非常方便,从图表中可以直观地看到每一层的每一项占父类别和整体类别的比例。

例如,统计全国每个省份、每个城市、每个县区的人口占比分布,分析超市不同类目各个商品的销售情况,分析公司不同时间段(年-季-月-周-日)的销售业务分布等,无论是不同时间、不同地域还是不同类别的分析,只要涉及多层级分析,矩阵树状图都是非常适用的。

矩阵树状图是按照灰度(颜色)来区分不同的大类。在图 4-20 中,不同灰度(或用颜色)分别代表华东、中南、东北、华北、西南、西北地区;在各个地区中,华东地区的商品销售数量是最高的,其次是中南地区;而在商品销售数量最高的华东地区中,办公用品的销售数量是最高的,其次是家具,最后是技术。

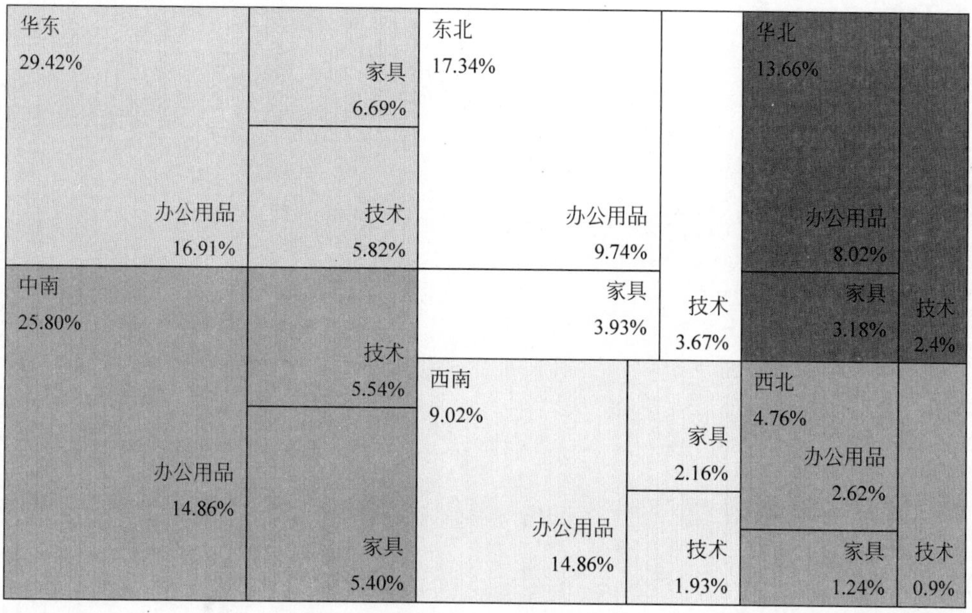

<table>
<tr><td>华东
29.42%</td><td></td><td>家具
6.69%</td><td>东北
17.34%</td><td></td><td></td><td>华北
13.66%</td><td></td></tr>
<tr><td></td><td></td><td></td><td></td><td></td><td></td><td></td><td></td></tr>
<tr><td>办公用品
16.91%</td><td>技术
5.82%</td><td></td><td>办公用品
9.74%</td><td></td><td></td><td>办公用品
8.02%</td><td></td></tr>
<tr><td>中南
25.80%</td><td></td><td></td><td>家具
3.93%</td><td>技术
3.67%</td><td></td><td>家具
3.18%</td><td>技术
2.4%</td></tr>
<tr><td></td><td>技术
5.54%</td><td>西南
9.02%</td><td></td><td>西北
4.76%</td><td></td></tr>
<tr><td>办公用品
14.86%</td><td></td><td></td><td>家具
2.16%</td><td>办公用品
2.62%</td></tr>
<tr><td></td><td>家具
5.40%</td><td>办公用品
14.86%</td><td>技术
1.93%</td><td>家具
1.24%</td><td>技术
0.9%</td></tr>
</table>

图 4-20 矩阵树状图

应用篇

下面介绍实现数据可视化的 8 个工具选择(工具＋编程语言)。

1. Excel

Excel 是最容易上手的图表工具,善于处理快速少量的数据。结合数据透视表、VBA语言,可制作高大上的可视化分析和仪表板。

用 Excel 制作单表或单图,能快速地展现结果。但是对较为复杂的报表,Excel 无论在模板制作还是数据计算性能上都稍显不足,任何大型的企业也不会用 Excel 作为数据分析的主要工具。

2. D3.js

D3.js(简称 D3)是最流行的可视化库之一,它被很多其他的表格插件使用。它允许绑定任意数据到文档对象模型(DOM),然后将数据驱动转换应用到文档中。它能够帮助用户以 HTML 或 SVG 的形式快速可视化展示,进行交互处理,使合并平稳过渡,在 Web 页面演示动画。它既可以作为一个可视化框架(如 Protovis),也可以作为一个构建页面的框架(如 jQuery)。

3. Google Charts

Google Charts 提供了一种非常完美的方式来可视化数据,提供了大量现成的图表类型,从简单的线图表到复杂的分层树地图等。它还内置了动画和用户交互控制。

4. Gephi

Gephi 是一款开源免费跨平台基于 JVM 的复杂网络分析软件,其主要用于各种网络和复杂系统、动态和分层图的交互可视化与探测开源工具,可用作探索性数据分析、链接分析、社交网络分析、生物网络分析等。Gephi 是一款信息数据可视化利器。

5. HighChart.js

HighChart.js 是由纯 JavaScript 实现的图标库,能够很简单、便捷地在 Web 网站或是 Web 应用程序上创建交互式图表。HighChart.js 支持多种图表类型,如直线图、曲线图、区域图、区域曲线图、柱状图、饼图、散点图等;兼容当今所有的浏览器,包括 iPhone 的 Safari Firefox 等。

6. ECharts

ECharts 是指 Enterprise Charts(商业产品图表库),提供直观、生动、可交互的商业产品常用图表。它是基于 Canvas 的纯 JavaScript 的图表库,可构建出折线图(区域图)、柱状图(条状图)、散点图(气泡图)、K 线图、饼图(环形图)、地图、力导向图,同时支持任意维度的堆积和多图表混合展现。

7. Python 语言

Python 语言最大的优点在于善于处理大批量的数据,性能良好,不会造成宕机,尤其适合繁杂的计算和分析工作。而且,Python 的语法干净易读,可以利用很多模块创建数据图形,比较受 IT 人员的欢迎。

8. R 语言

R 语言是绝大多数统计学家最中意的分析软件,开源免费,图形功能很强大。R 语言是专为数据分析而设计的,面向的也是统计学家、数据科学家。

R 语言的使用流程很简单,只需把数据载入 R 语言里面,写一两行代码就可以创建出数据图形,如热度图,当然还有很多传统的统计图表。

本书后面篇幅主要介绍其中最流行 ECharts 和 Python 语言的数据可视化开发实践。

第 5 章

ECharts可视化基础

本章介绍 ECharts 的安装和引用,并重点讲解 ECharts 需要的预备知识有脚本语言 JavaScript,可缩放矢量图形 SVG、Canvas 绘制、文档对象模型 DOM。

5.1 ECharts 简介和使用

5.1.1 ECharts 简介

ECharts 是一个使用 JavaScript 实现的开源可视化库,兼容性强,底层依赖矢量图形库 ZRender,提供直观、交换丰富、可高度个性化定制的数据可视化图表。

ECharts 具有如下特点。

(1) 具有丰富的可视化类型,如折线图、柱状图、饼图、K 线图等。

(2) 支持多种数据格式,如 key-value 数据格式、二维表和 TypedArray 格式。

(3) 支持流数据,对于超大的数据量而言,数据本身就非常耗费资源了,而 ECharts 因 支持对数据的动态渲染,即加载多少数据就渲染多少数据,这样就省去了漫长的等待数据加 载的时间。它也提供了增量渲染技术(只渲染变化的数据),从而提高资源的利用效率。

(4) 具有移动端的优化功能,可跨平台的使用,具有绚丽的特效和三维可视化等特点。

5.1.2 下载引用 ECharts

ECharts 是一个 JavaScript 函数库,只有一个文件,并不需要"安装",只需在 HTML 中 引用即可。有以下两种方法。

(1) 下载 ECharts.js 的文件。

ECharts 的官方网站(详见前言二维码)。这里很容易找到下载压缩包:echarts-5.4.2.tgz。

解压缩后,在 HTML 文件中包含相关的 JS 文件即可。其中,echarts.js 为未压缩的文件,调试时用;echarts.min.js 为压缩后的文件,去掉了空格,体积较小,功能完全一样,发布时使用。

(2) 还可以直接包含网络的链接,这种方法较简单。

① 4.x 版。

```
< script src = "https://cdn.staticfile.org/echarts/4.3.0/echarts.min.js"></script>
< script src = "cdn.jsdelivr.net/npm/echarts@4.3.0/dist/echarts.min.js"></script>
< script src = " https://cdnjs.cloudflare.com/ajax/libs/echarts/4.3.0/echarts.min.js">
</script>
```

② 5.x 版。

```
< script src = " https://fastly.jsdelivr.net/npm/echarts@5.4.2/dist/echarts.min.js">
</script>
```

但使用的时候要保持网络连接有效,不能在断网的情况下使用。

开发 ECharts 程序时,使用制作网页常用的工具即可,如记事本软件、Notepad++、Visual Studio Code、SubLime Text 等,根据喜好选择即可。

注意,浏览器使用 Firefox、Chrome 等,推荐用 Chrome。

5.1.3 ECharts 需要的预备知识

使用 ECharts 进行数据可视化设计,需要具备以下预备知识。

(1) HTML:超文本标记语言,用于设定网页的内容。

(2) CSS:层叠样式表,用于设定网页的样式。

(3) JavaScript:一种直译式脚本语言,用于设定网页的行为。

(4) DOM:文档对象模型,用于修改文档的内容和结构。

(5) SVG:可缩放矢量图形,用于绘制可视化的图形。

(6) Canvas:HTML5 用于绘制标量图(或位图)。

但是,读者不需要很精通这些技术,了解它们是什么,能写两个简单的例子即可。本章为初步入门的读者准备了必要的知识。

5.1.4 HTML

HTML 是 HyperText Markup Language(即超文本标记语言)的缩写,它是通过嵌入标记(标签)来表明文本格式的国际标准。用它编写的文件扩展名是.html或.htm,这种网页文件的内容通常是静态的。

1. HTML页面构成

一个标准的HTML页面是由两部分构成的:<Head></Head>构成头部,<body></body>构成身体部分。

在HTML文档中,第一个标记是<html>,这个标记告诉浏览器这是HTML文档的开始。</html>标记告诉浏览器这是HTML文档的终止;<Head></Head>标记之间是文本的头信息,在浏览器窗口中,头信息是不被显示的;在<title></title>标记之间的文本是文档标题,它被显示在浏览器窗口的标题栏。

注意:目前HTML的标记(tag)不区分大小写,即<title>和<TITLE>或者<TiTlE>是一样的。但最好是用小写标记(tag),因为W3C在HTML中推荐使用小写。

2. HTML元素

HTML元素指的是从开始标记(start tag)到结束标记(end tag)的所有代码。代码如下:

```
<p>This is my firstparagraph.</p>
```

这个元素定义了HTML文档中的一个段落。这个元素拥有一个开始标记<p>,以及一个结束标记</p>。

元素内容如下:

```
This is my firstparagraph
```

3. HTML标记

HTML文档和HTML元素是通过HTML标记进行标记的,HTML标记由开始标记和结束标记组成。开始标记是被括号包围的元素名,结束标记是被括号包围的斜杠和元素名,某些HTML元素没有结束标记,如
。

常用的HTML标记如下:

标题(Heading)是通过<h1>,<h2>,…,<h6>等标记进行定义的,其中,<h1>定义最大的标题,<h6>定义最小的标题;

HTML段落是通过<p>标记进行定义的;

HTML链接是通过<a>标记进行定义的;

HTML图像是通过<img>标记进行定义的。

4. HTML属性

HTML标记可以拥有属性。属性提供了有关HTML元素的更多的信息。属性总是以名称/值对的形式出现,如background="flower.gif"。属性总是在HTML元素的开始标记中规定。

例如,设置二级标题的居中效果,代码如下:

```
<h2 align = "center"> Chapter 2 </h2>
```

下面是一个使用基本结构标记文档的HTML文档实例first.html:

```
< html >
  < head >
    < title > HTML 文件标题</title>
  </head>
  < body background = "flower.gif">
      <! -- HTML 文件内容 -->
      < p > this is a paragraph </p>
      < b > This text is bold </b>
  </body>
</html>
```

这个文件的第一个标记(tag)是< html >,这个标记告诉浏览器这是 HTML 文件的头。文件的最后一个标记是</html>,表示 HTML 文件到此结束。

在< head >和</head>之间的内容,是头信息。头信息是不显示出来的,在浏览器里看不到。但是这并不表示这些信息没有用处。如可以在头信息里加上一些关键词,有助于搜索引擎能够搜索到相应网页。

在< title >和</title>之间的内容是这个文件的标题。可以在浏览器最顶端的标题栏看到这个标题。

在< body >和</body>之间的信息是正文。

<!--和-->是 HTML 文档中的注释符,它们之间的代码不会被解析。

在< b >和之间的文字,用粗体表示。顾名思义,就是 bold 的意思。

HTML 文件看上去和一般文本类似,但是它比一般文本多了标记(tag),如< html >、< b >等,通过这些标记(tag),告诉浏览器如何显示这个文件。

实际上<标记名>数据</标记名>就是 HTML 元素。大多数元素都可以嵌套,代码如下:

```
< body >
    < p > this is a paragraph </p>
</body>
```

其中,< body >元素的内容是另一个 HTML 元素。HTML 文件是由嵌套的 HTML 元素组成的。

5.2 JavaScript 编程基础

JavaScript 简称 JS,是一种可以嵌入 HTML 页面中的脚本语言,HTML5 提供的很多 API 都可以在 JavaScript 程序中调用,因此学习 JavaScript 编程是阅读本书后面内容的基础。

5.2.1 在 HTML 中使用 JavaScript 语言

在 HTML 文件中使用 JavaScript 脚本时,JavaScript 代码需要出现在< Script Language＝"JavaScript">和</Script >之间。

【例 5-1】 在 HTML 文件中使用 JavaScript 脚本。

代码如下:

```
< HTML >
< HEAD >
< TITLE >简单的 JavaScript 代码</TITLE>
```

```
< Script Language = "JavaScript">
 //下面是 JavaScript 代码
  document.write("这是一个简单的 JavaScript 程序!");
  document.close();
</Script >
</HEAD >
< BODY >
 //简单的 JavaScript 脚本
</BODY >
</HTML >
```

在 JavaScript 中,使用//作为注释符。浏览器在解释程序时,将不考虑一行程序中//后面的代码。

另外一种插入 JavaScript 程序的方法是把 JavaScript 代码写到一个 .js 文件当中,然后在 HTML 文件中引用该 .js 文件,代码如下:

```
< script src = " ∗∗∗.js 文件"></script >
```

使用引用 .js 文件的方法实现例 5-1 的功能。创建 output.js,代码如下:

```
document.write("这是一个简单的 JavaScript 程序!");
document.close();
```

HTML 文件的代码如下:

```
< HTML >
< HEAD >< TITLE >简单的 JavaScript 代码</TITLE ></HEAD >
< BODY >
< Script src = "output.js"></Script >
</BODY >
</HTML >
```

JavaScript 是一种解释性编程语言,其源代码在发往客户端执行之前无须经过编译,而是将文本格式的字符代码发送给客户端由浏览器解释执行。注意与 Java 的区别,Java 的源代码在传递到客户端执行之前,必须经过编译,因而客户端上必须具有相应平台上的解释器,它可以通过解释器实现独立于某个特定的平台编译代码的束缚。

5.2.2 JavaScript 的数据类型

JavaScript 包含下面 5 种原始数据类型。

1. undefined

undefined 型即为未定义类型,用于不存在或者没有被赋初始值的变量或对象的属性。如下列语句定义变量 name 为 undefined 型:

```
var name;
```

定义 undefined 型变量后,可在后续的脚本代码中对其进行赋值操作,从而自动获得由其值决定的数据类型。

2. null

null 型数据表示空值,作用是表明数据空缺的值,一般在设定已存在的变量(或对象的属性)为空时较为常用。区分 undefined 型和 null 型数据比较麻烦,一般将 undefined 型和 null 型等同对待。

3. Boolean

Boolean 型数据表示的是布尔型数据,取值为 true 或 false,分别表示逻辑真和假,且任何时刻都只能使用两种状态中的一种,不能同时出现。例如,下列语句分别定义 Boolean 变量 bChooseA 和 bChooseB,并分别赋予初值 true 和 false:

```
var bChooseA = true;
var bChooseB = false;
```

4. String

String 型数据表示字符型数据。JavaScript 不区分单个字符和字符串,任何字符或字符串都可以用双引号或单引号引起来。例如,下列语句中定义的 String 型变量 nameA 和 nameB 包含相同的内容:

```
var nameA = "Tom";
var nameB = 'Tom';
```

如果字符串本身含有双引号,则应使用单引号将字符串引起来;若字符串本身含有单引号,则应使用双引号将字符串引起来。一般来说,在编写脚本过程中,双引号或单引号的选择在整个 JavaScript 脚本代码中应尽量保持一致,以养成好的编程习惯。

5. Number

Number 型数据即为数值型数据,包括整数型和浮点型。整数型数制可以使用十进制、八进制以及十六进制标识;而浮点型为包含小数点的实数,且可用科学记数法来表示。例如:

```
var myDataA = 8;
var myDataB = 6.3;
```

上述代码分别定义值为整数 8 的 Number 型变量 myDataA 和值为浮点数 6.3 的 Number 型变量 myDataB。

JavaScript 脚本语言除了支持上述基本数据类型外,也支持组合类型,如数组和对象等。

在 JavaScript 中,可以使用 var 关键字声明变量,声明变量时不要求指明变量的数据类型。例如:

```
var x;
```

也可以在声明变量时为其赋值。例如:

```
var x = 1;
```

或者不声明变量,而通过使用变量来确定其类型。例如:

```
x = 1;
str = "This is a string";
exist = false;
```

JavaScript 变量名需要遵守下面的规则:

(1) 第一个字符必须是字母、下画线(_)或美元符号($);

(2) 其他字符可以是下画线、美元符号或任何字母或数字字符;

(3) 变量名称对大小写敏感(也就是说 x 和 X 是不同的变量)。

提示:JavaScript 变量在使用前可以不做声明,采用弱类型变量检查,解释器在运行时检查其数据类型。而 Java 语言与 C 语言一样,采用强类型变量检查,所有变量在编译之前必须声明,而且不能使用没有赋值的变量。

变量声明时无须显式指定其数据类型既是 JavaScript 脚本语言的优点,也是其缺点。优点是编写脚本代码时不需要指明数据类型,使变量声明过程简单明了;缺点是有可能造成因拼写不当而引起致命的错误。

JavaScript 支持两种类型的注释字符。

(1) //。

//是单行注释符,这种注释符可与要执行的代码处在同一行,也可另起一行。从//开始到行尾均表示注释。

(2) /* … */。

/* … */是多行注释符,…表示注释的内容。这种注释字符可与要执行的代码处在同一行,也可另起一行,甚至用在可执行代码内。对于多行注释,必须使用开始注释符(/*)开始注释,使用结束注释符(*/)结束注释。注释行上不应出现其他注释字符。

5.2.3　JavaScript 运算符和表达式

在编写 JavaScript 脚本代码的过程中,对数据进行运算操作需要用到运算符。表达式则由常量、变量和运算符等组成。

1. 算术运算符

算术运算符可以实现数学运行,包括加(+)、减(−)、乘(*)、除(/)和求余(%)等。具体使用方法如下:

```
var a,b,c;
a = b + c;
a = b - c;
a = b * c;
a = b / c;
a = b % c;
```

2. 赋值运算符

JavaScript 脚本语言的赋值运算符包含"="" +="" −="" *="" /="" %="" &=""^="等。

例如:

```
var iNum = 10;
iNum * = 2;
document.write(iNum);          //输出 "20"
```

3. 关系运算符

JavaScript 脚本语言中用于比较两个数据的运算符称为比较运算符,包括"＝＝""！＝""＞""＜""＜＝""＞＝"等。

4. 逻辑运算符

JavaScript 脚本语言的逻辑运算符包括"＆＆""｜｜"和"！"等,用于两个逻辑型数据之间的操作,返回值的数据类型为布尔型。逻辑运算符的功能如表 5-1 所示。

表 5-1　逻辑运算符的功能

逻辑运算符	具 体 描 述
&&	逻辑与运算符。例如,a && b,当 a 和 b 都为 true 时,等于 true;否则,等于 false
||	逻辑或运算符。例如,a || b,当 a 和 b 至少有一个为 true 时,等于 true;否则,等于 false
!	逻辑非运算符。例如,!a,当 a 等于 true 时,表达式等于 false;否则,等于 true

逻辑运算符一般与比较运算符捆绑使用,用以引入多个控制的条件,以控制 JavaScript 脚本代码的流向。

5. 位移运算符

位移运算符用于将目标数据(二进制形式)往指定方向移动指定的位数。JavaScript 脚本语言支持"<<"">>"和">>>"等位移运算符,具体如表 5-2 所示。

表 5-2　位移运算符

位移运算符	具 体 描 述	举 例
~	按位非运算	~(-3)结果是 2
&	按位与运算	4&7 结果是 4
|	按位或运算	4|7 结果是 7
^	按位异或运算	4^7 结果是 3
<<	位左移运算	9<<2 结果是 36
>>	有符号位右移运算,将左边数据表示的二进制值向右移动,忽略被移出的位,左侧空位补符号位(负数补 1,正数补 0)	9>>2 结果是 2
>>>	无符号位右移运算,将左边数据表示的二进制值向右移动,忽略被移出的位,左侧空位补 0	9>>>2 结果是 2

-3 的补码是 11111101,所以~(-3)按位非运算结果是 2。

4&7 结果是 4,因为 00000100 &00000111 的结果是 00000100,所以结果是 4。

9>>2 结果是 2,因为 00001001>>2 是右移 2 位,结果是 000010,所以结果是 2。

6. 条件运算符

在 JavaScript 脚本语言中,"?:"运算符用于创建条件分支,较 if…else 语句更加简便。其语法结构如下:

```
(condition)?statementA:statementB;
```

上述语句首先判断条件 condition,若结果为真,则执行语句 statementA;否则,执行语句 statementB。注意,由于 JavaScript 脚本解释器将分号";"作为语句的结束符,statementA 和 statementB 语句均必须为单个脚本代码,若使用多个语句,则会报错。

考查如下简单的分支语句:

```
var age = prompt("请输入您的年龄(数值) : ",25);
var contentA = "\n 系统提示 : \n 对不起,您未满 18 岁,不能浏览该网站! \n";
var contentB = "\n 系统提示 : \n 单击''确定''按钮,注册网上商城开始欢乐之旅!"
(age < 18)?alert(contentA):alert(contentB);
```

程序运行后,单击原始页面中"测试"按钮,弹出提示框提示用户输入年龄,并根据输入年龄值弹出不同提示。

效果等同于:

```
if(age < 18)  alert(contentA);
else  alert(contentB);
```

7. 逗号运算符

使用逗号运算符可以在一条语句中执行多个运算。例如:

```
var iNum1 = 1, iNum = 2, iNum3 = 3;
```

8. typeof 运算符

typeof 运算符用于表明操作数的数据类型,返回数值类型为一个字符串。在 JavaScript 脚本语言中,其使用格式如下:

```
var myString = typeof(data);
```

【例 5-2】　演示使用 typeof 运算符返回变量类型的方法。
代码如下:

```
< html >
< body >
  < script type = "text/javascript">
    var temp;
    document.write(typeof temp); //输出 "undefined"
    document.write("< br >");
    temp = "test string";
    document.write(typeof temp); //输出 "String"
    temp = 100;
    document.write("< br >");
    document.write(typeof temp); //输出 "Number"
  </script >
</body >
</html >
```

可以看出,使用关键字 var 定义变量时,若不指定其初始值,则变量的数据类型默认为 undefined。同时,若在程序执行过程中,变量被赋予其他隐性包含特定数据类型的数值时,其数据类型也随之发生更改。

9. 其他特殊的运算符

其他特殊的运算符如表 5-3 所示。

表 5-3　其他特殊的运算符

一元运算符	具 体 描 述

delete	删除对以前定义的对象属性或方法的引用。例如：
	
	``javascript
	var o = new Object; //创建 Object 对象 o
	delete o; //删除对象 o
	``

void	出现在任何类型的操作数之前,作用是舍弃运算数的值,返回 undefined 作为表达式的值。例如：
	
	``javascript
	var x = 1, y = 2;
	document.write(void(x + y)); //输出：undefined
	``

++	增量运算符。++运算符对操作数加 1,如果是前增量运算符,则返回加 1 后的结果；如果是后增量运算符,则返回操作数的原值,再对操作数执行加 1 操作。例如：
	
	``javascript
	var iNum = 10;
	document.write(iNum++); //输出 "10"
	document.write(++iNum); //输出 "12"
	``

——	减量运算符。它与增量运算符的意义相反,可以出现在操作数的前面(此时叫作前减量运算符),也可以出现在操作数的后面(此时叫作后减量运算符)。——运算符对操作数减 1,如果是前减量运算符,则返回减 1

5.2.4　JavaScript 控制语句和函数

对于 JavaScript 程序中的执行语句,默认时是按照书写顺序依次执行的,这时称这样的语句是顺序结构的。但是,仅有顺序结构还是不够的,因为有时候需要根据特定的情况,有选择地执行某些语句,这时就需要一种选择结构的语句。另外,有时候还可以在给定条件下往复执行某些语句,这时称这些语句是循环结构语句。有了这三种基本的结构,就能够构建任意复杂的程序了。下面介绍选择结构语句和循环结构语句。

1. 选择结构语句

JavaScript 选择结构语句主要有 if 语句、if…else…语句、if…else if…else 语句和 switch 语句。

(1) if 语句。

JavaScript 的 if 语句的功能跟其他语言的非常相似,都是用来判定给出的条件是否满足,然后根据判断的结果(即真或假)决定是否执行给出的操作。if 语句是一种单选结构,它选择的是做与不做,由三部分组成：关键字 if 本身、测试条件真假的表达式(简称为条件表达式)和表达式结果为真(即表达式的值为非零)时要执行的代码。if 语句的语法形式如下所示：

```
if (表达式)
    语句体
```

if 语句的表达式用于判断条件,可以用>(大于)、<(小于)、==(等于)、>=(大于或等于)、<=(小于或等于)来表示其关系。

现在用一个示例程序来演示 if 语句的用法。

```
//比较 a 是否大于 0
if (a > 0)
    document.write("大于 0");
```

如果 a 大于 0,则显示出"大于 0"的文字提示;否则,不显示。

(2) if…else…语句。

上面的 if 语句是一种单选结构,也就是说,如果条件为真(即表达式的值为真),那么执行指定的操作;否则就会跳过该操作。而 if…else…语句是一种双选结构,是在两种备选行动中选择哪一个的问题。其由五部分组成:关键字 if、测试条件真假的表达式、表达式结果为真(即表达式的值为非零)时要执行的代码以及关键字 else 和表达式结果为假(即表达式的值为假)时要执行的代码。if…else…语句的语法形式如下:

```
if (表达式)
    语句 1
else
    语句 2
```

if…else…语句的流程图如图 5-1 所示。

对上面的示例程序进行修改,以演示 if…else…语句的使用方法。我们的程序很简单的,如果 a 这个数字大于 0,那么就输出"大于 0"一行信息;否则,输出另一行"小于或等于 0"的信息,指出 a 小于或等于 0。代码如下:

```
if (a > 0)
    document.write("大于 0");
else
    document.write("小于或等于 0");
```

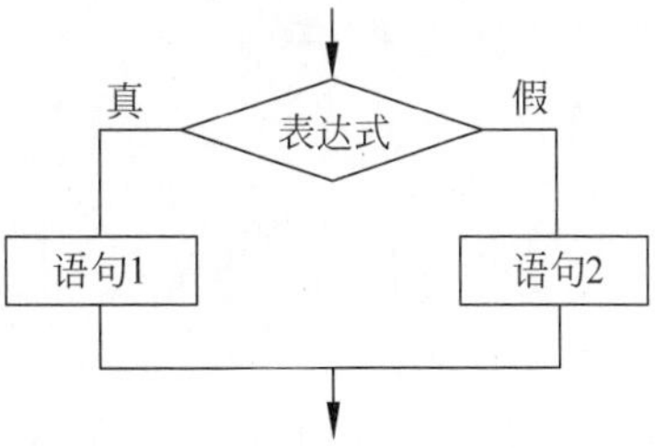

图 5-1　if…else…语句的流程图

(3) if…else if…else 语句。

有时候,需要在多组动作中选择一组执行,这时就会用到多选结构,对于 JavaScript 语言来说,就是 if…else if…else 语句。该语句可以利用一系列条件表达式进行检查,并在某个表达式为真的情况下执行相应的代码。注意,虽然 if…else if…else 语句的备选操作较多,但是有且只有一组操作被执行。该语句的语法形式如下:

```
if(表达式 1)
    语句 1;
else if(表达式 2)
    语句 2;
else if(表达式 3)
    语句 3;
```

```
…
else if(表达式 n)
    语句 n;
else
    语句 n + 1;
```

注意,最后一个 else 子句没有进行条件判断,它处理跟前面所有条件都不匹配的情况,所以 else 子句必须放在最后。if…else if…else 语句的流程图如图 5-2 所示。

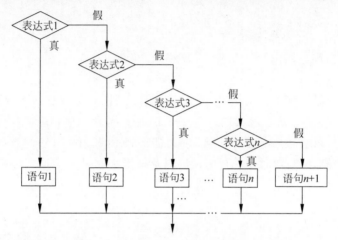

图 5-2 if…else if…else 语句的流程图

下面继续对上面的示例程序进行修改,以演示 if…else if…else 语句的使用方法。具体的语法形式如下:

```
if (a > 0)
    document.write("大于 0");
else if (a == 0)
    document.write("等于 0");
else
    document.write("小于 0");
```

以上代码区分 a 大于 0、a 等于 0 和 a 小于 0 三种情况,分别输出不同信息。

【例 5-3】 下面是一个显示当前系统日期的 JavaScript 代码,其中使用到 if…else if…else 语句。

代码如下:

```
< HTML >
< HEAD >< TITLE >简单的 JavaScript 代码</TITLE ></HEAD >
< BODY >
< Script Language = "JavaScript">
    d = new Date();
    document.write("今天是");
    if(d.getDay() == 1) {
        document.write("星期一");
    }
    else if(d.getDay() == 2) {
        document.write("星期二");
    }
```

```
    else if(d.getDay() == 3) {
        document.write("星期三");
    }
    else if(d.getDay() == 4) {
        document.write("星期四");
    }
    else if(d.getDay() == 5) {
        document.write("星期五");
    }
    else if(d.getDay() == 6) {
        document.write("星期六");
    }
    else {
        document.write("星期日");
    }
</Script>
</BODY>
</HTML>
```

Date 对象用于处理时间和日期；getDay()是 Date 对象的方法，它返回表示星期几的数字，星期一则返回 1，星期二则返回 2，……。

【例 5-4】 输入学生的成绩 score，按分数输出其等级：score≥90 为优，80≤score<90 为良，70≤score<80 为中等，60≤score<70 为及格，score<60 为不及格。

```
<HTML>
<HEAD><TITLE>简单的 JavaScript 代码</TITLE></HEAD>
<BODY>
<Script Language = "JavaScript">
var MyScore = prompt("请输入成绩");
score = parseInt (MyScore);
if (score >= 90)
    document.write("优");
else if (score >= 80)
    document.write("良");
else if (score >= 70)
    document.write("中");
else if (score >= 60)
    document.write("及格");
else
    document.write ("不及格");
</Script>
</BODY>
</HTML>
```

说明：三种选择语句中，条件表达式都是必不可少的组成部分。那么哪些表达式可以作为条件表达式呢？基本上，最常用的条件表达式是关系表达式和逻辑表达式。

（4）switch 语句。

如果有多个条件，可以使用嵌套的 if 语句来解决，但此种方法会增加程序的复杂度，并降低程序的可读性。使用 switch 语句可实现多选一程序结构，其基本结构如下：

```
switch(表达式) {
    case 值 1:
```

```
        语句块 1
        break;
    case 值 2:
        语句块 2
        break;
    …
    case 值 n:
        语句块 n
        break;
    default:
        语句块 n + 1
}
```

说明:

① 当 switch 后面括号中表达式的值与某一个 case 分支中常量表达式匹配时,就执行该分支。如果所有的 case 分支中常量表达式都不能与 switch 后面括号中表达式的值匹配,则执行 default 分支。

② 每一个 case 分支最后都有一个 break 语句,执行此语句会退出 switch 语句,不再执行后面语句。

③ 每个常量表达式的取值必须各不相同,否则将引起歧义。各 case 后面必须是常量,而不能是变量或表达式。

【例 5-5】 将例 5-3 的代码内容使用 switch 语句来实现。

代码如下:

```
< HTML >
< HEAD >< TITLE > switch 语句实现</TITLE ></HEAD >
< BODY >
< Script Language = "JavaScript">
    d = new Date();
    document.write("今天是");
        switch(d.getDay()) {
        case 1:
            document.write("星期一");
            break;
        case 2:
            document.write("星期二");
            break;
        case 3:
            document.write("星期三");
            break;
        case 4:
            document.write("星期四");
            break;
        case 5:
            document.write("星期五");
            break;
        case 6:
            document.write("星期六");
            break;
        default:
            document.write("星期日");
```

```
        }
    </Script>
    </BODY>
    </HTML>
```

2. 循环结构语句

程序在一般情况下是按顺序执行的。编程语言提供了各种控制结构,允许更复杂的执行路径。循环语句允许执行一个语句或语句组多次。

(1) while 语句。

while 语句的语法格式如下:

```
while(表达式)
{
    循环体语句
}
```

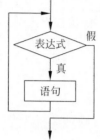

图 5-3 while 语句的
流程图

其作用是:当指定的条件表达式为真时,执行 while 语句中的循环体语句。其流程图如图 5-3 所示,其特点是先判断表达式,后执行语句。while 循环又称为当型循环。

【例 5-6】 用 while 语句来计算 $1+2+3+\cdots+98+99+100$ 的值。

代码如下:

```
<HTML>
<head>
<title>计算 1 + 2 + 3 + … + 98 + 99 + 100 的值</title>
</head>
<body>
<script language = "JavaScript" type = "text/javascript">
var total = 0;
var i = 1;
while(i < = 100){
    total += i;
    i++;
}
alert(total);
</script>
</body>
</html>
```

(2) do…while 语句。

do…while 语句的语法格式如下:

```
do
{
    循环体语句
} while(表达式);
```

do…while 语句的执行过程:先执行一次循环体语句,然后判断表达式,当表达式的值为真时,继续执行循环体语句,如此反复,直到表达式的值为假为止,此时循环结束。可以用图 5-4 表示其流程。

说明：在循环体相同的情况下，while 语句和 do…while 语句的功能基本相同。二者的区别在于，当循环条件一开始就为假时，do…while 语句中的循环体至少会被执行一次，而 while 语句一次都不执行。

【例 5-7】 用 do…while 循环来实现如图 5-5 所示的计算某个区间数字的和。单击"显示结果"按钮出现显示结果的警告框。

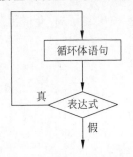

图 5-4 do…while 语句的流程图

图 5-5 计算某个区间数字的和

代码如下：

```html
<HTML>
<head>
<title>计算某个区间数字的和</title>
</head>
<body>
<table style="width:350px;">
    <tbody>
        <tr>
            <td style="text-align: center; ">
            计算从<input id="demo1" size="4" type="text" />到
                <input id="demo2" size="4" type="text" />的值
            </td>
        </tr>
        <tr>
            <td style="text-align: center;"><input id="calc" type="button" value="显示结果"/></td>
        </tr>
    </tbody>
</table>
<script type="text/javascript">
document.getElementById("calc").onclick = function(){
    var beginNum = parseInt(document.getElementById("demo1").value);
    var endNum = parseInt(document.getElementById("demo2").value);
    var total = 0;
    if( !isNaN(beginNum) && !isNaN(endNum) && (endNum > beginNum) ){
        for(var i = beginNum; i <= endNum; i++){
            total += i;
        }
        alert(total);
    }else{
        alert("你输入的数字没有意义!");
    }
}
```

```
</script>
</body>
</html>
```

（3）for 语句。

for 语句是循环结构语句,按照指定的循环次数,循环执行循环体内语句(或语句块),其基本结构如下：

```
for(表达式 1;表达式 2;表达式 3)
{
        循环体语句
}
```

该语句的执行过程如下：

① 执行 for 后面的表达式 1。

② 判断表达式 2,若表达式 2 的值为真,则执行 for 语句的内嵌语句(即循环体语句),然后执行第(3)步；若表达式 2 的值为假,则循环结束,执行第(5)步。

③ 执行表达式 3。

④ 返回继续执行第(2)步。

⑤ 循环结束,执行 for 语句的循环体下面的语句。

可以用图 5-6 表示其流程。

【例 5-8】　用 for 语句来计算 $1+2+3+\cdots+98+99+100$ 的值。

代码如下：

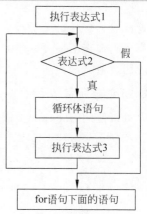

图 5-6　for 语句的流程图

```
< HTML >
< head >
<title>计算 1 + 2 + 3 + ⋯ + 98 + 99 + 100 的值</title>
</head>
< body >
< script language = "JavaScript" type = "text/javascript">
var total = 0;
for(var i = 1; i < = 100; i++){
    total += i;
}
alert(total);
</script >
</body >
</html >
```

（4）continue 语句。

continue 语句的一般格式如下：

```
continue;
```

该语句只能用在循环结构中。当在循环结构中遇到 continue 语句时,则跳过 continue 语句后的其他语句,结束本次循环,并转去判断循环控制条件,以决定是否进行下一次循环。

(5) break 语句。

break 语句的一般格式如下：

```
break;
```

该语句只能用于以下两种情况：

① 用在 switch 结构中，当某个 case 分支执行完后，使用 break 语句跳出 switch 结构。

② 用在循环结构中，用 break 语句来结束循环。如果放在嵌套循环中，则 break 语句只能结束其所在的那层循环。

5.2.5　JavaScript 函数

函数(Function)由若干条语句组成，用于实现特定的功能。函数包含函数名、若干参数和返回值。一旦定义了函数，就可以在程序中需要实现该功能的位置调用该函数，给程序员共享代码带来了很大方便。在 JavaScript 中，除了提供丰富的内置函数外，还允许用户创建和使用自定义函数。

1. 创建自定义函数

可以使用 function 关键字来创建自定义函数，其基本语法结构如下：

```
function 函数名(参数列表)
{
    函数体
}
```

创建一个非常简单的 PrintWelcome() 函数，它的功能是打印字符串"欢迎使用 JavaScript"。代码如下：

```
function PrintWelcome()
{
    document.write("欢迎使用 JavaScript");
}
```

创建函数 PrintString()，通过参数决定要打印的内容。代码如下：

```
function PrintString(str)
{
    document.write (str);
}
```

2. 调用函数

(1) 在 JavaScript 中使用函数名来调用函数。

在 JavaScript 中，可以直接使用函数名来调用函数。无论是内置函数还是自定义函数，调用函数的方法都是一致的。

【例 5-9】 调用 PrintWelcome() 函数，显示"欢迎使用 JavaScript"字符串。

代码如下：

```
< HTML >
< HEAD >< TITLE >欢迎使用 JavaScript </TITLE ></HEAD >
```

```
< BODY >
< Script Language = "JavaScript">
    function PrintWelcome()
    {
        document.write("欢迎使用 JavaScript");
    }
    PrintWelcome();
</Script >
</BODY >
</HTML >
```

【例 5-10】　调用 sum()函数,计算并打印 num1 和 num2 之和。

代码如下:

```
< HTML >
< HEAD >< TITLE >计算并打印 num1 和 num2 之和</TITLE ></HEAD >
< BODY >
< Script Language = "JavaScript">
    function sum(num1, num2)
    {
        document.write(num1 + num2);
    }
    sum(1, 2);
</Script >
</BODY >
</HTML >
```

(2) 在 HTML 中使用"javascript:"方式调用 JavaScript 函数。

在 HTML 中的 a 链接中可以使用"javascript:"方式调用 JavaScript()函数。方法如下:

```
< a href = "javascript:函数名(参数列表)"> … </a>
```

【例 5-11】　在 HTML 中使用"javascript:"方式调用 JavaScript 函数。

代码如下:

```
< HTML >
< HEAD >< TITLE >a 链接中使用"javascript:"方式调用函数</TITLE ></HEAD >
< BODY >
< a href = "javascript:alert('您单击了这个超链接')">请点我</a>
</BODY >
</HTML >
< HTML >
< HEAD >< TITLE >
```

【例 5-12】　调用 sum()函数。

代码如下:

```
</TITLE ></HEAD >
< BODY >
< Script Language = "JavaScript">
    function sum(num1, num2)
    {
        document.write(num1 + num2);
    }
</Script >
```

```
< a href = "javascript:sum(1, 2)">请点我</a>
</BODY >
</HTML >
```

（3）与事件结合调用 JavaScript()函数。

可以将 JavaScript()函数指定为 JavaScript 事件的处理函数。当触发事件时，系统会自动调用指定的 JavaScript()函数。

3. 变量的作用域

在函数中也可以定义变量。在函数中定义的变量被称为局部变量。局部变量只在定义它的函数内部有效，在函数体之外，即使使用同名的变量，也会被看作另一个变量。

相应地，在函数体之外定义的变量是全局变量。全局变量在定义后的代码中都有效，包括它后面定义的函数体内。如果局部变量和全局变量同名，则在定义局部变量的函数中，只有局部变量是有效的。

【例 5-13】 变量的作用域实例。

代码如下：

```
< HTML >
< HEAD >< TITLE >变量的作用域实例</TITLE ></HEAD >
< BODY >
< Script Language = "JavaScript">
    var a = 100;                    //全局变量
    function setNumber() {
        var a = 10;                 //局部变量
        document.write(a);          //打印局部变量 a
    }
    setNumber();
    document.write("< BR >");
    document.write(a);              //打印全局变量 a
</Script >
</BODY >
</HTML >
```

4. 函数的返回值

可以为函数指定一个返回值，返回值可以是任何数据类型。使用 return 语句可以返回函数值并退出函数。语法如下：

```
function 函数名() {
    return 返回值;
}
```

【例 5-14】 使用 return 语句返回值实例。

代码如下：

```
< HTML >
< HEAD >< TITLE > return 返回值</TITLE ></HEAD >
< BODY >
< Script Language = "JavaScript">
    function sum(num1, num2)
    {
        return num1 + num2;
```

```
    }
    document.write(sum(1, 2));
</Script>
</BODY>
</HTML>
```

如果改成求 m 和 n 两个数字的和,代码如下:

```
< script language = "JavaScript" type = "text/javascript">
function getTotal(m,n){
    var total = 0;
    if(m > = n){
        return false;           // n 必须大于 m,否则无意义
    }
    for(var i = m;i < = n;i++){
        total += i;
    }
    return total;
}
</script >
```

5. 定义函数库

JavaScript()函数库是一个.js 文件,其中包含函数的定义。

【例 5-15】 创建一个函数库 mylib.js,其中包含两个函数 PrintString()和 sum()。
代码如下:

```
// mylib.js 函数库
function PrintString(str)                // 打印字符串
{
    document.write (str);
}
function sum(num1, num2)                //求和
{
    document.write (num1 + num2);
}
```

在 HTML 文件中引用函数库.js 文件的方法如下:

```
< script src = "函数库.js 文件"></script>
< script >
      //引用.js 文件中的函数
</script >
```

【例 5-16】 引用函数库.js 文件。
代码如下:

```
< HTML >
< HEAD >< TITLE >引用函数库.js 文件</TITLE ></HEAD >
< BODY >
< Script src = "mylib.js"></Script >
PrintString("传递参数");
sum(1, 2)
</BODY >
</HTML >
```

6. JavaScript 内置函数

(1) alert()函数。

alert()函数用于弹出一个消息对话框,该对话框包括一个"确定"按钮。alert()函数的语法如下:

```
alert(str);
```

其中,参数 str 是 String 类型的变量或字符串,指定消息对话框的内容。

【例 5-17】 使用 alert()函数弹出一个消息对话框。

代码如下:

```
<HTML><HEAD><TITLE>演示 alert()的使用</TITLE></HEAD>
<BODY>
<Script LANGUAGE = JavaScript>
    function Clickme()
    {
        alert("请输入用户名");
    }
</Script>
 <p><a href = ♯ onclick = "Clickme()">单击试一下</a></p>
</BODY>
</HTML>
```

单击链接,弹出一个消息对话框,如图 5-7 所示。代码中 href＝♯ 表示链接当前页面。

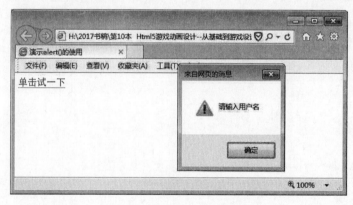

图 5-7　演示 alert()的使用

(2) confirm()函数。

confirm()函数用于显示一个请求确认对话框,包含一个"确定"按钮和一个"取消"按钮。在程序中,可以根据用户的选择决定执行的操作。confirm()函数的语法如下:

```
confirm(str);
```

(3) parseFloat()函数。

parseFloat()函数用于将字符串转换成符点数字形式。语法如下:

```
parseFloat(str);
```

其中,参数 str 是待解析的字符串。函数返回解析后的数字。例如:

```
document.write(parseFloat("12.3") + 1);
```

结果如下：

```
13.3
```

（4）parseInt()函数。

parseInt()函数用于将字符串转换成整型数字形式。语法如下：

```
parseInt(str, radix)
```

其中，参数 str 是待解析的字符串。参数 radix 可选，表示要解析的数字的进制。该值介于 2 和
36 之间。如果省略该参数或其值为 0,则数字将以十进制来解析,函数返回解析后的数字。

（5）prompt()函数。

prompt()函数指定用于显示可提示用户输入的对话框,该对话框包含一个"确定"按
钮、一个"取消"按钮和一个文本框。prompt()函数的语法如下：

```
prompt(text,defaultText);
```

其中,参数 text 指定要在对话框中显示的纯文本,参数 defaultText 指定默认的输入文本。
如果用户单击"确定"按钮,则 prompt()函数返回输入字段当前显示的文本；如果用户单击
"取消"按钮,则 prompt()函数返回 null。

【例 5-18】 prompt()函数示例。

```
< HTML >
< HEAD >< TITLE >演示 prompt()的使用</TITLE ></HEAD >
< BODY >
< Script LANGUAGE = JavaScript >
function Input() {
    var MyStr = prompt("请输入您的姓名");
    alert("您的姓名是: " + MyStr);
}
Input();
</Script >
< br/>
</BODY >
</HTML >
```

浏览的结果出现如图 5-8 所示的提示用户输入的对话框。

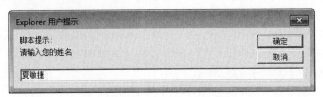

图 5-8　提示用户输入的对话框

5.2.6　JavaScript 类的定义和实例化

严格地说,JavaScript 是基于对象的编程语言,而不是面向对象的编程语言。在面向对

象的编程语言(如 Java、C++、C♯、PHP 等)中,声明一个类使用 class 关键字。例如:

```
public class Person
{
}
```

但是在 JavaScript 中,没有声明类的关键字,也没有办法对类的访问权限进行控制。
JavaScript 使用函数来定义类。

1. 类的定义

类定义的语法如下:

```
function className(){
    //具体操作
}
```

例如,定义一个 Person 类:

```
function Person() {
    this.name = " 张三 ";          //定义一个属性 name
    this.sex = " 男 ";            //定义一个属性 sex
    this.say = function(){        //定义一个方法 say()
        document.write("我的名字是 " + this.name + ",性别是 " + this.sex + "。");
    }
}
```

说明:this 关键字是指当前的对象。

2. 创建对象

创建对象的过程也是类实例化的过程。

在 JavaScript 中,创建对象(即类的实例化)使用 new 关键字。

创建对象语法如下:

```
new className();
```

将上面的 Person 类实例化:

```
var zhangsan = new Person();
zhangsan.say();
```

运行代码,输出如下内容:

```
大家好,我的名字是 张三 ,性别是 男 。
```

定义类时可以设置参数,创建对象时也可以传递相应的参数。

下面将 Person 类重新定义:

```
function Person(name, sex) {
    this.name = name;            //定义一个属性 name
    this.sex = sex;              //定义一个属性 sex
    this.say = function(){       //定义一个方法 say()
        document.write("大家好,我的名字是 " + this.name + ",性别是 " + this.sex);
    }
```

```
        }
    }
var zhangsan = new Person("小丽","女");
zhangsan.say();
```

运行代码,输出如下内容:

```
大家好,我的名字是 小丽 ,性别是 女 。
```

当调用该构造函数时,浏览器给新的对象 zhangsan 分配内存,并隐性地将对象传递给函数。this 操作符是指向新对象引用,用于操作这个新对象。例如:

```
this.name = iName;
```

该句使用作为函数参数传递过来的 name 值在构造函数中给该对象 zhangsan 的 name 属性赋值。对象实例的 name 属性被定义和赋值后,就可以访问该对象实例的 name 属性。

3. 通过对象直接初始化创建对象

通过直接初始化对象来创建对象,与定义对象的构造函数方法不同的是,该方法不需要 new 生成此对象的实例。例如,改写 zhangsan 对象:

```
< script >
//直接初始化对象
var zhangsan = {
    name:"张三",
    sex:"男",
    say: function (){           //定义对象的方法
        document.write("大家好,我的名字是 " + this.name + " ,性别是 " + this.sex);
}
zhangsan.say();
</script >
```

可以通过对象直接初始化创建对象是一个"名字/值"对列表,每个"名字/值"对之间用逗号分隔,最后用一个大括号括起来。"名字/值"对表示对象的一个属性或方法,名和值之间用冒号分隔。

上面的 zhangsan 对象,也可以这样来创建:

```
var zhangsan = {}
zhangsan.name = "张三";
zhangsan.sex = "男";
zhangsan.say = function(){
        return "嗨!大家好,我来了。";
    }
```

该方法在只需生成一个对象实例并进行相关操作的情况下使用时,代码紧凑,编程效率高;但若要生成若干对象实例,就必须为生成每个对象实例重复相同的代码结构,代码的重用性比较差,不符合面向对象的编程思路,应尽量避免使用该方法创建自定义对象。

4. 访问对象的属性和方法

属性是一个变量,用来表示一个对象的特征,如颜色、大小、重量等;方法是一个函数,用来表示对象的操作,如奔跑、呼吸、跳跃等。

对象的属性和方法统称为对象的成员。

在 JavaScript 中,可以使用"."和"[ ]"来访问对象的属性。

(1) 使用"."来访问对象属性。

语法如下:

```
objectName.propertyName
```

其中,objectName 为对象名称;propertyName 为属性名称。

(2) 使用"[ ]"来访问对象属性。

语法如下:

```
objectName[propertyName]
```

其中,objectName 为对象名称;propertyName 为属性名称。

(3) 访问对象的方法。

在 JavaScript 中,只能使用"."来访问对象的方法。

语法如下:

```
objectName.methodName()
```

其中,objectName 为对象名称;methodName()为函数名称。

【例 5-19】 创建一个 Person 对象并访问其成员。

代码如下:

```
function Person() {
    this.name = " 张三 ";              //定义一个属性 name
    this.sex = " 男 ";                 //定义一个属性 sex
    this.age = 22;                      //定义一个属性 age
    this.say = function(){             //定义一个方法 say()
        return "我的名字是 " + this.name + " ,性别是" + this.sex + ",今年" + this.age +"岁!";
    }
}
var zhangsan = new Person();
alert("姓名: " + zhangsan.name);        //使用"."来访问对象属性
alert("性别: " + zhangsan.sex);
alert("年龄: " + zhangsan["age"]);      //使用"[ ]"来访问对象属性
alert(zhangsan.say());                  //使用"."来访问对象方法
```

实际项目开发中,一般使用"."来访问对象属性;但是在某些情况下,使用"[ ]"会方便很多,例如,JavaScript 遍历对象属性和方法。

JavaScript 可使用 for…in 语句来遍历对象的属性和方法。for…in 语句循环遍历 JavaScript 对象,每循环一次,都会取得对象的一个属性或方法。

语法如下:

```
for(valueName  in  ObjectName){
    //代码
}
```

其中,valueName 是变量名,保存着属性或方法的名称,每次循环,valueName 的值都会改变。

【例 5-20】 遍历 zhangsan 对象的属性和方法。

代码如下:

```
<HTML>
<HEAD>
    <TITLE>演示访问 zhangsan 对象属性和方法</TITLE>
</HEAD>
<BODY>
<script>
//直接初始化对象
var zhangsan = {}
zhangsan.name = "张三";
zhangsan.sex = "男";
zhangsan.say = function(){
    return "嗨!大家好,我来了。";
}
var strTem = "";                //临时变量
for(value in zhangsan){
    strTem += value + ': ' + zhangsan[value] + "\n";
}
alert(strTem);
</script>
<br/>
</BODY>
</HTML>
```

运行程序,结果如图 5-9 所示。

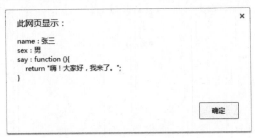

图 5-9 遍历 zhangsan 对象的属性和方法

5. 向对象添加属性和方法

JavaScript 可以在定义类时定义属性和方法,也可以在创建对象以后动态添加属性和方法。动态添加属性和方法在其他面向对象的编程语言(C++、Java 等)中是难以实现的,这是 JavaScript 灵活性的体现。

【例 5-21】 用 Person 类创建一个对象,向其添加属性和方法。

代码如下:

```
//定义类
function Person(name,sex) {
    this.name = name;            //定义一个属性 name
    this.sex = sex;              //定义一个属性 sex
    this.say = function(){       //定义一个方法 say()
        return "大家好,我的名字是 " + this.name + ",性别是 " + this.sex + "。";
```

```
        }
    }
    //创建对象
    var zhangsan = new Person("张三","男");
    zhangsan.say();
    //动态添加属性和方法
    zhangsan.tel = "029 - 81892332";
    zhangsan.run = function(){
        return " 我跑得很快! ";
    }
    //弹出警告框
    alert("姓名: " + zhangsan.name);
    alert("姓别: " + zhangsan.sex);
    alert(zhangsan.say());
    alert("电话: " + zhangsan.tel);
    alert(zhangsan.run());
```

可见,JavaScript 动态添加对象实例的属性 tel 和方法 run()的过程十分简单,注意动态添加该属性仅在此对象实例 zhangsan 中才存在,而其他对象实例不存在该属性 tel 和方法run()。

例如：

```
var lisi = new Person("李四","男");
alert(lisi.run());          //出现错误,Uncaught TypeError: lisi.run is not a function
```

5.2.7 调试 JavaScript 程序的方法

例如,一个有错误的 JavaScript 程序如下：

```
< HTML >
< HEAD ><TITLE>有错误的网页</TITLE></HEAD >
< BODY >
< Script Language = "JavaScript">
    windows.alert("hello");
</Script >
</BODY >
</HTML >
```

调试 JavaScript 程序通常包含下面两项任务。

(1) 查看程序中变量的值。通常可以使用 document.write()方法或 alert()方法输出变量的值。

(2) 定位 JavaScript 程序中的错误。因为 JavaScript 程序多运行于浏览器,所以可以借助各种浏览器的开发人员工具分析和定位 JavaScript 程序中的错误。

① 借助 Edge 的开发人员工具定位 JavaScript 程序中的错误。

打开 Edge 浏览器并导航到想要调试的网页,然后在浏览器的右上角,单击"设置及其他"图标,在弹出的菜单中,选择"更多工具"→"开发者工具"选项,或按 F12 键,即可打开开发人员工具窗口。浏览前面介绍的有错误的 JavaScript 程序网页,然后在开发人员工具窗口单击"控制台"选项卡,可以看到网页中错误的位置和明细信息,如图 5-10 所示。

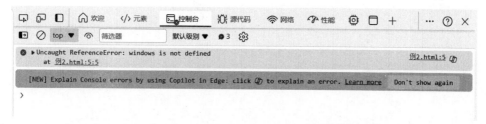

图 5-10　在 Edge 的"控制台"选项卡查看网页中错误的信息

② 借助 Chrome 的开发者工具定位 JavaScript 程序中的错误。

打开 Chrome,然后选择"工具"→"开发者工具"菜单项,会在网页内容下面打开开发者工具窗口,这种布局更利于对照网页内容进行调试。例如,浏览前面介绍的有错误的 JavaScript 程序网页,然后在开发者工具窗口单击 Console 选项卡,可以看到网页中错误的位置和明细信息,如图 5-11 所示。

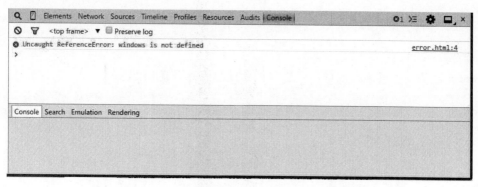

图 5-11　在 Chrome 的"控制台"选项卡查看网页中错误的信息

5.2.8　ES6 简介

不论是概念还是设计,JavaScript 和 Java 是完全不同的语言。JavaScript 在 1995 年由 Brendan Eich 发明,并于 1997 年成为一个 ECMA 标准。ECMAScript(ECMA-262)是 JavaScript 官方名称。ECMAScript 1(1997)是第一版,其后经历多个版本,ECMAScript 5 (发布于 2009 年)也称为 ES5 和 ECMAScript 2009。ECMAScript 还经历了 ECMAScript 6 (ECMAScript 2015)、ECMAScript 7(ECMAScript 2016)、ECMAScript 8(ECMAScript 2017)等多个版本的更新。截至 2024 年 5 月,ECMAScript 的最新版本是 ECMAScript 12 (ECMAScript 2023)。每个新版本都引入了一些新的语法特性和 API,使 JavaScript 的功能变得更加强大和灵活。例如,ECMAScript 6 引入了箭头函数、模板字符串、解构赋值等新的语法特性,同时还提供了 Promise、Map、Set 等新的数据类型和 API。

ECMAScript 通常缩写为 ES。ES6 目前基本成为业界标准,它的普及速度比 ES5 要快很多,主要原因是现代浏览器对 ES6 的支持相当迅速,尤其是 Chrome 和 Firefox 浏览器,可支持 ES6 中绝大多数的特性。

1. 变量相关

ES2015(ES6)新增加了两个重要的 JavaScript 关键字:let 和 const。

(1) let。

let 声明的变量只在 let 所在的代码块(一对花括号内部的代码)内有效,也成为块作用域。let 只能声明同一个变量一次,而 var 可以声明多次。

```
{
  let a = 0;
  var b = 1;
}
console.log(a);                          // ReferenceError: a is not defined
console.log(b);                          // 1
```

for 循环计数器很适合用 let 声明。

```
var j = 5;
for (let j = 0; j < 10; j++) {
    console.log(j);
}
console.log(j);                          //5,不受影响
```

(2) const。

const 声明一个只读的常量,一旦声明,常量的值就不能改变。

```
const PI = 3.1415926;
```

2. 对象的属性直接写变量

ES6 允许对象的属性直接写变量,这时候属性名是变量名,属性值是变量值。

```
var   age = 12;
var   name = "Amy";
var   person = {age, name};              //{age: 12, name: "Amy"}
```

以上写法等同于:

```
var   person = {age: age, name: name};
```

方法名也可以简写。

```
var   person = {
  sayHi(){
    console.log("Hi");
  }
}
person.sayHi();                          //"Hi"
```

以上写法等同于:

```
var   person = {
  sayHi:function(){
    console.log("Hi");
  }
}
person.sayHi();                          //"Hi"
```

3. class 类

ES6 引入了 class(类)这个概念,通过 class 关键字可以定义类。该关键字的出现使得其在对象写法上更加清晰,更像是一种面向对象的语言。实际上,class 的本质仍是 function,它让对象原型的写法更加清晰、更像面向对象编程的语法。

例如,在 ES5 中定义一个 Person 类:

```
function Person(name,age) {                     //构造函数
    this.name = name;                           //定义一个属性 name
    this.age = age;                             //定义一个属性 age
    this.say = function(){                      //定义一个方法 say()
        console.log("我的名字是 " + this.name + " ," + "今年" + this.age + "岁了");
    }
}
```

ES6 中改用 class 定义 Person 类如下:

```
class Person{                                   //定义了一个名字为 Person 的类
    constructor(name,age){                      //constructor 是一个构造方法,用来接收参数
        this.name = name;                       //this 代表的是实例对象
        this.age = age;
    }
    say(){                                      //这是一个类的方法,注意千万不要加上 function
        return "我的名字叫" + this.name + "今年" + this.age + "岁了";
    }
}
var obj = new Person("xmj",48);
console.log(obj.say());                         //我的名字叫 xmj,今年 48 岁了
```

由下面代码可以看出,类实质上就是一个函数,类自身指向的就是构造函数。所以可以认为 ES6 中的类其实就是构造函数的另外一种写法。

```
console.log(typeof Person);                     //function
console.log(Person === Person.prototype.constructor);    //true
```

以下代码说明构造函数的 prototype 属性,在 ES6 的类中依然存在着。

```
console.log(Person.prototype);                  //输出的结果是一个对象
```

实际上类的所有方法都定义在类的 prototype 属性上。当然也可以通过 prototype 属性对类添加方法。代码如下:

```
Person.prototype.addFn = function(){
    return "我是通过 prototype 新增加的方法,名字叫 addFn";
}
var obj = new Person("xmj",48);
console.log(obj.addFn());           //我是通过 prototype 新增加的方法,名字叫 addFn
```

constructor()方法是类的构造函数,通过 new 命令生成对象实例时,自动调用该方法。

```
class Box{
    constructor(){
        console.log("今天天气好晴朗");           //当实例化对象时,该行代码被执行
    }
```

```
}
var obj = new Box();                        //输出今天天气好晴朗
```

constructor()方法如果没有被显式定义,会隐式生成一个constructor()方法。所以即使没有添加构造函数,构造函数也是存在的。constructor()方法默认返回实例对象this。

4. 箭头函数

ES6标准新增了一种新的函数Arrow Function(箭头函数)。箭头函数的定义用的就是一个箭头。

箭头=>左边为函数输入参数,而右边是定义的操作以及返回的值。例如:

```
x => x * x
```

上面的箭头函数相当于:

```
function (x) {
    return x * x;
}
```

箭头函数相当于匿名函数,并且简化了函数定义。箭头函数有两种格式,一种像上面的,只包含一个表达式,连{...}和return都省略掉了;另一种可以包含多条语句,这时候就不能省略{...}和return。

```
x => {
    if (x > 0) {
        return x * x;
    }
    else {
        return - x * x;
    }
}
```

如果参数不是一个,就需要用括号()括起来。

```
// 两个参数:
(x, y) => x * x + y * y
```

如果要返回一个对象,就要注意,如果是单表达式,这么写就会报错。

```
x => { foo: x }                        // Syntax Error:
```

因为和函数体的{...}有语法冲突,所以要改为:

```
x => ({ foo: x })                      // ok
```

5.3 SVG 基础知识

可缩放矢量图形(Scalable Vector Graphics,SVG)是一个成熟的W3C标准,被设计用来在Web和移动平台上展示可交互的图形。与HTML类似,SVG也支持CSS和JavaScript。

尽管可以使用HTML展示数据，但是SVG才是数据可视化领域的事实标准。

5.3.1 图片存储方式

将图片存储为数据有两种方式。

第一种为位图，也被称为光栅图，即将图片看成在平面上密集排布的点的集合。每个点发出的光有独立的频率和强度，反映在视觉上，就是颜色和亮度。这些信息有不同的编码方案，在互联网上最常见的就是RGB。根据需要，编码后的信息可以有不同的位(b)数——位深。位数越高，颜色越清晰，对比度越高，占用的空间也越大。另一项决定位图精细度的是其中点的数量。一个位图文件就是所有构成其的点的数据的集合，文件的大小自然就等于点数乘以位深。常见的位图格式有JPEG/JPG、GIF、TIFF、PNG、BMP。

第二种方式为矢量图。它用抽象的视角看待图形，记录其中展示的模式，而不是各个点的原始数据。它将图片看成各个对象的组合，用曲线记录对象的轮廓，用某种颜色模式描述对象内部的图案(如用梯度描述渐变色)。如一张合影，可被看成各个人物和背景中各种景物的组合。常见的矢量图格式有WMF、SVG、AI、CDR(CorelDRAW)、PDF、SWF等。

矢量图中简单的几何图形，只需要几个特征数值就可以确定。如三角形只需要确定三个顶点的坐标，圆只需要确定圆心的坐标和半径，曲线(如正弦曲线、各种螺线等)也只需要几个参数就能够确定。如果用位图记录这些几何图形，则需要包含组成线条的各个像素的数据。除了大大节省空间，矢量图还具有完美的伸缩性。因为记录的是图形的特征，图形的尺寸任意变化时，都只是做相似变换，所以不会出现模糊和失真。相反，位图的图片放大到超出原有大小时，各个像素点之间出现空缺，即使用某种算法填充，也会出现模糊锯齿等现象，不如矢量图精确。因而矢量图很适合用于记录诸如符号、图标等简单的图形，而位图则适合于没有明显规律的、颜色丰富而细腻的图片。

5.3.2 SVG的概念

SVG是基于可扩展标记语言(XML)，用于描述二维矢量图形的一种图形格式。SVG是W3C(国际互联网标准组织)在2000年8月制定的一种新的二维矢量图形格式，也是规范中的网络矢量图形标准。SVG严格遵从XML语法，并用文本格式的描述性语言来描述图像内容，因此是一种和图像分辨率无关的矢量图形格式。

下面的例子是一个简单的SVG文件的例子。SVG文件必须使用.svg作为扩展名来保存。

```
<?xml version = "1.0" standalone = "no"?>
<!DOCTYPE svg PUBLIC " - //W3C//DTD SVG 1.1//EN" "http://www.w3.org/Graphics/SVG/1.1/DTD/svg11.dtd">
< svg version = "1.1" xmlns = "http://www.w3.org/2000/svg" width = "100%"  height = "100%">
    < circle cx = "100" cy = "50" r = "40" stroke = "black"stroke - width = "2" fill = "red"/>
</svg>
```

上述代码中，第一行包含了XML声明。standalone属性规定此SVG文件是否是"独立的"，或含有对外部文件的引用。standalone = "no"意味着SVG文档会引用一个外部文件。在这里是DTD文件。

第二行和第三行引用了这个外部的SVG DTD。该DTD位于网址详见前言二维码。

该 DTD 位于 W3C,含有所有允许的 SVG 元素。

SVG 代码以< svg >元素开始,包括开始标签< svg >和结束标签</ svg >,这是根元素。< svg >元素的 version 属性可定义所使用的 SVG 版本,xmlns 属性可定义 SVG 命名空间,width 和 height 属性可设置此 SVG 文档的宽度和高度。

SVG 的< circle >子元素用来创建一个圆。其中,cx 和 cy 属性定义圆心的 x 和 y 坐标。如果忽略这两个属性,那么圆心会被设置为(0,0)。r 属性定义圆的半径。stroke 和 stroke-width 属性控制如何显示形状的轮廓,这里是设置圆的轮廓为 2px 宽,黑边框。fill 属性设置形状内的颜色,把填充颜色设置为红色。

结束标签</ svg >的作用是结束 SVG 元素和文档本身。

5.3.3　SVG 的优势

相比任何基于光栅的格式,SVG 具有多项优势。

(1) SVG 图形是使用数学公式创建的,无须存储每个独立像素的数据,文件大小可能更小,所以 SVG 图形比其他光栅图形的加载速度更快。

(2) 矢量图形可更好地缩放。对于网络上的图像,当位图图像不再是原始大小时,显示图像的程序会猜测使用何种数据来填充新的像素,可能产生失真。矢量图像具有更高的弹性,当图像大小变化时,数据公式可相应地调整。用户可以任意缩放图像显示,而不会破坏图像的清晰度、细节等。

(3) SVG 图像由浏览器渲染,可以以编程方式绘制。SVG 图像可动态地更改,这使它们尤其适合数据驱动的应用程序,如图表。

(4) SVG 图像的源文件是一个文本文件,所以它具有易于访问和搜索引擎友好等特征。

(5) 超级颜色控制。SVG 图像提供一个 1600 万种颜色的调色板,支持 ICC 颜色描述文件标准、RGB、线性填充、渐变和蒙版。

5.3.4　向网页添加 SVG XML

创建 SVG XML 之后,可采用多种方式将它包含在 HTML 页面中。

第一种方法是直接将 SVG XML 嵌入 HTML 文档中。

【例 5-22】 直接将 SVG XML 嵌入 HTML 文档。

代码如下:

```
< HTML >
    < head >
            < title > Embedded SVG </title >
    </head >
    < body style = "height: 600px;width: 100 %; padding: 30px;">
            < svg xmlns = "http://www.w3.org/2000/svg" version = "1.1">
                    < circle cx = "100" cy = "50" r = "40" fill = "red"/>
            </svg >
    </body >
</html >
```

此方法可能最简单,但它不支持重用。

第二种方法可以使用.svg为扩展名保存SVG XML文件。当将SVG图形保存在.svg文件中时,可以使用<embed>、<object>和<iframe>元素来将它包含在网页中。

使用<embed>元素包含一个SVG XML文件的代码如下:

```
< embed   src = "circle.svg"   type = "image/svg + xml"></embed>
```

使用<object>元素包含一个SVG XML文件的代码如下:

```
< object   data = "circle.svg"   type = "image/svg + xml"></object>
```

使用<iframe>元素包含一个SVG XML文件的代码如下:

```
< iframe   src = "circle1.svg"></iframe>
```

当使用其中一种方法时,可以将同一个SVG图形包含在多个页面中,并编辑.svg源文件来进行更新。

5.4 DOM

DOM(Document Object Model)指文档对象模型,是针对结构化文档的一个接口,它允许程序和脚本动态地访问和修改文档。说得简单些,当开发者需要动态地修改网页元素时,要用到它。

5.4.1 DOM结点树

DOM是以树状结构来描述HTML文档的,其被称为结点树。每个HTML元素(标签)都是树上的结点。DOM是这样规定的:整个文档是一个文档结点,每个HTML元素是一个元素结点,包含在HTML元素中的文本是文本结点,每一个HTML属性是一个属性结点,注释属于注释结点。

结点彼此都有等级关系。

HTML文档中的所有结点组成了一个文档树(或结点树)。HTML文档中的每个元素、属性、文本等都代表着树中的一个结点。树起始于文档结点,并由此继续伸出枝条,直到处于这棵树最低级别的所有文本结点为止。

请看下面这个HTML文档:

```
< HTML >
    < head >
        < title > DOM Tutorial </title>
    </head>
< body >
    < h1 > DOM Lesson one </h1>
    < p > Hello world!</p>
    < p > Hello DOM!</p>
</body>
</html>
```

图 5-12 表示一个文档树(结点树)。

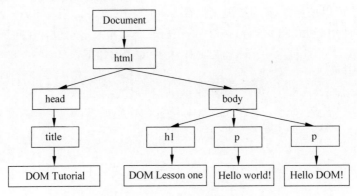

图 5-12　HTML 文档的 DOM 结点树

上面所有的结点彼此都存在关系。

除文档结点之外的每个结点都有父结点。例如,head 和 body 的父结点是 html 结点,文本结点"Hello world!"的父结点是 p 结点。

大部分元素结点都有子结点。例如,head 结点有一个子结点:title 结点。title 结点也有一个子结点:文本结点"DOM Tutorial"。

当结点分享同一个父结点时,它们就是同辈(兄弟结点)。例如,h1 和 p 是兄弟结点,因为它们的父结点均是 body 结点。

结点也可以拥有后代,后代指某个结点的所有子结点,或者这些子结点的子结点,以此类推。例如,所有的文本结点都是< html >结点的后代,而第一个文本结点是< head >结点的后代。

结点也可以拥有先辈。先辈是某个结点的父结点,或者父结点的父结点,以此类推。例如,所有的文本结点都可把< html >结点作为先辈结点。

5.4.2　访问修改 HTML 元素

通过使用 getElementById()和 getElementsByTagName()这两种方法可查找整个 HTML 文档中的任何 HTML 元素。

这两种方法会忽略文档的结构。假如希望查找文档中所有的< p >元素,getElementsByTagName()方法会把它们全部找到,不管< p >元素处于文档中的哪个层次。同时,getElementById()方法也会返回正确的元素,不论它被隐藏在文档结构中的什么位置。

1. getElementById()方法

getElementById()方法可通过指定的 ID 来返回元素,语法如下:

```
document.getElementById("ID");
```

2. getElementsByTagName()方法

getElementsByTagName()方法会按指定的标签名返回所有的元素(结点列表),语法如下:

```
document.getElementsByTagName("标签名称");
```

下面这个例子会返回文档中所有<p>元素的一个结点列表：

```
document.getElementsByTagName("p");
```

下面这个例子会返回所有<p>元素的一个结点列表,且这些<p>元素必须是 id 为 "main" 的元素的后代：

```
document.getElementById("main").getElementsByTagName("p");
```

当使用结点列表时,通常要把此列表保存在一个变量中,就像这样：

```
var x = document.getElementsByTagName("p");
```

现在,变量 x 包含着页面中所有<p>元素的一个列表,并且可以通过它们的索引号来访问这些<p>元素。

可以通过<p>来循环遍历结点列表：

```
< Script Language = "JavaScript">
var x = document.getElementsByTagName("p");
for (var i = 0; i < x.length; i++)
{
    //do something with each paragraph
    Console.log(x[i].innnerHTML);        //输出每个<p>元素的文本内容
}
</Script>
```

也可以通过索引号来访问某个具体的元素。

要访问第三个<p>元素,可以这么写：

```
var y = x[2];                           //索引号从 0 开始
```

这里使用innerHTML 属性获取元素的文本内容,innerHTML 属性能够被赋值。例如,将上述 for 循环语句改成：

```
for (var i = 0; i < x.length; i++)
{
    x[i].innnerHTML = "Java";           //每个<p>元素的文本内容改为 Java
}
```

则所有<p>元素的内容均被修改为 Java 了。

在 HTML DOM 中,常用的属性如下。

(1) innerHTML：元素标签内部的文本,包括 HTML 标签。

(2) innerText：元素标签内部的文本,但不包括 HTML 标签。

(3) outerHTML：包括元素标签自身在内的文本,也包括内部的 HTML 标签。

(4) outerText：包括元素标签自身在内的文本,但不包括 HTML 标签。

(5) nodeName：结点名称。

(6) parentNode：父结点。

（7）childNodes：子结点。

（8）nextSibling：下一个兄弟结点。

（9）previousSibling：上一个兄弟结点。

（10）firstChild：第一个子结点。

（11）lastChild：最后一个子结点。

（12）style：元素的样式。

5.4.3　添加删除 HTML 元素结点

给文档中添加结点可使用 appendChild() 方法，每个元素结点中都有这个方法，能在该元素的末尾添加子结点。为此，首先要创建一个结点，然后才能添加。请看如下代码：

```
var  para = document.createElement("p");          //创建结点 p
para.innerHTML = "Hello";                         //给 p 的内容赋值
var  body = document.getElementByTagName ("body");  //获取 body 结点
body. appendChild (para) ;                         //给 body 结点添加子结点
```

假设希望从文档中删除带有 id 为"maindiv"的结点，首先需要找到带有指定 id 的结点，然后调用其父结点的 removeChild() 方法。代码如下：

```
var x = document.getElementById("maindiv");
x. parentNode. removeChild(x);
```

5.4.4　DOM 的优点和缺点

DOM 的优点主要表现在易用性强。使用 DOM 时，将把 HTML 文档所有的信息都存于内存中，并且遍历简单，支持 XPath，增强了易用性。

DOM 的缺点主要表现在：效率低、解析速度慢、内存占用量过高，对于大文件来说，几乎不可能使用。另外，效率低还表现在消耗大量的时间，因为使用 DOM 进行解析时，将为 HTML 文档的每个 element、attribute、processing—instruction 和 comment 都创建一个对象，这样在 DOM 机制中所运用的大量对象的创建和销毁无疑会影响其效率。

5.5　Canvas

Canvas 和 SVG 都是 HTML5 用于绘图的元素。Canvas 绘制的是标量图（或位图），SVG 绘制的是矢量图。Canvas 和 SVG 没有优劣之分，它们分别适用于不同的场合。

Canvas 就是画布，可以进行画任何的线、图形、填充等一系列的操作。Canvas 是 HTML5 出现的新元素，它有自己的属性、方法和事件，其中就有绘图的方法，JavaScript 能够调用 Canvas 绘图方法来进行绘图。另外 Canvas 不仅提供简单的二维绘图，也提供了三维的绘图，以及图片处理等一系列的 API 支持。

5.5.1　Canvas 元素的定义语法

Canvas 元素的定义语法如下：

```
< canvas id = "xxx" height = … width = …> …</canvas >
```

Canvas 元素的常用属性：id 是 Canvas 元素的标识 id；height 是 Canvas 画布的高度，单位为像素；width 是 Canvas 画布的宽度，单位为像素。

例如，在 HTML 文件中定义一个 Canvas 画布，id 为 myCanvas，高和宽各为 100 像素。代码如下：

```
< canvas id = "myCanvas" height = 100 width = 100 >
    您的浏览器不支持 Canvas
</canvas >
```

< canvas >和</canvas >之间的字符串指定当浏览器不支持 Canvas 时显示的字符串。

5.5.2 使用 JavaScript 获取网页中的 Canvas 对象

在 JavaScript 中，可以使用 document. getElementById()方法获取网页中的 Canvas 对象，语法如下：

```
document.getElementById(对象 id)
```

例如，获取定义的 myCanvas 对象的代码如下：

```
< canvas id = "myCanvas" height = 100 width = 100 >
    您的浏览器不支持 Canvas
</canvas >
< script type = "text/javascript">
var c = document.getElementById("myCanvas");
</script >
```

得到的对象 c 即为 myCanvas 对象。要在其中绘图还需要获得 myCanvas 对象的 2d 上下文对象，代码如下：

```
var ctx = c.getContext("2d");          //获得 myCanvas 对象的 2d 上下文对象
```

Canvas 绘制图形都是依靠 Canvas 对象的上下文对象。上下文对象用于定义如何在画布上绘图。顾名思义，2d 上下文支持在画布上绘制 2D 图形、图像和文本。

在实际的绘图中，我们所关注的一般都是设备坐标系，此坐标系以像素为单位，像素指的是屏幕上的亮点。每个像素都有一个坐标点与之对应，左上角的坐标设为(0,0)，向右为 X 轴的正方向，向下为 Y 轴的正方向。一般情况下，以 (x,y) 代表屏幕上某个像素的坐标点，其中水平方向以 X 轴的坐标值表示，垂直方向以 Y 轴的坐标值表示。例如，在图 5-13 所示的坐标系中画一个点，该点的坐标 (x,y) 是 $(4,3)$。

计算机绘图是在一个事先定义好的坐标系中进行的，这与日常生活中的绘图方式有着很大的区别。图形的大小、位置等都与绘图区或容器的坐标有关。

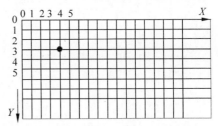

图 5-13 Canvas 坐标的示意图

5.5.3 绘制图形

1. 绘制直线

在JavaScript中可以使用Canvas API绘制直线,具体过程如下。

(1)在网页中使用Canvas元素定义一个Canvas画布,用于绘画。语法如下:

```
var c = document.getElementById("myCanvas");          //获取网页中的Canvas对象
```

(2)使用JavaScript获取网页中的Canvas对象,并获取Canvas对象的2d上下文ctx。使用2d上下文可以调用Canvas API绘制图形。语法如下:

```
var ctx = c.getContext("2d");          //获取Canvas对象的上下文
```

(3)调用beginPath()方法,指示开始绘图路径,即开始绘图。语法如下:

```
ctx.beginPath();
```

(4)调用moveTo()方法将坐标移至直线起点。语法如下:

```
ctx.moveTo(x,y);
```

其中,x和y为要移动至目标的坐标。

(5)调用lineTo()方法绘制直线。语法如下:

```
ctx.lineTo(x,y);
```

其中,x和y为直线的终点坐标。

(6)调用stroke()方法,绘制图形的边界轮廓。语法如下:

```
ctx.stroke();
```

【例5-23】 一个通过画线绘制复杂菊花图形的例子。

代码如下:

```
<!DOCTYPE html>
<html>
<body>
<canvas id = "myCanvas" height = 1000 width = 1000>您的浏览器不支持Canvas。</canvas>
<script type = "text/javascript">
function drawline()
{
  var c = document.getElementById("myCanvas");          //获取网页中的Canvas对象
  var ctx = c.getContext("2d");          //获取Canvas对象的上下文
  var dx = 150;
  var dy = 150;
  var s = 100;
  ctx.beginPath();          //开始绘图路径
```

```
    var x = Math.sin(0);
    var y = Math.cos(0);
    var dig = Math.PI/15 * 11;
    for(var i = 0;i < 30;i++){
        var x = Math.sin(i * dig);
        var y = Math.cos(i * dig);
        //用三角函数计算顶点
        ctx.lineTo(dx + x * s,dy + y * s);
    }
    ctx.closePath();
    ctx.stroke();
}
window.addEventListener("load", drawline, true);
</script>
</body>
</html>
```

例 5-23 的运行结果如图 5-14 所示。

2. 绘制矩形

可以通过调用 rect()、strokeRect()、fillRect() 和
clearRect() 4 种 API 方法在 Canvas 画布中绘制矩形。
其中,前两种方法用于绘制矩形边框;调用 fillRect()可
以填充指定的矩形区域;调用 clearRect() 可以擦除指
定的矩形区域。

图 5-14　Canvas 绘制复杂图形

rect()方法用于创建矩形。rect()方法的语法如下:

```
rect(x, y, width, height)
```

其中,x 是矩形的左上角的 X 坐标;y 是矩形的左上角的 Y 坐标;width 是矩形的宽度;
height 是矩形的高度。

【例 5-24】 使用 rect()方法绘制矩形边框的例子。
代码如下:

```
<canvas id = "myCanvas" height = 500 width = 500>您的浏览器不支持 Canvas。</canvas>
<script type = "text/javascript">
function drawRect()
{
  var c = document.getElementById("myCanvas");      //获取网页中的 Canvas 对象
  var ctx = c.getContext("2d");                     //获取 Canvas 对象的上下文
  ctx.beginPath();                                  //开始绘图路径,绘制起始点
  ctx.rect(20,20, 100, 50);
  ctx.stroke();                                     //通过线条绘制轮廓(边框)
}
window.addEventListener("load", drawRect, true);
</script>
```

使用 strokeRect()方法绘制矩形(无填充)的语法如下:

```
strokeRect(x, y, width, height)
```

参数的含义与 rect()方法的参数相同。strokeRect()方法与 rect()方法的区别在于,在调用 strokeRect()方法时不需要使用 beginPath()和 stroke()方法即可绘图。

fillRect()绘制被填充的矩形。fillRect()方法的语法如下:

```
fillRect(x, y, width, height)
```

参数的含义与 rect()方法的参数相同。

clearRect()清除给定矩形内图像。clearRect()方法的语法如下:

```
clearRect(x, y, width, height)
```

参数的含义与 rect()方法的参数相同。

【例 5-25】 Canvas 绘制一个矩形和一个填充矩形的例子。

代码如下:

```
<!DOCTYPE html>
<html>
<body>
    <canvas id="demoCanvas" width="500" height="500">您的浏览器不支持 Canvas。</canvas>
    <!--- 下面将演示一种绘制矩形的 demo --->
    <script type="text/javascript">
        var c = document.getElementById("demoCanvas");        //获取网页中的 Canvas 对象
        var context = c.getContext('2d');                      //获取上下文
        context.strokeStyle = "red";                           //指定绘制线样式、颜色
        context.strokeRect(10, 10, 190, 100);                  //绘制矩形线条,内容是空的
        //以下填充矩形
        context.fillStyle = "blue";
        context.fillRect(110,110,100,100);                     //绘制填充矩形
    </script>
</body>
```

3. 绘制圆弧

可以调用 arc()方法绘制圆弧,语法如下:

```
arc(centerX, centerY, radius, startingAngle, endingAngle, antiClockwise);
```

其中,centerX 为圆弧圆心的 X 坐标;centerY 为圆弧圆心的 Y 坐标;radius 为圆弧的半径;startingAngle 为圆弧的起始角度;endingAngle 为圆弧的结束角度;antiClockwise 表示是否按逆时针方向绘图。

例如,使用 arc()方法绘制圆心为(50,50),半径为 100 的圆弧,圆弧的起始角度为 60°,圆弧的结束角度为 180°。代码如下:

```
ctx.beginPath();        //开始绘图路径
ctx.arc(50, 50, 100, 1/3 * Math.PI, 1 * Math.PI, false);
ctx.stroke();
```

【例 5-26】 使用 arc()方法画圆。

代码如下:

```
< canvas id = "myCanvas" height = 500 width = 500 >您的浏览器不支持 Canvas
</canvas >
< script type = "text/javascript">
function draw( )
{
  var c = document. getElementById("myCanvas");        //获取网页中的 Canvas 对象
  var ctx = c. getContext("2d");                        //获取 Canvas 对象的上下文
  var radius = 100;
  var startingAngle = 0;
  var endingAngle = 2 * Math. PI;
  ctx. beginPath();                                     //开始绘图路径
  ctx. arc(150, 150, radius, startingAngle, endingAngle, false);
  ctx. stroke();
}
window. addEventListener("load", draw, true);
</script >
```

5.5.4　描边和填充

1. 描边

通过设置 Canvas 的 2d 上下文对象的 strokeStyle 属性，可以指定描边的颜色，通过设置 2d 上下文对象的 lineWidth 属性可以指定描边的宽度。

例如，通过设置描边颜色和宽度，绘制红色线条宽度为 10 的圆。代码如下：

```
ctx. lineWidth = 10;                             //描边宽度为 10
ctx. strokeStyle = "red";                        //描边颜色为红色
ctx. arc(50, 50, 100, 0, 2 * Math. PI, false);
ctx. stroke();
```

2. 填充图形内部

通过设置 Canvas 的 2d 上下文对象的 fillStyle 属性，可以指定填充图形内部的颜色。

【例 5-27】　填充图形内部的例子。

代码如下：

```
< canvas id = "myCanvas" height = 500 width = 500 >您的浏览器不支持 Canvas
</canvas >
< script type = "text/javascript">
function draw( )
{
  var c = document. getElementById("myCanvas");        //获取网页中的 Canvas 对象
  var ctx = c. getContext("2d");                        //获取 Canvas 对象的上下文
  ctx. fillStyle = "yellow";                            //填充图形内部的颜色为黄色
  ctx. fillRect(65,65, 100, 100);                       //矩形的宽度和高度为 100,内部填充黄色
}
window. addEventListener("load", draw, true);
</script >
```

3. 透明颜色

在指定颜色时，可以使用 rgba()方法定义透明颜色，语法如下：

```
rgba(r,g,b, alpha)
```

其中,r表示红色集合;g表示绿色集合;b表示蓝色集合;r、g、b都是十进制数,取值范围为0~255;alpha的取值范围为0~1,用于指定透明度,0表示完全透明,1表示不透明。

【例5-28】 使用透明颜色填充10个连串的圆,模拟太阳光照射的光环。

代码如下:

```
< canvas id = "myCanvas" height = 500 width = 500 >您的浏览器不支持Canvas
</canvas >
< script type = "text/javascript">
function draw()
{
    var canvas = document.getElementById("myCanvas");
    if(canvas == null)
        return false;
    var context = canvas.getContext("2d");
    //先绘制画布的底图
    context.fillStyle = "yellow";
    context.fillRect(0,0,400,350);
    //用循环绘制10个圆形
    var n = 0;
    for(var i = 0 ;i < 10;i++){
        //开始创建路径,因为圆本质上也是一个路径,这里向Canvas说明要开始画了,这是起点
        context.beginPath();
        context.arc(i * 25,i * 25,i * 10,0,Math.PI * 2,true);
        context.fillStyle = "rgba(255,0,0,0.25)";
        context.fill();          //填充刚才所画的圆形
    }
}
window.addEventListener("load", draw, true);
</script >
```

例5-28的运行结果如图5-15所示。

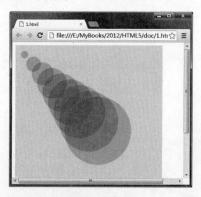

图5-15　透明颜色填充10个连串的圆

5.5.5　绘制图像

在画布上绘制图像的Canvas API是drawImage(),语法如下:

```
drawImage(image, x, y)
drawImage(image, x, y, width, height)
drawImage ( image, sourceX, sourceY, sourceWidth, sourceHeight, destX, destY, destWidth,
destHeight)
```

其中,image表示所要绘制的图像,必须是表示<img>标记或者图像文件的Image对象,或者是Canvas元素;x和y表示要绘制的图像的左上角位置;width和height表示绘制图像的宽度和高度;sourceX和sourceY表示图像将要被绘制的区域的左上角;sourceWidth和sourceHeight表示被绘制的原图像区域;destX和destY表示所要绘制的图像区域的左上角的画布坐标;destWidth和destHeight表示图像区域在画布上要绘制成的大小。

【例5-29】　不同形式显示一本图书的封面。

代码如下:

```
< canvas id = "myCanvas" height = 1000 width = 1000 >您的浏览器不支持Canvas
</canvas >
< script type = "text/javascript" >
function draw()
{
  var c = document.getElementById("myCanvas");        //获取网页中的Canvas对象
  var ctx = c.getContext("2d");                        //获取Canvas对象的上下文
  var imageObj = new Image();                          //创建图像对象
  imageObj.src = "cover.jpg";
  imageObj.onload = function(){
      ctx.drawImage(imageObj, 0, 0);                   //原图大小显示
      ctx.drawImage(imageObj, 250, 0, 120, 160);       //原图一半大小显示
      //从原图(0,100)位置开始截取中间一块宽240 * 高160的区域,原大小显示在屏幕(400,0)处
      ctx.drawImage(imageObj, 0, 100, 240, 160, 400, 0, 240, 160);
  };
}
window.addEventListener("load", draw, true);
</script >
```

例5-29的运行结果如图5-16所示。

图5-16　不同形式显示一本图书的封面

在绘制图形时,如果画布上已经有图形,就涉及一个问题:两个图形应如何组合。可以通过Canvas的2d上下文对象的globalCompositeOperation属性来设置组合方式。globalCompositeOperation属性的可选值如表5-4所示。

表 5-4   **globalCompositeOperation** 属性的可选值

可 选 值	描 述
source-over	默认值,新图形会覆盖在原有内容之上
destination-over	在原有内容之下绘制新图形
source-in	新图形会仅出现与原有内容重叠的部分,其他区域都变成透明的
destination-in	原有内容中与新图形重叠的部分会被保留,其他区域都变成透明的
source-out	只有新图形中与原有内容不重叠的部分会被绘制出来
destination-out	原有内容中与新图形不重叠的部分会被保留
source-atop	新图形中与原有内容重叠的部分会被绘制,并覆盖于原有内容之上
destination-atop	原有内容中与新内容重叠的部分会被保留,并会在原有内容之下绘制新图形
lighter	两图形中重叠部分做加色处理
darker	两图形中重叠的部分做减色处理
xor	重叠的部分会变透明
copy	只有新图形会被保留,其他部分都被清除掉

【例 5-30】 一个矩形和圆的重叠效果。

代码如下:

```
< canvas id = "myCanvas" height = 500 width = 500 >您的浏览器不支持 Canvas
</canvas >
< script type = "text/javascript">
function draw()
{
    var c = document.getElementById("myCanvas");           //获取网页中的 Canvas 对象
    var ctx = c.getContext("2d");                          //获取 Canvas 对象的上下文
    ctx.fillStyle = "blue";
    ctx.fillRect(0,0, 100, 100);                           //填充蓝色的矩形
    ctx.fillStyle = "red";
    ctx.globalCompositeOperation = "source - over";
    var centerX = 100;
    var centerY = 100;
    var radius = 50;
    var startingAngle = 0;
    var endingAngle = 2 * Math.PI;
    ctx.beginPath();                                       //开始绘图路径
    ctx.arc(centerX, centerY, radius, startingAngle, endingAngle, false);   //绘制圆
    ctx.fill();
}
window.addEventListener("load", draw, true);
</script >
```

例 5-30 中蓝色正方形先画,红色圆形后画,source-over 取值效果如图 5-17 所示。

图 5-17   source-over 取值效果

其余取值效果如图 5-18 所示。

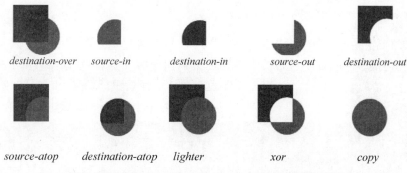

图 5-18 globalCompositeOperation 属性的不同值效果

5.5.6 图形的操作

1. 保存和恢复绘图状态

调用 Context. save()方法可以保存当前的绘图状态。Canvas 状态是以堆(stack)的方式保存绘图状态。绘图状态包括:

(1) 当前应用的操作(如移动、旋转、缩放或变形,具体方法将在本节稍后介绍)。

(2) strokeStyle、fillStyle、globalAlpha、lineWidth、lineCap、lineJoin、miterLimit、shadowOffsetX、shadowOffsetY、shadowBlur、shadowColor、globalCompositeOperation 等属性的值。

(3) 当前的裁切路径(clipping path)。

调用 Context. restore()方法可以从堆中弹出之前保存的绘图状态。Context. save()方法和 Context. restore()方法都没有参数。

【例 5-31】 保存和恢复绘图状态。

代码如下:

```
< canvas id = "myCanvas" height = 500 width = 500 > </canvas >
< script type = "text/javascript">
function draw() {
var ctx = document.getElementById('myCanvas').getContext('2d');
ctx.fillStyle = 'red'
ctx.fillRect(0,0,150,150);          //使用红色填充矩形
ctx.save();                         //保存当前的绘图状态
ctx.fillStyle = 'green'
ctx.fillRect(45,45,60,60);          //使用绿色填充矩形
ctx.restore();                      //恢复再之前保存的绘图状态,即 ctx.fillStyle = 'red'
ctx.fillRect(60,60,30,30);          //使用红色填充矩形
}
window.addEventListener("load", draw, true);
</script >
```

例 5-31 的运行结果如图 5-19 所示。

2. 图形的变换

(1) 平移 translate(x,y)。

参数 x 是坐标原点向 X 轴方向平移的位移,参数 y 是坐标原点向 Y 轴方向平移的位移。

图 5-19   保存和恢复
绘图状态

（2）缩放 scale(x,y)。

参数 x 是 X 轴缩放比例,参数 y 是 Y 轴缩放比例。

（3）旋转 rotate(angle)。

参数 angle 是坐标轴旋转的角度(角度变化模型和画圆的模型
一样)。

（4）变形 setTransform()方法。

可以调用 setTransform()方法对绘制的 Canvas 图形进行变形,
语法如下：

```
context.setTransform(m11, m12, m21, m22, dx, dy);
```

假定点(x,y)经过变形后变成了(X,Y),则变形的转换公式如下：

$$X = m11 \times x + m21 \times y + dx$$
$$Y = m12 \times x + m22 \times y + dy$$

【例 5-32】   图形的变换例子。

代码如下：

```
< canvas id = "myCanvas" height = 250 width = 250>您的浏览器不支持 Canvas
</canvas >
< script type = "text/javascript">
function draw(){
    var canvas = document.getElementById("myCanvas");        //获取网页中的 Canvas 对象
    var context = canvas.getContext("2d");                   //获取 Canvas 对象的上下文
    context.save();                                          //保存了当前 context 的状态
    context.fillStyle = "♯EEEEFF";
    context.fillRect(0, 0, 400, 300);
    context.fillStyle = "rgba(255,0,0,0.1)";
    context.fillRect(0, 0, 100, 100);                        //正方形
    //平移 1,缩放 2,旋转 3
    context.translate(100, 100);                             //坐标原点平移(100, 100)
    context.scale(0.5, 0.5);                                 //x,y 轴是原来一半
    context.rotate(Math.PI / 4);                             //旋转 45°
    context.fillRect(0, 0, 100, 100);                        //平移、缩放、旋转后的正方形
    context.restore();                                       //恢复之前保存的绘图状态
    context.beginPath();                                     //开始绘图路径
    context.arc(200, 50, 50, 0,  2 * Math.PI, false);        //绘制圆
    context.stroke();
    context.fill();
}
window.addEventListener("load", draw, true);
</script >
```

例 5-32 的运行结果如图 5-20 所示。

图 5-20   图形的变换

5.6　CSS 语法基础

CSS 即层叠样式表(Cascading Style Sheet)。在网页制作时采用层叠样式表技术,可以有效地对页面的布局、字体、颜色、背景和其他效果实现更加精确的控制。CSS3 是 CSS 技术的升级版本,CSS3 语言开发是朝着模块化发展的,更多新的模块也被加入进来。这些模块包括盒子模型、列表模块、超链接方式、语言模块、背景和边框、文字特效、多栏布局等。

使用 CSS 的好处是用户只需要一次性定义文字的显示样式,就可以在各个网页中统一使用,这样既避免了用户的重复劳动,也可以使系统的界面风格统一。

5.6.1　CSS 基本语句

CSS 一般由若干条样式规则组成,以告诉浏览器应怎样去显示一个文档。而每条样式规则都可以看作一条 CSS 的基本语句。

一条 CSS 的基本语句的结构如下:

```
选择器{
    属性名:值;
    属性名:值;
    …
}
```

例如:

```
div{
width:100px;
font - size:16pt;
color:red
}
```

上述代码中,width 设置宽度,把< div >元素宽度设置为 100px; font-size 设置字体大小,把字体设置成 16pt;而 color 设置文字的颜色,颜色是红色。

基本语句都包含一个选择器(selector),用于指定在 HTML 文档中哪种 HTML 标记元素(如< body >、< p >或< h3 >)套用花括号内的属性设置。每个属性带一个值,共同地描述这个选择器应该如何显示在浏览器中。

5.6.2　在 HTML 文档中应用 CSS 样式

1. 内部样式表

在网页中可以使用< style >元素定义一个内部样式表,指定该网页内元素的 CSS 样式。

【例 5-33】　使用内部样式表。

代码如下:

```
< HTML >
 < HEAD >
   < STYLE type = "text/css">
```

```
        A {color: red}
        P {background - color: yellow; color:white}
      </STYLE>
   </HEAD>
   <BODY>
      <A href = "http://www.zut.edu.cn">CSS 示例</A>
      <P>你注意到这一段文字的颜色和背景颜色了吗?</P>
</BODY> </HTML>
```

2. 样式表文件

一个网站包含很多网页,通常这些网页都使用相同的样式。如果在每个网页中重复定义样式表,显然是很麻烦的。可以定义一个样式表文件,样式表文件的扩展名为. css,如 style. css。然后在所有网页中引用样式表文件,应用其中定义的样式表。

在 HTML 文档中可以使用< link >元素引用外部样式表。

【例 5-34】 演示外部样式表的使用。

创建一个 style. css 文件,内容如下:

```
A {color: red}
P {background - color: blue; color:white}
```

引用 style. css 的 HTML 文档的代码如下:

```
< HTML >
  < HEAD >
    < link rel = "stylesheet" type = "text/css" href = "style.css" />
  </HEAD >
  < BODY >
    < A href = " http://www.zut.edu.cn ">CSS 示例</A>
    <P>你注意到这一段文字的颜色和背景颜色了吗?</P>
</BODY > </HTML >
```

5.6.3　CSS 选择器

CSS 选择器用于选择需要添加样式的元素。选择器主要有如下三种。

1. 标记选择器

一个完整的 HTML 页面由很多不同的标记元素组成,如< body >、< p >或< h3 >。而标记选择器决定标记元素所采用的 CSS 样式。

例如,在 style. css 文件中对< p >标记样式的声明如下:

```
p{
font - size:12px;
background: ♯900;
color:090;
}
```

其中,所有< p >标记的背景都是 ♯900(红色),文字大小均是 12px,颜色为 ♯090(绿色)。在后期维护中,如果想改变整个网站中< p >标记背景的颜色,只需要修改 background 属性就可以了。

2. 类别选择器

在定义 HTML 元素时,可以使用 class 属性指定元素的类别。在 CSS 中可以使用 .class 选择器选择指定类别的 HTML 元素,方法如下:

```
.类名
{
    属性:值;…属性:值;
}
```

在 HTML 中,标记元素可以定义一个 class 的属性。代码如下:

```
< div class = "demoDiv">这个区域字体颜色为红色</div>
< p class = "demoDiv">这个段落字体颜色为红色</p>
```

CSS 的类别选择器根据类名来选择,前面以".."来标志。例如:

```
.demoDiv{
    color: #FF0000;
}
```

最后,用浏览器浏览,发现所有 class 为 demoDiv 的元素都应用了这个样式,包括页面中的< div >元素和< p >元素。

3. id 选择器

使用 id 选择器可以根据 HTML 元素的 id 选取 HTML 元素。所谓 id,相当于 HTML 文档中的元素的"身份证",以保证其在一个 HTML 文档中具有唯一性。这给使用 JavaScript 等脚本编写语言的应用带来了方便。要将一个 id 包括在样式定义中,需要"#"作为 id 名称的前缀。例如,将 id="highlight"的元素设置背景为黄色的代码如下:

```
# highlight{background - color:yellow;}
```

第**6**章

ECharts绘制图表入门

近年来，可视化越来越流行，许多门户网站、新闻、媒体都大量使用可视化技术，使得复杂的数据和文字变得十分容易理解。有一句谚语"一张图片价值于一千个字"，的确如此。各种数据可视化工具也如井喷式地发展，ECharts正是其中的佼佼者。本章开始进入ECharts图表绘制。

6.1 ECharts 图表入门

6.1.1 ECharts 基础架构

ECharts是基于Canvas技术进行图表绘制的，准确地说，ECharts的底层依赖于轻量级的Canvas类库ZRender。ZRender是百度团队开发的，它通过Canvas绘图时会调用Canvas的一些接口。通常情况下，使用ECharts开发图表时，并不会直接涉及类库ZRender。ECharts基础架构如图6-1所示。

在ECharts基础架构中，基础库的上层有3个模块：组件、图类和接口。

组件模块包含坐标轴（axis）、网格（grid）、极坐标（polar）、标题（title）、提示（tooltip）、图例（legend）、数据区域缩放（dataZoom）、值域漫游（dataRange）、工具箱（toolbox）、时间轴（timeline）。

ECharts的图类模块近30种，常用的图类有柱状图（bar）、折线图（line）、散点图（scatter）、K线图（k）、饼图（pie）、雷达图（radar）、地图（map）、仪表盘（gauge）、漏斗图（funnel）。图类与组件共同组成了一个图表，如果只是制作图表的话，只需掌握好图类与组件即可完成80%左右的功能。

另外，20%左右的功能涉及更高级的特性。例如，当单击某个图表上的某个区域的时

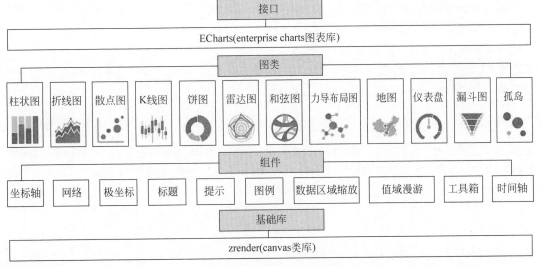

图 6-1 ECharts 基础架构

候,能跳转到另外一个图表上;或当单击图表上的某个区域时,将展示另外一个区域中的数据,即图表组件的联动效果。此时,需要用到 ECharts 接口和事件编程。

6.1.2 制作第一个 ECharts 图表

这里使用 ECharts 绘制一个简单的柱状图图表。

第一步,创建 HTML 页面。

在保存 echarts.js 的文件夹新建一个 index1.html 文件,代码如下:

```html
<!DOCTYPE html>
<html>
  <head>
    <meta charset = "utf - 8" />
    <!-- 引入下载的 ECharts 文件 -->
    <script src = "echarts.js"></script>
  </head>
</html>
```

第二步,为 ECharts 准备一个具备高宽的 DOM 容器。

在绘图前需要为 ECharts 准备一个定义了高宽的 DOM 容器。在</head>之后添加,代码如下:

```html
<body>
  <!-- 为 ECharts 准备一个定义了宽高的 DOM -->
  <div id = "main" style = "width: 600px;height:400px;"></div>
</body>
```

实例中,id 为 main 的 div,用于包含 ECharts 绘制的图表。

第三步,初始化 echarts 实例对象。

通过 echarts.init()方法初始化一个 echarts 实例对象。代码如下:

```javascript
// 基于准备好的 DOM 容器,初始化 echarts 实例
var myChart = echarts.init(document.getElementById('main'));
```

ECharts 从初始一直使用 Canvas 绘制图表。而 ECharts v4.0 以后发布了 SVG 渲染器，从而提供了一种新的选择。只需在初始化一个 echarts 图表实例对象时，设置 renderer 参数为'canvas'或'svg'即可指定渲染器。

```
// 使用 Canvas 渲染器(默认)
var mychart = echarts.init(document.getElementById('main'));
// 使用 SVG 渲染器
var mychart = echarts.init(document.getElementById('main'), null, { renderer: 'svg'});
```

至于选择哪种渲染器，一般来说，Canvas 更适合绘制图形元素数量较多(这一般是由数据量大导致的)的图表(如热力图、地理坐标系或平行坐标系上的大规模线图或散点图等)，也利于实现某些视觉特效。但是，在不少场景中，SVG 具有重要的优势：它的内存占用更低(这对移动端尤其重要)，并且用户使用浏览器内置的缩放功能时不会模糊。

第四步，设置配置信息。

ECharts 使用 json 格式来指定图表的配置项和数据。

```
var option = {
  title: {
    text: 'ECharts 入门示例'
  },
  tooltip: {},
  legend: {
    data: '销量'
  },
  ……//略
}
```

第五步，生成显示图表。

通过 echarts 实例对象调用 setOption(option)方法，使用 option 指定的配置项和数据，显示一个图表，如简单的柱状图。

下面是完整代码。

【例 6-1】 制作 ECharts 的商品销售情况柱状图。

代码如下：

```
<!DOCTYPE html>
<html>
  <head>
    <meta charset = "utf-8" />
    <title>ECharts</title>
    <!-- 引入下载的 ECharts 文件 -->
    <script src = "echarts.js"></script>
  </head>
  <body>
    <!-- 为 ECharts 准备一个定义了宽高的 DOM 容器 -->
    <div id="main" style = "width: 600px;height:400px;"></div>
    <script type = "text/javascript">
      // 基于准备好的 DOM 容器,初始化 echarts 实例
      var myChart = echarts.init(document.getElementById('main'));
      // 指定图表的配置项和数据
      var option = {
        title: { //标题
          text: 'ECharts 入门示例'
```

```
            },
        tooltip: {},
        legend: { //图例
            data: ['销量']
        },
        xAxis: {
            data: ['衬衫', '羊毛衫', '雪纺衫', '裤子', '高跟鞋', '袜子']
        },
        yAxis: {},
        series: [ //系列
            {
                name: '销量',
                type: 'bar',                     //柱状图
                data: [5, 20, 36, 10, 10, 20]
            } ]
        };
    myChart.setOption(option);                   //使用刚指定的配置项和数据显示图表
    </script>
</body>
</html>
```

运行效果如图 6-2 所示。

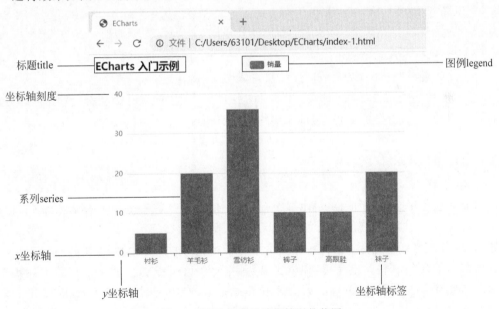

图 6-2　简单的商品销售情况柱状图

这里对图形中的各种组件进行简单注解,如图 6-1 所示。一张图表一般包含用于显示数据的网格区域、x 坐标轴、y 坐标轴(包括坐标轴标签、坐标轴刻度、坐标轴分隔线、坐标轴箭头)、标题、图例、数据系列等组件。

这些组件都在图表中扮演着特定的角色,表达了特定的信息。但这些组件并不都是必备的,当信息足够清晰时,可以精简部分组件,使得图表更加简洁。6.2 节将会对各种组件进行详细的介绍。

6.1.3 ECharts 基础概念解释

1. echarts 实例

一个网页中可以创建多个 echarts 实例。每个 echarts 实例中可以创建多个图表和坐标系等。DOM 节点作为 echarts 的渲染容器,每个 echarts 独占一个 DOM。

2. 系列(series)

系列是一组数值以及将数值映射成的图表。

一个系列包含的要素:一组数值、图表类型(series. type)以及其他的关于这些数据如何映射成图表的参数等。

(1) 图表类型(series. type)包括:line(折线图)、bar(柱状图)、pie(饼图)、scatter(散点图)、graph(关系图)、tree(树状图)等。

(2) 数据(series. data):图表使用的数值。

ECharts 4 以前,数据只能声明在各个"系列(series)"中,ECharts 4 开始支持 dataset 组件,用于单独的数据集声明,从而数据可以单独管理,被多个组件复用,并且可以基于数据指定数据到视觉的映射。

关于数据我们会在后面进行学习,这里不展开详细叙述。

(3) 通用的样式(series. itemStyle)。

通用的样式包括阴影、透明度、颜色、边框颜色、边框宽度等。

3. option 配置项

option 配置项表述了数据、数据如何映射成图形、交互行为。

例如,使用 option 配置项来描述对图表的各种需求,包括有什么数据、要画什么图表、图表长什么样子、含有什么组件、组件能操作什么事情等。

option 是个 JavaScript 对象,它的内部有大量的属性,每个属性是一类组件;而多个同类组件可以组成数组。

4. 坐标系

很多系列需要运行在"坐标系"上。例如,line(折线图)、bar(柱状图)等需要在"坐标系"上才能运行。

一个坐标系,可能由多个组件协作而成。我们以最常见的直角坐标系来举例。直角坐标系中包括 xAxis(直角坐标系 X 轴)、yAxis(直角坐标系 Y 轴)和 grid(网格)三种组件。

一个系列往往能运行在不同的坐标系中。例如,一个 scatter(散点图)能运行在直角坐标系、极坐标系、地理坐标系(GEO)等各种坐标系中。同样,一个坐标系也能承载不同的系列。

6.2 ECharts 配置项和组件

6.2.1 ECharts 常见配置项

ECharts 图表中常见的配置项参数如表 6-1 所示。

表 6-1　常见的配置项参数

参 数 名 称	参 数 含 义
option	图表的配置项和数据内容
backgroundColor	全图默认背景
color	数值系列的颜色列表
animation	是否开启动画,默认开启
title	定义图表标题,其中还可包含 text 主标题和 subtext 子标题
tooltip	提示框组件,鼠标悬浮交互时的信息提示
legend	图例组件,用于表述数据和图形的关联
toolbox	工具箱组件,每个图表最多仅有一个工具箱
dataView	数据视图
dataRange	值域
visualMap	视觉映射组件,用于将数据映射到视觉元素
dataZoom	区域缩放组件,仅对直角坐标系图表有效
markPoint	标记点,用于标记图表中特定的点
markLine	标记线,用于标记图表中特定的值
timeline	时间轴
grid	直角坐标系中除坐标轴外的绘图网格,用于定义直角系整体布局
series	数据系列,用于设置图表每个系列显示效果,一个图表可能包含多个系列,每个系列可能包含多个数据
roamController	缩放漫游组件,仅对地图有效
xAxis	直角坐标中的横坐标
yAxis	直角坐标中的纵坐标
polar	极坐标

下面对一些常用配置项进行举例说明。

1. 标题(title)

其为图表配置标题。代码如下:

```
title: {
    text: '第一个 ECharts 实例'
}
```

2. 提示框(tooltip)

其配置提示信息。代码如下:

```
tooltip: {
    formatter: "{a} <br/>{b} : {c} ({d}%)"      //例如,出现销量 羊毛衫:20
},
```

3. 图例组件(legend)

图例组件展现了不同系列的标记(symbol)、颜色和名字。可以通过单击图例控制哪些系列不显示。

代码如下:

```
legend: {
    data: [{
```

```
        name: '系列 1',
        // 强制设置图形为圆
        icon: 'circle',
        // 设置文本为红色
        textStyle: {
            color: 'red'
        }
    }]
}
```

4. X 轴（xAxis）

其配置要在 X 轴显示的项。代码如下：

```
xAxis: {
    data:["衬衫","羊毛衫","雪纺衫","裤子","高跟鞋","袜子"]
}
```

5. Y 轴（yAxis）

其配置要在 Y 轴显示的项。代码如下：

```
yAxis: {}
```

6. 系列列表（series）

每个系列通过 type 决定自己的图表类型。代码如下：

```
series: [{
    name: '销量',            //系列名称
    type: 'bar',             //系列图表类型
    data: [5, 20, 36, 10, 10, 20]    //系列中的数据内容
}]
```

每个系列通过 type 决定自己的图表类型。例如：

（1）type：'bar'：柱状/条形图；

（2）type：'line'：折线图；

（3）type：'pie'：饼图；

（4）type：'scatter'：散点（气泡）图；

（5）type：'radar'：雷达图。

ECharts 常见图表名称及含义见表 6-2。

表 6-2   ECharts 常见图表名称及含义

图 表 名 称	含 义	图 表 名 称	含 义
bar	条形图/柱状图	pie	饼图
scatter	散点（气泡）图	map	地图
funnel	漏斗图	overlap	组合图
gauge	仪表盘	line3D	3D 图
line	折线图/面积图	liquid	水滴球图

续表

图 表 名 称	含 义	图 表 名 称	含 义
parallel	平行坐标图	force	力导布局图
graph	关系图	tree	树状图
geo	地理坐标系	treemap	矩阵树状图
boxplot	箱形图	evnetRiver	事件河流图
effectScatter	带有涟漪特效动画的散点图	heatmap	热力图
radar	雷达图	candlestick	K 线图
chord	和弦图	wordCloud	词云

每个系列都有自己的数据(series. data)。图 6-3 所示的 option 中声明了 3 个系列(series)：pie(饼图系列)、line(折线图系列)、bar(柱状图系列)，每个系列中有所需要的数据。

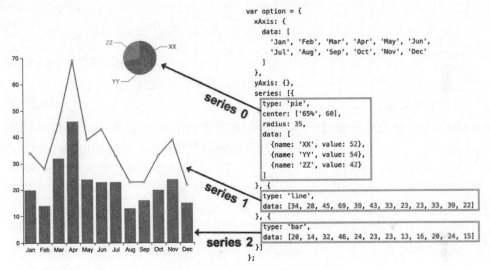

图 6-3 三个系列(series)的实例

需要说明，ECharts 中的配置项非常多，开发者很难记忆所有的配置项。为了在绘制图表时，能够方便、快速地查询所需要的配置项内容，需要了解 ECharts 官方文档(详见前言二维码)的查询方法。此外，ECharts 文档不要期望一天就能够看完整个文档，并理解文档的所有内容，而应该将文档看成一部参考手册，在使用 ECharts 绘制图表时，应该知道如何随时快速地查询。

对于 ECharts 这么庞大的文档，没有必要记忆，也不太可能记忆全部配置项的内容。因此，只需记住几个常用配置项的英文单词即可，如 title、legend、toolbox、tooltip 等。在 ECharts 的官网中，最为重要的文档为实例、教程、API 和配置项手册。

6.2.2 ECharts 样式设置

1. 调色盘

调色盘给定了一组颜色，图形、系列会自动从其中选择颜色。调色盘可以在 option 中设置。

可以设置全局的调色盘，也可以设置系列自己专属的调色盘。例如：

```
option = {
    // 全局调色盘
    color: ['#c23531','#2f4554', '#61a0a8', '#d48265', '#91c7ae','#749f83', '#6e7074',
'#c4ccd3'],
    series: [{
        type: 'bar',
        //此系列自己的调色盘
        color: ['#dd6b66','#759aa0','#e69d87','#8dc1a9','#ea7e53',,'#73b9bc','#7289ab',
'#f49f42'],
        ...
    }, {
        type: 'pie',
        // 此系列自己的调色盘
        color: ['#37A2DA', '#32C5E9', '#67E0E3', '#9FE6B8', '#FFDB5C', '#E690D1',
'#e7bcf3', '#9d96f5', '#8378EA', '#96BFFF'],
        ...
    }]
}
```

如果系列没设置自己专属的调色盘,就使用全局调色盘。

2. 直接的样式设置

直接的样式设置是比较常用的设置方式。纵观 ECharts 的 option 中,很多地方可以设置,如 itemStyle、lineStyle、areaStyle、label 等。这些地方可以直接设置图形元素的颜色、线宽、点的大小、标签的文字、标签的样式等。

一般来说,ECharts 的各个系列和组件,都遵从这些命名习惯,虽然不同图表和组件中, itemStyle、label 等可能出现在不同的地方。

(1) itemStyle。

itemStyle 参数可以设置诸如阴影、透明度、颜色、边框颜色、边框宽度等。例如:

```
itemStyle: {
        borderWidth :5,                        //边框宽度,用于设置数据图形元素的边框宽度
        borderType:                            //边框类型,用于设置数据图形元素的边框类型属性
        color: 'rgba(22,75,247,0.1)',          //用于设置数据图形元素的颜色
        //添加阴影效果
        shadowBlur: 20,                        //阴影的大小
        shadowColor: 'rgba(0, 0, 0, 0.5)'
    }
}
```

(2) lineStyle。

lineStyle 的属性值用来实现基本线条样式的展现,例如,可以通过设置线条的颜色、宽度、类型等属性来定义线条的基本风格。具体属性如下:

```
lineStyle: {
        color: 'red',                    //线条颜色
        width: 2,                        //线条宽度
        type: 'solid',                   //线条类型
        smooth: false                    //是否平滑
        //添加线条阴影效果,增强线条的立体感和层次感
```

```
        shadowColor: 'rgba(0, 0, 0, 0.5)',
        shadowBlur: 10,
        shadowOffsetX: 5,
        shadowOffsetY: 5
}
```

通过设置 type 属性为 linear 或者 radial,可以让线条呈现渐变色样式。其中,linear 表示线性渐变,而 radial 则表示径向渐变。同时,还需要设置 color 属性来指定线条渐变色的起始和结束颜色值。需要注意的是,线性渐变需要同时指定起点和终点位置,而径向渐变则只需要指定中心点和半径大小。

```
lineStyle: {
        // 线性渐变
        type: 'linear',
        x: 0, y: 0,
        x2: 0, y2: 1,
        color: ['#000000', '#ffffff']
        // 径向渐变
        type: 'radial',
        x: 0.5, y: 0.5,
        r: 0.5,
        color: ['#000000', '#ffffff']
}
```

（3）label。
设置标签的文字。

```
label: {
    show: true,
    formatter: '显示的标签内容'               //标签的文字
}
```

3. 高亮的样式

在鼠标悬浮到图形元素上时,一般会出现高亮的样式。在默认情况下,高亮的样式是根据普通样式自动生成的。

如果要自定义高亮样式可以通过 emphasis 参数来定制,例如:

```
emphasis: {//高亮样式
    itemStyle: {
        //高亮时的颜色
        color: 'red'
    },
    label: {
        show: true,
        //高亮时标签的文字
        formatter: '高亮时显示的标签内容'
    }
},
```

6.2.3　ECharts 直角坐标系下的网格及坐标轴

在 ECharts 的直角坐标系下,有两个重要的组件:网格(grid)和坐标轴(axis)。

ECharts 中的网格是直角坐标系下定义网格布局和大小及其颜色的组件,用于定义直角坐标系整体布局。如果在一个容器中定义多图表,则网格定义图表的位置。ECharts 中的网格组件中所有属性参数如表 6-3 所示。

表 6-3　网格组件中所有属性参数

参　　数	默　认　值	描　　述
zlevel	0	一级层叠控制,每个不同的 zlevel 将产生一个独立的 Canvas,相同的 zlevel 组件或图标将在同一个 Canvas 上渲染。zlevel 越高,其越靠顶层。Canvas 对象增多会消耗更多内存和性能,且不建议设置过多 zlevel,大部分情况可以通过二级层叠控制 z 实现层叠控制
z	2	二级层叠控制,同一个 Canvas(相同 zlevel)上,z 越高,其越靠顶层
x 或 top	80	直角坐标系内绘图网格左上角横坐标,数值单位为 px,支持百分比(字符串),如'50％'(显示区域横向中心)
y 或 left	60	直角坐标系内绘图网格左上角纵坐标,数值单位为 px,支持百分比(字符串),如'50％'(显示区域纵向中心)
$x2$ 或 right	80	直角坐标系内绘图网格右下角横坐标,数值单位为 px,支持百分比(字符串),如'50％'(显示区域横向中心)
$y2$ 或 bottom	0	直角坐标系内绘图网格右下角纵坐标,数值单位为 px,支持百分比(字符串),如'50％'(显示区域纵向中心)
width	'auto'	直角坐标系内绘图网格(不含坐标轴)宽度,数值单位为 px,指定 width 后将忽略 $x2$,见图 6-4。支持百分比(字符串),如'50％'(显示区域一半的宽度)
height	'auto'	直角坐标系内绘图网格(不含坐标轴)高度,数值单位为 px,指定 height 后将忽略 $y2$,见图 6-4,支持百分比(字符串),如'50％'(显示区域一半的高度)
backgroundColor	'transparent'	背景颜色
borderWidth	1	网格的边框线宽
borderColor	'#ccc'	网格的边框颜色

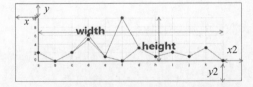

图 6-4　定义网格布局和大小的 6 个参数

定义网格布局和大小的 6 个参数如图 6-4 所示。

由 ECharts 网格组件参数表和图可知,共有 6 个主要参数定义网格布局和大小。其中,x 与 y 用于定义网格的左上角的位置;$x2$ 与 $y2$ 用于定义网格的右下角的位置;width 与 height 用于定义网格的宽度和高度;指定 width 后将忽略 $x2$,指定 height 后将忽略 $y2$。

直角坐标系下有 3 种类型的坐标轴(axis):类目型(category)、数值型(value)和时间型(time)。

(1)类目型:必须指定类目列表,坐标轴内有且仅有这些指定类目坐标。

(2)数值型:需要指定数值区间,如果没有指定,将由系统自动计算,从而确定计算数值范围,坐标轴内包含数值区间内的全部坐标。

(3)时间型:时间型坐标轴用法与数值型的非常相似,只是目标处理和格式化显示时会自动转变为时间,并且随着时间跨度的不同而自动切换需要显示的时间粒度。例如,时间跨度为一年,系统将自动显示以月为单位的时间粒度;时间跨度为几个小时,系统将自动显示以分钟为单位的时间粒度。

坐标轴组件的属性如表 6-4 所示。

表 6-4　坐标轴组件的属性

属　　　性	默　认　值	描　　　述
type	'category'、'value'、'time'	坐标轴类型,横轴默认为类目型'category',纵轴默认为数值型'value'
show	true	是否显示坐标轴,可选为 true(显示)或 false(隐藏)
position	'bottom'、'left'	坐标轴类型,横轴默认为类目型'bottom',纵轴默认为数值型'left',可选为'bottom'、'top'、'left'、'right'
name	' '	坐标轴名称
nameLocation	'end'	坐标轴名称位置,可选为'start'、'middle'、'center'、'end'
nameTextStyle	{ }	坐标轴名称文字样式,颜色跟随 axisLine 主色
boundaryGap	true	类目起始和结束两端的空白策略,默认为 true(留空),false 则为顶头
min	null	指定的最小值
max	null	指定的最大值
scale	false	是否脱离 0 值比例,设置成 true 后,坐标刻度不会强制包含零刻度;在设置 min 和 max 之后,该配置项无效
splitNumber	null	分割段数,不指定时根据 min、max 算法调整
axisLine	null	坐标轴线,详见坐标轴组件属性示意图
axisTick	null	坐标轴刻度标记,详见坐标轴组件属性示意图
axisLabel	null	坐标轴文本标签,详见坐标轴组件属性示意图
splitLine	null	分隔线,详见坐标轴组件属性示意图
splitArea	null	分隔区域,详见坐标轴组件属性示意图
data	[ ]	类目列表,同时也是 label 内容
gridIndex	0	对应坐标轴所在 grid 的索引

坐标轴组件属性示意图如图 6-5 所示。

【例 6-2】 举例说明坐标轴组件的使用。如图 6-6 左侧的 y 轴代表某市月平均气温;右侧的 y 轴表示某市降水量;x 轴表示时间。两组 y 轴在一起,反映了平均气温和降水量间的趋势关系。

具体设置代码如下:

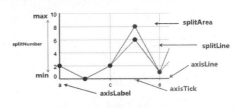

图 6-5　坐标轴属性示意

```
option = {
  tooltip: {
    trigger: 'axis',
    axisPointer: { type: 'cross' }
  },
  legend: {},
```

```
xAxis: [
  {
    type: 'category',                  //类目型数据
    axisTick: {
      alignWithLabel: true
    },
    data: ['1月','2月','3月','4月','5月','6月','7月','8月','9月','10月','11月','12月']
  }
],
yAxis: [
  {
    type: 'value',
    name: '降水量',
    min: 0, max: 250,
    position: 'right',                  //显示在网格的右侧
    axisLabel: {                        //Y坐标轴文本标签,显示降水量系列1数据
      formatter: '{value} ml'
    }
  },
  {
    type: 'value',
    name: '温度',
    min: 0, max: 25,
    position: 'left',                   //显示在网格的左侧
    axisLabel: {                        //Y坐标轴文本标签,显示温度系列2数据
      formatter: '{value} ℃'
    }
  }
],
series: [
  { //系列1
    name: '降水量',
    type: 'bar',
    yAxisIndex: 0,
    data: [6, 32, 70, 86, 68.7, 100.7, 125.6, 112.2, 78.7, 48.8, 36.0, 19.3]
  },
  { //系列2
    name: '温度',
    type: 'line',
    smooth: true,
    yAxisIndex: 1,
    data: [6.0,10.2,10.3,11.5,10.3,13.2,14.3,16.4,18.0,16.5,12.0,5.2]
  }
]
};
myChart.setOption(option);             //使用刚指定的配置项和数据显示图表
```

运行效果如图 6-6 所示。

6.2.4 ECharts 交互组件

ECharts 提供了很多交互组件:标题组件(title)、图例组件(legend)、工具箱组件(toolbox)、提示框组件(tooltip)、视觉映射组件(visualMap)和数据区域缩放组件(dataZoom)。

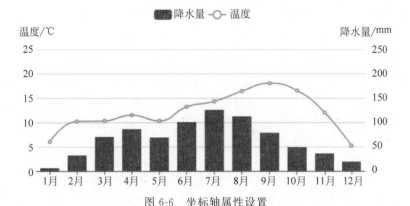

图 6-6　坐标轴属性设置

1. 标题组件

标题组件(title)，顾名思义就是图表的标题，它是 ECharts 中的一个比较简单的组件。标题组件包含主标题和副标题。使用 title 标题需注意，在 ECharts 3 以上中可以存在任意多个标题组件，这需要进行排版。

标题组件具有许多属性，例如：

```
title:{
    show:"true",                        //是否显示标题,默认显示,可以不设置
    text:" ECharts 入门示例",            //图表标题文本内容
    link:"http://echarts.baidu.com/",   //点击标题内容要跳转的链接
    target:"blank",//跳转链接打开方式,blank 是新窗口打开,self 是自身窗口打开,跟 a 标签一样
    textStyle:{                         //标题内容的样式
        color:'#e4393c',               //京东红
        fontStyle:'normal',//主标题文字字体风格,默认 normal,有 italic(斜体),oblique(斜体)
        fontWeight:"lighter",//可选 normal(正常),bold(加粗),bolder(加粗),lighter(变细)
        fontFamily:"san - serif",       //主题文字字体,默认微软雅黑
        fontSize:18                     //主题文字字体大小,默认为 18px
    }
    subtext:"树懒课堂",                  //副标题文本内容,如果需要副标题就配置这一项
    padding:5,                          //各个方向的内边距,默认是 5,可以自行设置
    itemGap:10,                         //主标题和副标题之间的距离,可自行设置
    left:"center",//left 的值可以是像 20 这样的具体像素值,可以是像 '20%' 这样相对于容器
高宽的百分比,也可以是 'left', 'center', 'right',如果 left 的值为'left', 'center', 'right',组件
会根据相应的位置自动对齐。
    top:"center",                       // top 值同 left 的取值
    right:"auto",//right 的值可以是像 20 这样的具体像素值,可以是像 '20%'百分比。
    bottom:"auto",//bottom 的值可以是像 20 这样的具体像素值,可以是像 '20%'百分比。
    backgroundColor:"#ccc",//标题背景色,默认透明,颜色可以使用 RGB 表示,比如 'rgb(128,
128, 128)',也可以使用十六进制格式,如'#ccc'
    borderColor:"red",//标题的边框颜色,颜色格式支持同 backgroundColor
    borderWidth:2,                      //标题边框线宽,默认为 0,可自行设置
    shadowBlur: 10,//图形阴影的模糊大小。该属性配合 shadowColor, shadowOffsetX,
shadowOffsetY 一起设置图形的阴影效果。
    shadowColor: "black",
    shadowOffsetX: 0,
    shadowOffsetY: 0,
}
```

在标题属性设置中,若 left 属性设置成'center',则标题会自动水平居中;若 top 属性设置成'center',则标题会自动垂直居中。

2. 图例组件

图例组件(legend)是 ECharts 中较为常用的组件,它用于以不同的颜色区别系列标记的名字,表述了数据与图形的关联。用户在操作时,可以通过单击图例控制哪些数据系列显示或不显示。为了完善整个图表,需要配置和使用 ECharts 中的图例组件。图例组件具有许多属性,例如:

```
legend = {
    show:true,                          //是否显示
    zlevel:0,                           //所属图形的 Canvas 分层,zlevel 大的 Canvas 会放在 zlevel
                                        //小的 Canvas 的上面
    z:2,                                //所属组件的 z 分层,z 值小的图形会被 z 值大的图形覆盖
    left:"center",                      //组件离容器左侧的距离,'left','center','right','20%'
    top:"top",                          //组件离容器上侧的距离,'top','middle','bottom','20%'
    right:"auto",                       //组件离容器右侧的距离,'20%'
    bottom:"auto",                      //组件离容器下侧的距离,'20%'
    width:"auto",                       //图例宽度
    height:"auto",                      //图例高度
    orient:"horizontal",                //图例排列方向
    align:"auto",                       //图例标记和文本的对齐,left,right
    padding:5,                          //图例内边距,单位 px 5 [5, 10] [5,10,5,10]
    itemGap:10,                         //图例每项之间的间隔
    itemWidth:25,                       //图例标记的图形宽度
    itemHeight:14,                      //图例标记的图形高度
    //formatter 用来格式化图例文本,支持字符串模板和回调函数两种形式
    formatter: 'Legend {name}'          //使用字符串模板,模板变量为图例名称 {name}
    formatter: function (name) {        //使用回调函数
        return 'Legend ' + name;
    }
    selectedMode:"single",              //图例选择的模式,true 开启,false 关闭,single 单选,
                                        //multiple 多选
    inactiveColor:"#ccc",               //图例关闭时的颜色
    textStyle:mytextStyle,              //文本样式
    data:['类别1', '类别2', '类别3'],      // series 中的名称
    backgroundColor:"transparent",      //标题背景色
    borderColor:"#ccc",                 //边框颜色
    borderWidth:0,                      //边框线宽
    shadowColor:"red",                  //阴影颜色
    shadowOffsetX:0,                    //阴影水平方向上的偏移距离
    shadowOffsetY:0,                    //阴影垂直方向上的偏移距离
    shadowBlur:10,                      //阴影的模糊大小
};
```

实际上,图例组件主要使用的是 data 属性:

```
data:['类别1', '类别2', '类别3'], //series 中的名称
```

data 中的数据要和 series 系列中的名字一致,否则无法显示。

【例 6-3】 制作有两个系列的 ECharts 柱状图。对例 6-1 的商品销售柱状图增加 1 月的系列数据,即包括 1 月和 2 月的销售情况。同时在柱状图上方显示 1 月销量和 2 月销量图例,如图 6-7 所示。

```
<!DOCTYPE html>
<html>
  <head>
    <meta charset = "utf-8" />
    <title>2个系列的 ECharts 柱状图</title>
    <script src = "echarts.js"></script>
  </head>
  <body>
    <!-- 为 ECharts 准备一个定义了宽高的 DOM 容器 -->
    <div id = "main" style = "width: 600px;height:400px;"></div>
    <script type = "text/javascript">
      // 基于准备好的 DOM 容器,初始化 ECharts 实例
      var myChart = echarts.init(document.getElementById('main'));
      // 指定图表的配置项和数据
      var option = {
        title: {
          text: 'ECharts 入门示例'
        },
        tooltip: {},
        legend: {
          data: ['1 月销量','2 月销量']
        },
        xAxis: {
          data: ['衬衫', '羊毛衫', '雪纺衫', '裤子', '高跟鞋', '袜子']
        },
        yAxis: {},
        series: [
          {
            name: '1 月销量',
            type: 'bar',
            data: [5, 20, 36, 10, 10, 20]
          },
          {
            name: '2 月销量',
            type: 'bar',
            data: [12, 23, 30, 15, 19, 30]
          }
        ]
      };
      myChart.setOption(option);        //使用刚指定的配置项和数据显示图表
    </script>
  </body>
</html>
```

运行效果如图 6-7 所示。此图例显示的是 1 月和 2 月的销量。若单击 1 月销量图例,则 1 月销量数据系列消失,仅显示 2 月销量数据系列。

3. 工具箱组件

ECharts 中的工具箱(toolbox)组件功能非常强大,其内置有 6 个子工具,包括导出图片(saveAsImage)、重置(restore)、数据视图(dataView)、数据区域缩放(dataZoom)、动态类型切换(magicType)和标记(mark)。

工具箱组件中最主要的属性是 feature,是工具箱组件的配置项。6 个子工具的配置都需要在 feature 中实现。

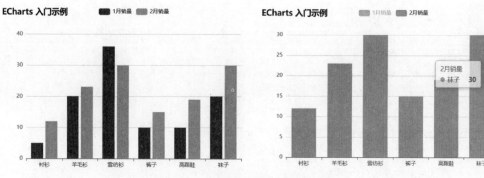

图 6-7　显示商品销售情况柱状图

下面分别介绍 toolbox 内 6 个自带的工具。

（1）导出图片（saveAsImage）。

这个工具可以把图表保存为图片。常用的参数属性如下。

type：保存图片的格式，支持'png' 和'jpeg'格式。

name：保存文件的名字。

backgroundColor：保存图片的背景色。

show：是否显示该工具。

例如：

```
saveAsImage : {                     //保存为图片
    show: true,                     //是否显示该工具
    type:"png",                     //保存的图片格式。支持 'png' 和 'jpeg'
    name:"pic1",                    //保存的文件名称，默认使用 title.text 作为名称
    backgroundColor:"♯ffffff",      //保存的图片背景色,如果 backgroundColor 不存在的取白色
    title:"保存为图片",
    pixelRatio:1                    //保存图片的分辨率比例,默认跟容器相同大小,如果需要保存
                                    //更高分辨率的,可以设置为大于 1,如 2
},
```

（2）重置（restore）。

这个工具可以将配置项还原。主要的参数属性如下。

show：是否显示该工具。

title：重置工具标题名。

例如：

```
restore : {                 //配置项还原
    show: true,             //是否显示该工具
    title:"还原",            //标题名
},
```

（3）数据视图（dataView）。

数据视图工具可以展现当前图表所用的数据，编辑后可以动态更新。主要参数属性：

show：是否显示该工具。

readOnly：是否不可编辑（只读）。

backgroundColor：数据视图浮层背景色。

例如：

```
dataView : { //数据视图工具,可以展现当前图表所用的数据,编辑后可以动态更新
    show: true,                         //是否显示该工具
    title:"数据视图",
    readOnly: false,                    //可编辑
    lang: ['数据视图', '关闭', '刷新'],   //数据视图上有三个按钮文字默认是['数据视图''关闭'
                                        //'刷新']
    backgroundColor:"＃fff",            //数据视图浮层背景色。
    textareaColor:"＃fff",              //数据视图浮层文本输入区背景色
    textareaBorderColor:"＃333",        //数据视图浮层文本输入区边框颜色
    textColor:"＃000",                  //文本颜色
    buttonColor:"＃c23531",             //按钮颜色
    buttonTextColor:"＃fff",            //按钮文本颜色
},
```

（4）数据区域缩放（dataZoom）。

数据区域缩放工具目前只支持直角坐标系的缩放（这里的含义就是柱状体,折线图可以缩放,但是像饼图就不能缩放）。主要参数属性如下。

show：是否显示该工具。

title：缩放和还原的标题文本。

xAxisIndex：指定哪些 xAxis 被控制。如果默认,则控制所有的 x 轴；如果设置为false,则不控制任何 x 轴；如果设置成3,则控制 axisIndex 为 3 的 x 轴；如果设置为[0,3],则控制 axisIndex 为 0 和 3 的 x 轴。

yAxisIndex：指定哪些 yAxis 被控制。如果默认,则控制所有的 y 轴；如果设置为false,则不控制任何 y 轴；如果设置成3,则控制 axisIndex 为 3 的 y 轴；如果设置为[0,3],则控制 axisIndex 为 0 和 3 的 y 轴。

例如：

```
dataZoom :{                     //数据区域缩放
    show: true,                 //是否显示该工具
    title:"缩放",               //缩放和还原的标题文本
    xAxisIndex:0,               //指定 axisIndex 为 0 的 xAxis 被控制
    yAxisIndex:false,           //不控制任何 y 轴
},
```

（5）动态类型切换（magicType）。

这个工具可以动态地进行图表类型的切换。主要参数属性如下。

show：是否显示该工具。

type：数组,启用的动态类型,包括'line'（切换为折线图）、'bar'（切换为柱状图）、'stack'（切换为堆叠模式）、'tiled'（切换为平铺模式）。

例如：

```
magicType: {                    //动态类型切换
    show: true,
    title:"切换",               //各个类型的标题文本,可以分别配置
    type: ['line', 'bar'],      //启用的动态类型,仅有折线图和柱状图切换类型
},
```

（6）标记（mark）。

这个工具是辅助线开关。

```
mark : {                          // 辅助线开关
    show: true
},
```

假如对工具箱组件进行如下配置：

```
toolbox: {                        //配置工具箱组件
    show: true,
    feature: {
        mark: { show: true }, dataView: { show: true, readOnly: false },
        magicType: { show: true, type: ['line', 'bar', 'stack', 'tiled'] },
        restore: { show: true }, saveAsImage: { show: true }
    }
},
```

以上工具箱组件配置效果如图 6-8 所示。

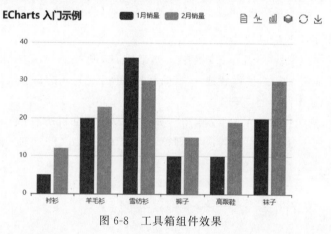

图 6-8　工具箱组件效果

图 6-8 中单击"数据视图工具"📄出现图 6-9 所示表格，可以动态修改数据刷新图表。

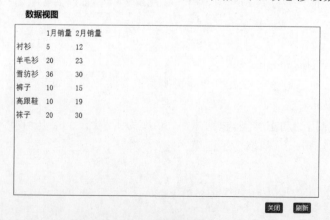

图 6-9　数据视图

在图 6-8 中单击"切换为折线图工具"，弹出图 6-10 所示折线图效果，当然也可以单击"切换为柱状图工具" 恢复成柱状图,以及单击"切换为堆叠工具" 切换为如图6-11
所示的堆叠图效果。

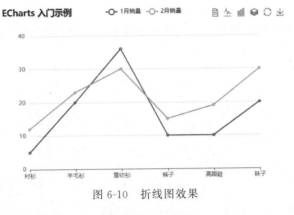

图6-10   折线图效果

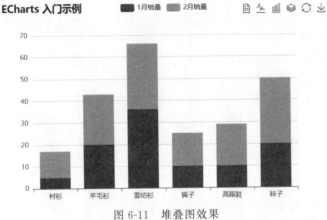

图6-11   堆叠图效果

除了各个内置的工具按钮外,开发者还可以自定义工具按钮。注意,自定义的工具名字
只能以my开头,如myTool1、myTool2。例如:

```
toolbox: {
    feature: {
        myTool1: {                    //自定义工具按钮
        show: true,
        title: '自定义扩展方法1',
        icon: 'image://http://echarts.baidu.com/images/favicon.png',
        onclick: function (){
            alert('myToolHandler1')
        }
    },
```

4. 提示框组件

提示框组件(tooltip)又称为气泡提示框组件或弹窗组件,也是一个功能比较强大的组
件。当鼠标滑过图表中的数据标签时,会自动弹出一个小窗体,展现更详细的数据。有时为
了更友好地显示数据内容,还需要对显示的数据内容做格式化处理,或添加自定义内容。

提示框组件可以设置在多种地方。

- 设置在全局,即 tooltip。
- 设置在坐标系中,即 grid. tooltip、polar. tooltip、single. tooltip。
- 设置在系列中,即 series. tooltip。
- 设置在系列的每个数据项中,即 series. data. tooltip。

下面举例说明 tooltip 的一些常用属性。

(1) 提示内容文本设置:textStyle。

代码如下:

```
textStyle:{
    align:'left'          //有'center''left''right'取值
    color: '#FFF',        // 文字的颜色
    fontStyle: 'normal',  // 文字字体的风格('normal',无样式; 'italic',斜体; 'oblique',倾斜字体)
    fontWeight: 'normal', // 文字字体的粗细('normal',无样式; 'bold',加粗; 'bolder',加粗的基础
                          //上再加粗; 'lighter',变细; 数字定义粗细也可以,取值范围100~700)
    fontSize: '20',       // 文字字体大小
    lineHeight: '50',     // 行高
}
```

其中,align 的值可以有'center''left''right',分别代表"居中对齐""左对齐""右对齐"。

(2) 提示框触发方式:trigger。

tooltip 的 trigger 的值可以有'item''axis'。

'item':鼠标移到数据项图形触发,主要在散点图、饼图等无类目轴的图表中使用。

'axis':鼠标移到坐标轴触发,主要在柱状图、折线图等会使用类目轴的图表中使用。

'none':不触发。

例如:

```
trigger: 'item'      //鼠标移到数据项图形触发
```

(3) 提示框触发的条件:tooltip. triggerOn。

tooltip 的 triggerOn 的值可以有:

'mousemove':鼠标移动时触发。

'click':鼠标点击时触发。

'mousemove|click':同时鼠标移动和单击时触发。

'none':不在'mousemove'或'click'时触发。用户可以通过 action. tooltip. showTip 和 action. tooltip. hideTip 来手动触发和隐藏,也可以通过 axisPointer. handle 来触发或隐藏。

例如:

```
triggerOn: 'mousemove|click',              // 提示框触发的条件,同时鼠标移动和单击时触发
```

(4) 提示框的格式:formatter。

提示框的格式主要分为两种:字符串模板和自定义函数(回调函数)。

第 1 种,字符串模板。

模板变量有{a}、{b}、{c}、{d}、{e},分别表示系列名、数据名、数据值等。在 trigger 为 'axis'的时候,会有多个系列的数据,此时可以通过{a0}、{a1}、{a2}这种后面加索引的方式表示系列的索引。

不同图表类型下的{a},{b},{c},{d}含义不一样。其中变量{a},{b},{c},{d}在不同图表类型下代表数据含义为：

- 折线(区域)图、柱状(条形)图、K线图：{a}(系列名称),{b}(类目值),{c}(数值),{d}(无)。
- 散点图(气泡)图：{a}(系列名称),{b}(数据名称),{c}(数值数组),{d}(无)。
- 地图：{a}(系列名称),{b}(区域名称),{c}(合并数值),{d}(无)。
- 饼图、仪表盘、漏斗图：{a}(系列名称),{b}(数据项名称),{c}(数值),{d}(百分比)。

第2种，自定义函数(回调函数)。

回调函数格式：

```
(params: Object|Array, ticket: string, callback: (ticket: string, html: string)) => string
```

第一个参数 params 是 formatter 需要的数据集。

例如，下面代码实现在柱状图中，当鼠标指针滑过图表中的图形元素时，图表中出现更为详细的信息。

```
tooltip: {
    show: true,                                    // 是否显示提示框组件
    trigger: 'axis',                               // 触发类型'item',数据项图形触发
    confine: true,                                 // 是否将 tooltip 框限制在图表的区域内
    backgroundColor: 'rgba(150,150,150,0.7)',      // 提示框浮层的背景颜色
    formatter: "{a} <br/>{b} : {c} ({d}%)"         // 例如,出现1月销量 羊毛衫:20
}
```

5. 视觉映射组件

视觉映射组件(visualMap)用于将数据映射到颜色、大小等视觉属性上。ECharts 的每种图表本身就内置了这种映射过程，之前学习到的柱形图就是将数据映射到长度。此外，ECharts 还提供了 visualMap 组件来提供通用的视觉映射。

visualMap 组件中可以使用的视觉元素有以下8个。

- 图形类别(symbol)。
- 图形大小(symbolSize)。
- 颜色(color)。
- 透明度(opacity)。
- 颜色透明度(colorAlpha)。
- 颜色明暗度(colorLightness)。
- 颜色饱和度(colorSaturation)。
- 色调(colorHue)。

visualMap 组件可以定义多个，从而可以同时对数据中的多个维度进行视觉映射。

(1) visualMap 组件分类。

visualMap 组件可以定义为分段型(visualMapPiecewise)或连续型(visualMapContinuous)，通过 type 来区分。例如：

```
option = {
    visualMap: [
        { // 第一个 visualMap 组件
            type: 'continuous',                //定义为连续型 visualMap
            ...
        },
        { // 第二个 visualMap 组件
            type: 'piecewise',                 //定义为分段型 visualMap
            ...
        }
    ],
    ...
};
```

(2) 视觉映射方式的配置。

visualMap 中可以将数据的指定维度映射到对应的视觉元素上。

```
option = {
    series :{
        name: 'pm2.5',
        type: 'scatter',
data: [
        {name: 'Shanghai', value: 251},
        {name: 'Haikou', value: 21},
        //设置 `visualMap: false` 则 visualMap 不对此项进行控制,此时系列
        //可使用自身的视觉参数(color/symbol/ ...控制此项的显示
        {name: 'Beijing', value: 821, visualMap: false},
        ...
        ]}
    visualMap: [
        {
            type: 'piecewise'
            min: 0,
            max: 300,
            dimension: 1,                    //series.data 的第 2 个维度(即 value)被映射
            inRange: {                       //选中范围中的视觉配置
                color: ['blue', '#121122', 'red'],   //定义了图形颜色映射的颜色列表
                //数据最小值映射到'blue'上,最大值映射到'red'上,其余自动线性计算
                symbolSize: [0, 300]         //定义了图形尺寸的映射范围
                //数据最小值映射到 0 上,最大值映射到 300 上,其余自动线性计算
            },
            outOfRange: {                    //选中范围外的视觉配置
                symbolSize: [30, 100]        //定义了图形尺寸的映射范围
                //数据最小值映射到 30 上,最大值映射到 100 上,其余自动线性计算
            }
        },
        ...
    ]
};
```

使用如上配置,出现如图 6-12 所示的映射效果。

6. 数据区域缩放组件

dataZoom 组件是数据区域缩放组件,用于控制图表的数据范围。

下面介绍如何使用数据区域缩放组件 dataZoom。图 6-13 中下方灰色区域滑块是数据区域缩放组件,通过拖动两端可以缩放数据显示区域范围。

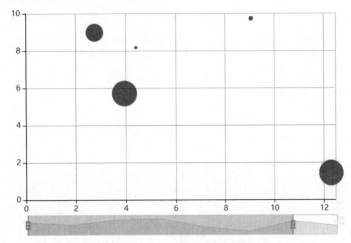

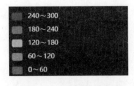

图 6-12 映射效果   图 6-13 数据区域缩放组件

通过设置 dataZoom 属性来添加数据区域缩放组件。

```
dataZoom: [
        {                        // 这个 dataZoom 组件,默认控制 x 轴
            type: 'slider',      //这个 dataZoom 组件是 slider 型 dataZoom 组件
            start: 10,           //左边在 10% 的位置
            end: 60              //右边在 60% 的位置
        }
    ],
```

【例 6-4】 制作使用数据区域缩放组件的散点图。

完整代码如下:

```
<!DOCTYPE html>
<html>
<head>
    <meta charset = "UTF - 8">
    <title> ECharts 数据区域缩放组件实例</title>
    <!-- 引入 echarts.js -->
    <script src = "https://cdn.staticfile.org/echarts/4.3.0/echarts.min.js"></script>
</head>
<body>
    <!-- 为 ECharts 准备一个具备大小(宽高)的 Dom -->
    <div id = "main" style = "width: 600px;height:400px;"></div>
    <script type = "text/javascript">
        // 基于准备好的 DOM,初始化 ECharts 实例
        var myChart = echarts.init(document.getElementById('main'));
        // 指定图表的配置项和数据
        var option = {
                xAxis: {
                    type: 'value'
```

```
            },
            yAxis: {
                type: 'value'
            },
            dataZoom: [
                {                            //这个 dataZoom 组件,默认控制 x 轴
                    type: 'slider',          //这个 dataZoom 组件是 slider 型 dataZoom 组件
                    start: 10,               //左边在 10% 的位置
                    end: 60                  //右边在 60% 的位置
                }
            ],
            series: [
                {
                    type: 'scatter',         //这是个散点图
                    itemStyle: {
                        opacity: 0.8          //透明度
                    },
                    symbolSize: function (val) {
                        return val[2] * 40;   //设置散点的大小
                    },
                    data: [["14.616","7.241","0.896"],["3.958","5.701","0.955"],
            ["2.768","8.971","0.669"],["9.051","9.710","0.171"],["14.046","4.182","0.536"],
            ["12.295","1.429","0.962"],["4.417","8.167","0.113"],
            ["14.242","5.042","0.368"]]
                }
            ]
        }
        // 使用刚指定的配置项和数据显示图表
        myChart.setOption(option);
    </script>
</body>
</html>
```

使用如上配置,出现如图 6-13 所示的运行效果。

6.2.5 ECharts 标记点和标记线

在一些折线图或柱状图中,可以经常看到图中对最高值和最低值进行了标记。

在 ECharts 中,标记点(markPoint)常用于表示最高值和最低值等数据,而有些图表中会有一个平行于 x 轴的、表示平均值等数据的虚线。

在 ECharts 中,标记线(markLine)常用于展示平均值等。为了更好地观察数据中的最高值、最低值和平均值等数据,需要在图表中配置和使用标记点与标记线。

1. 标记点

在 ECharts 中,标记点有最大值、最小值、平均值的标记点,也可以是任意位置上的标记点,它需要在 series 字段下进行配置。标记点的各种属性如表 6-5 所示。

表 6-5　标记点的属性

参　　数	默　认　值	描　　述
clickable	true	数据图形是否可单击,如果没有 click,则事件响应可以关闭
symbol	'pin'	标记点的类型,如果都一样,可以直接传 string

续表

参　　　数	默　认　值	描　　　述
symbolSize	50	标记点大小
symbolRotate	null	标记的旋转角度
large	false	是否启用大规模标线模式
itemStyle	{...}	标记图形样式属性
data	[ ]	标记图形数据

　　ECharts 中的标记线是一条平行于 x 轴的水平线，有最大值、最小值、平均值等数据的标记线，它也是在 series 字段下进行配置的。标记线的各种属性如表 6-6 所示。

表 6-6　标记线的属性

参　　　数	默　认　值	描　　　述
clickable	true	数据图形是否可单击，如果没有 click，则事件响应可以关闭
symbol	['circle', 'arrow']	标记线起始和结束的 symbol 介绍类型，默认循环选择类型有：'circle'、'rectangle'、'triangle'、'diamond'、'emptyCircle'、'emptyRectangle'、'emptyTriangle'、'emptyDiamond'
symbolSize	[2, 4]	标记线起始和结束的 symbol 大小，半宽（半径）参数，如果都一样，则可以直接传 number
symbolRotate	null	标记线起始和结束的 symbol 旋转控制
itemStyle	{...}	标记线图形样式属性
data	[ ]	标记线的数据数组

　　【例 6-5】　利用某商场商品的销量数据绘制柱状图，并利用标记点和标记线标记出数据中的最大值、最小值和平均值，如图 6-14 所示。

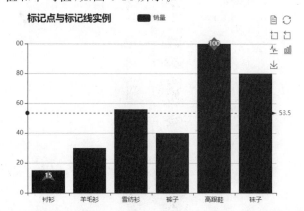

图 6-14　标记点和标记线标记出数据中的最大值、最小值和平均值

代码如下：

```
<!DOCTYPE html>
<html>
<head>
    <meta charset = "UTF - 8">
    <!-- 引入 ECharts 脚本 -->
    <script src = "js/echarts.js"></script>
</head>
```

```html
<body>
    <!--- 为 ECharts 准备一个具备大小(宽高)的 DOM -->
    <div id="main" style="width: 600px; height: 400px"></div>
    <script type="text/javascript">
        //基于准备好的 DOM,初始化 ECharts 图表
        var myChart = echarts.init(document.getElementById("main"));
        //指定图表的配置项和数据
        var option = {
            color: ['green', "red", 'blue', 'yellow', 'grey', '#FA8072'],  //使用自己预定义的颜色
            title: {                                          //配置标题组件
                x: 55,
                text: '标记点与标记线实例',
            },
            toolbox: {                                        //配置工具箱组件
                x: 520,
                show: true,
                feature: {
                    dataView: {                               //设置数据视图
                        show: true
                    },
                    restore: {
                        show: true
                    },
                    dataZoom: {                               //设置区域缩放
                        show: true
                    },
                    magicType: {                              //设置动态类型切换
                        show: true,
                        title: {
                            line: '动态类型切换 - 折线图',
                            bar: '动态类型切换 - 柱状图'
                        },
                        type: ['line', 'bar']
                    },
                    saveAsImage: {                            //保存图片
                        show: true
                    }
                }
            },
            tooltip: {                                        //配置提示框组件
                trigger: 'axis'
            },
            legend: {                                         //配置图例组件
                data: ['销量']
            },
            xAxis: {                                          //配置 x 轴坐标系
                data: ["衬衫", "羊毛衫", "雪纺衫", "裤子", "高跟鞋", "袜子"]
            },
            yAxis: {},                                        //配置 y 轴坐标系
            series: [{                                        //配置数据系列
                name: '销量',
                type: 'bar',                                  //设置柱状图
                data: [15, 30, 56, 40, 100, 80],
```

```
                markPoint: {                              //设置标记点
                    data: [
                        {
                            type: 'max', name: '最大值', symbol: 'diamond', symbolSize: 25,
                            itemStyle: {                  //设置标记点的样式
                                normal: { color: 'red' }
                            },
                        },
                        {
                            type: 'min', name: '最小值', symbol: 'arrow', symbolSize: 20,
                            itemStyle: {                  //设置标记点的样式
                                normal: { color: 'blue' }
                            },
                        } ]
                },
                markLine: {                               //设置标记线
                    data: [{
                        type: 'average', name: '平均值',
                        itemStyle:                        //设置标记点的样式
                        {
                            normal: { borderType: 'dotted', color: 'darkred' }
                        },
                    }],
                }
            }]
        };
        //使用刚指定的配置项和数据显示图表
        myChart.setOption(option);
    </script>
</body>
</html>
```

从图6-14可以看出，图表中利用标记点标记出了数据中的最小值为15，最大值为100，并利用标记线标记出了数据中的平均值为53.5。

6.3 ECharts 数据集

ECharts可以使用数据集（dataset）管理数据。数据集用于数据单独声明，从而使数据可以单独管理，被多个组件复用。

6.3.1 数据集的使用

下面举一个简单的dataset例子。例如，为3个系列提供数据，如果数据设置在系列（series）中，代码如下：

```
var option = {
    xAxis: {
        type: 'category',
        data: ['咖啡', '茶叶', '面包', '巧克力']
```

```
        },
        yAxis: {},
        series: [
            {
                type: 'bar', name: '2020',
                data: [89.3, 92.1, 94.4, 85.4]
            },
            {
                type: 'bar', name: '2021',
                data: [95.8, 89.4, 91.2, 76.9]
            },
            {
                type: 'bar', name: '2022',
                data: [97.7, 83.1, 92.5, 78.1]
            } ]
    };
```

这种把数据分割设置到各个系列(和类目轴)中,不利于多个系列共享一份数据,也不利于基于原始数据进行图表类型、系列的映射。

下面使用数据集为 3 个系列提供数据。

```
var option = {
    legend: {},
    tooltip: {},
    dataset: {                        // 提供一份数据集
        source: [
            ['食品', '2020', '2021', '2022'],
            ['咖啡', 43.3, 85.8, 93.7],
            ['茶叶', 83.1, 73.4, 55.1],
            ['面包', 86.4, 65.2, 82.5],
            ['巧克力', 72.4, 53.9, 39.1]
            ]
    },
    //声明 x 轴,类目轴(category)。在默认情况下,类目轴对应到 dataset 第一列
    xAxis: {type: 'category'},
    //声明 y 轴,数值轴
    yAxis: {},
    //声明 3 个 bar 系列,默认情况下,每个系列会自动对应到 dataset 的每一列(第一列除外)
    series: [
            {type: 'bar'},
            {type: 'bar'},
            {type: 'bar'}
        ]
};
myChart.setOption(option);            // 使用刚指定的配置项和数据显示图表
```

运行结果如图 6-15 所示。

数据集也可以使用常见的对象数组的格式。

```
dataset: {
        // 这里指定了维度名的顺序,从而可以利用默认的维度到坐标轴的映射
        dimensions: ['食品', '2020', '2021', '2022'],
```

```
        source: [
                {'食品': '咖啡', '2020': 43.3, '2021': 85.8, '2022': 93.7},
                {'食品': '茶叶', '2020': 83.1, '2021': 73.4, '2022': 55.1},
                {'食品': '面包', '2020': 86.4, '2021': 65.2, '2022': 82.5},
                {'食品': '巧克力', '2020': 72.4, '2021': 53.9, '2022': 39.1}]
    },
```

运行结果如图 6-15 所示。

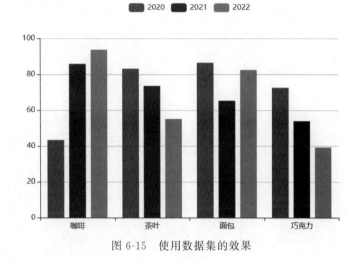

图 6-15　使用数据集的效果

6.3.2　数据集的行或列映射为系列

数据集可以使用 series.seriesLayoutBy 属性来配置 dataset 是列(column)还是行(row)映射为图形系列(series),默认是按照列(column)来映射。

【例 6-6】　使用两个坐标系将数据集的行或列分别映射为系列。

代码如下:

```
<!DOCTYPE html>
<html>
<head>
    <meta charset = "utf-8">
    <!-- 引入 echarts.js -->
    <script src = "https://cdn.staticfile.org/echarts/4.3.0/echarts.min.js"></script>
</head>
<body>
    <div id = "main" style = "width: 600px;height:400px;"></div>
    <script type = "text/javascript">
        var myChart = echarts.init(document.getElementById('main'));
        //指定图表的配置项和数据
        var option = {
                legend: {},
                tooltip: {},
                dataset: {
                        source: [
                                ['视频', '2012', '2013', '2014', '2015'],
                                ['咖啡', 41.1, 30.4, 65.1, 53.3],
```

```
                                    ['茶叶', 86.5, 92.1, 85.7, 83.1],
                                    ['巧克力', 24.1, 67.2, 79.5, 86.4]
                                ]
                        },
                        xAxis: [ //2 个 x 坐标轴(类目轴),分别位于 2 个网格 grid
                            {type: 'category', gridIndex: 0},
                            {type: 'category', gridIndex: 1}
                        ],
                        yAxis: [ //2 个 y 坐标轴,分别位于 2 个网格 grid
                            {gridIndex: 0},
                            {gridIndex: 1}
                        ],
                        grid: [ //2 个网格 grid 的位置
                            {y2:: '55 % '},
                            {y: '55 % '}
                        ],
                        series: [
                            //这几个系列会在第 1 个直角坐标系中,每个系列对应到 dataset 的每一行
                            {type: 'bar', seriesLayoutBy: 'row'},
                            {type: 'bar', seriesLayoutBy: 'row'},
                            {type: 'bar', seriesLayoutBy: 'row'},
                            //这几个系列会在第 2 个直角坐标系中,每个系列对应到 dataset 的每一列
                            {type: 'bar', xAxisIndex: 1, yAxisIndex: 1},
                            {type: 'bar', xAxisIndex: 1, yAxisIndex: 1},
                            {type: 'bar', xAxisIndex: 1, yAxisIndex: 1},
                            {type: 'bar', xAxisIndex: 1, yAxisIndex: 1}
                        ]
                    }
            myChart.setOption(option); //使用刚指定的配置项和数据显示图表
        </script >
    </body>
</html >
```

运行结果如图 6-16 所示。图中出现两个直角坐标系网格,在 grid 属性指定两个直角坐标系网格所在位置。这里指定第 1 个{y2: '55％'},相当于指定第 1 个直角坐标系网格右下角范围;指定第 2 个在{y: '55％'},即第 2 个直角坐标系网格顶部所在位置。第 1 个直角坐标系网格将 dataset 的行安放到系列上面,第 2 个直角坐标系网格将 dataset 的列安放到系列上面。

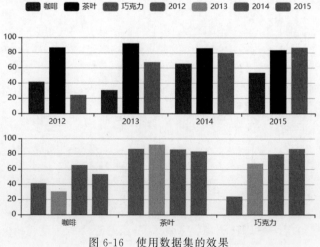

图 6-16　使用数据集的效果

第 7 章

ECharts常用图表绘制

ECharts 提供了常规的柱状图、折线图、散点图、饼图、雷达图,用于统计的盒形图,用于地理数据可视化的地图、热力图,用于关系数据可视化的关系图、树状图,并且支持图与图之间的混搭。本章学习 ECharts 常用图表可视化制作。

7.1 ECharts 绘制柱状图和条形图

柱状图作为最常见的可视化图表,用于展示一些比较基础的数据。其可分为基本柱状图和堆叠柱状图两种。

在 ECharts 中显示柱状图类型的代码如下:

```
type: 'bar',
```

前面已经学习过标准柱状图绘制,下面学习堆叠柱状图和条形图。

7.1.1 ECharts 绘制堆叠柱状图

堆叠柱状图指的是同一个柱形上,可能有多个细分子类的数据。例如,把 1 月和 2 月的销量数据堆叠在一起。

【例 7-1】 制作 ECharts 堆叠柱状图。

代码如下:

```
<!DOCTYPE html >
< html >
< head >
    < meta charset = "utf - 8">
    < title > ECharts </title>
    < script src = "echarts. js"></script >
```

```
</head>
<body>
    <!-- 为 ECharts 准备一个具备大小(宽高)的 DOM -->
    <div id="main" style="width: 600px;height:400px;"></div>
    <script type="text/javascript">
        // 基于准备好的 DOM,初始化 ECharts 实例
        var myChart = echarts.init(document.getElementById('main'));
        // 指定图表的配置项和数据
        var option = {
            title: {
                text: 'ECharts 堆叠柱状图'
            },
            legend: {
                data:['1 月销量','2 月销量'],
                right:'25 %',
            },
            xAxis: {
                data: ["衬衫","羊毛衫","雪纺衫","裤子","高跟鞋","袜子"]
            },
            yAxis: {},
            series: [{
                name: '1 月销量',
                type: 'bar',
                stack:'业务',
                data: [5, 20, 36, 10, 10, 20]
            },
            {
                name: '2 月销量',
                type: 'bar',
                stack:'业务',
                data: [15, 25, 26, 20, 10, 20]
            }]
        };
        myChart.setOption(option);              //使用刚指定的配置项和数据显示图表
    </script>
</body>
</html>
```

运行效果如图 7-1 所示。注意,这里的系列 series 使用 stack 堆叠,所以 1 月和 2 月的数据被累加到了一起。代码中较重要的是每个系列数据中的 stack:'业务',如果 stack 后的名称不同,则会堆积在不同的堆积柱中。

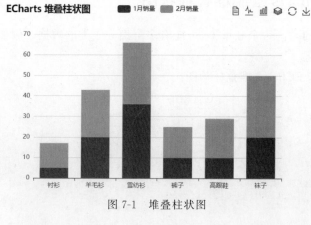

图 7-1 堆叠柱状图

7.1.2 ECharts 绘制条形图

条形图可以认为是横向显示的柱状图。柱状图的横向与纵向的设置与 x 轴和 y 轴的设置有关。将柱状图从纵向改成横向显示，只需要交换 xAxis 和 yAxis 中的设置即可。

【例 7-2】 制作 ECharts 条形图。

对例 7-1 的代码进行如下修改：

```
yAxis:{
    data:["衬衫","羊毛衫","雪纺衫","裤子","高跟鞋","袜子"]
},
xAxis:{},
```

运行效果如图 7-2 所示。

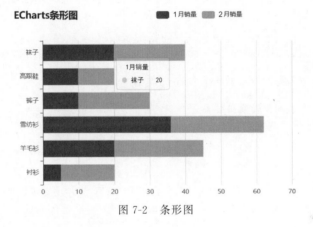

图 7-2　条形图

7.2　ECharts 绘制饼图

饼图主要是通过扇形的弧度表现不同类目的数据在总和中的占比。它的数据格式比柱状图更简单，只有一维的数值，不需要给类目。因为不在直角坐标系上，所以也不需要 xAxis 和 yAxis。

7.2.1 ECharts 绘制标准饼图

在 ECharts 中显示饼图类型的代码如下：

```
type: 'pie',
```

绘制饼图最主要的参数有以下 3 个。

（1）center 表示圆心坐标，它可以是像素点表示的绝对值，也可以是数组类型。默认值为['50％','50％']。百分比计算时按照公式 min(width,height) * 50％进行计算，其中的 width 和 height 分别表示 div 中所设置的宽度和高度。

（2）radius 表示半径，它可以是像素点表示的绝对值，也可以是数组类型。默认值为[0，'75％']，支持绝对值(px)和百分比。百分比计算时按照公式 min(width,height)/2 * 75％进行计算，其中的 width 和 height 分别表示 div 中所设置的宽度和高度。如果用形如

[内半径,外半径]数组表示的话,那么可以绘制一个环形图;如果内半径为0,则可绘制一个标准的饼图。

(3) clockWise 表示饼图中各个数据项(item)是否按照顺时针顺序显示,它是一个布尔类型,取值只有 false 和 true。默认值为 true。

【例 7-3】 制作推广途径份额的 ECharts 饼图。

代码如下:

```html
<!DOCTYPE html>
<html>
<head>
    <meta charset = "UTF - 8">
    <title>第一个 ECharts 实例</title>
    <!-- 引入外部 echarts.js -->
    <script src = "https://cdn.staticfile.org/echarts/4.3.0/echarts.min.js"></script>
</head>
<body>
    <!-- 为 ECharts 准备一个具备大小(宽高)的 DOM -->
    <div id = "main" style = "width: 600px;height:400px;"></div>
    <script type = "text/javascript">
        // 基于准备好的 DOM,初始化 ECharts 实例
        var myChart = echarts.init(document.getElementById('main'));
        // 指定图表的配置项和数据
        var option = {
            series : [
                {
                    name: '访问来源',
                    type: 'pie',                //设置图表类型为饼图
                    radius: '55 %', //饼图的半径为容器高宽中较小一项的 55 % 长度
                    data:[ //数据数组,name 为数据项名称,value 为数据项值
                        {value:235, name:'视频广告'},
                        {value:274, name:'联盟广告'},
                        {value:310, name:'邮件营销'},
                        {value:335, name:'直接访问'},
                        {value:400, name:'搜索引擎'}
                    ]
                }
            ]
        };
        myChart.setOption(option);                //使用指定的配置项和数据显示图表
    </script>
</body>
</html>
```

运行效果如图 7-3 所示。

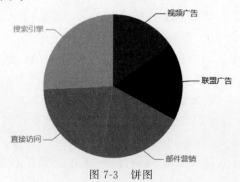

图 7-3　饼图

7.2.2 ECharts 绘制南丁格尔图

可以通过设置参数 roseType：'angle' 把饼图显示成如图 7-4 所示的南丁格尔图。

```
series : [
    {
        name: '访问来源',
        type: 'pie',
        radius: '55％',
        roseType: 'angle',
        data:[
            {value:235, name:'视频广告'},
            {value:274, name:'联盟广告'},
            {value:310, name:'邮件营销'},
            {value:335, name:'直接访问'},
            {value:400, name:'搜索引擎'}
        ]
    }
]
```

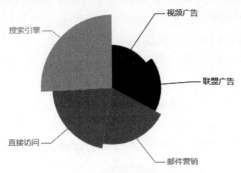

图 7-4 南丁格尔图

阴影的配置，itemStyle 参数可以设置诸如阴影、透明度、颜色、边框颜色、边框宽度等。

```
series : [
    {
        name: '访问来源',
        type: 'pie',
        radius: '55％',
        data:[
            {value:235, name:'视频广告'},
            {value:274, name:'联盟广告'},
            {value:310, name:'邮件营销'},
            {value:335, name:'直接访问'},
            {value:400, name:'搜索引擎'}
        ],
        roseType: 'angle',
        itemStyle: {
            normal: {
                shadowBlur: 200,                    //阴影模糊范围
                shadowColor: 'rgba(0, 0, 0, 0.5)'    //阴影的颜色
            }
        }
    }
]
```

运行效果如图 7-5 所示。

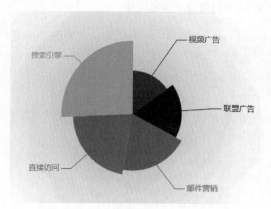

图 7-5   配置阴影的饼图

7.2.3   ECharts 绘制环形图

环形图是在圆环中显示数据。其中的每个圆环代表一个数据项(item),用于对比分类数据的数值大小。圆环图跟标准饼图同属于饼图这一种图表大类,只不过更加美观,也更有吸引力。在绘制环形图时,适合利用一个分类数据字段或连续数据字段,但数据最好不超过9 条。

在 ECharts 中创建圆环图非常简单,只需要在例 7-3 中修改一个语句,即将语句"radius: '55％',"修改为"radius:['45％', '75％'],",即可由一个标准饼图变为一个环形图。修改后的半径是有两个数值的数组,分别代表圆环的内、外半径。修改后的代码运行结果如图 7-6 所示。

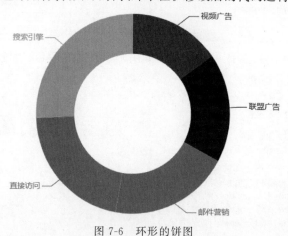

图 7-6   环形的饼图

7.3   ECharts 绘制散点图和折线图

7.3.1   ECharts 绘制散点图

散点图是由一些散乱的点组成的图表。因为其中点位置是由其 x 值和 y 值确定的,所以也称为 XY 散点图。

　　散点图又称散点分布图，是以一个变量为横坐标，另一变量为纵坐标，利用散点（坐标点）的分布形态反映变量统计关系的一种图形，因此，需要为每个散点至少提供两个数值。

　　散点图的特点是能直观表现出影响因素和预测对象之间的总体关系趋势，优点是能通过直观醒目的图形方式反映变量间关系的变化形态，以便决定用何种数学表达方式来模拟变量之间的关系。

　　散点图在回归分析中使用较多，它将序列显示为一组点。在散点图的每个点的位置可代表相应的一组数据值，因此通过观察散点图上数据点的分布情况，可以推断出变量间的相关性。基本散点图可用于观察两个指标的关系。例如，利用身高、体重数据观察身高和体重两者间的关系。

　　在 ECharts 中显示散点图类型的代码如下：

```
type: 'scatter'
```

【例 7-4】　制作 ECharts 散点图。

代码如下：

```
<!DOCTYPE html>
<html>
  <head>
    <meta charset = "UTF - 8">
    <title>ECharts</title>
      <script src = "echarts.min.js"></script>
  </head>
  <body>
    <!--- 为 ECharts 准备一个具备大小(宽高)的 DOM --->
    <div id = "main" style = "width: 800px; height: 600px"></div>
    <script type = "text/javascript">
        //基于准备好的 DOM,初始化 ECharts 图表
        var myChart = echarts.init(document.getElementById("main"));
        //指定图表的配置项和数据
        var option = {
            title: { x: 222, text: '男性和女性身高、体重分布' },
            color: ['blue', 'green'],
            xAxis: { scale: true, name: '身高/cm', color: 'red' },
            yAxis: { scale: true, name: '体重/kg' },
            series: [{
                type: 'scatter',
                symbolSize: 20,
                data: [
                    [167.0, 64.6], [177.8, 74.8], [159.5, 58.0], [169.5, 68.0],
                    [163.0, 63.6], [157.5, 53.2], [164.5, 65.0], [163.5, 62.0],
                    [171.2, 65.1], [161.6, 58.9], [167.4, 67.7], [167.5, 63.0],
                    [181.1, 76.0], [165.0, 60.2], [174.5, 70.0], [171.5, 68.0],],
            }],
        };
        //使用刚指定的配置项和数据显示图表
        myChart.setOption(option);
    </script>
  </body>
</html>
```

部分语句的含义如下。

symbolSize：20，设置散点的大小。

data：设置每个点的坐标值。例如，[167.0，64.6]表示该点的横坐标为167.0；纵坐标为64.6。

运行效果如图7-7所示。

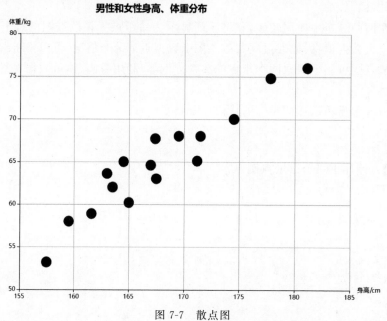

图7-7　散点图

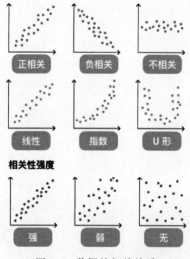

图7-8　数据的相关关系

由图7-7可知，身高与体重基本上呈现出一种正相关的关系，即身高越高，体重也相应增加。另外，还可以发现，身高主要集中在1.62～1.72米。

通过观察散点图上数据点的分布情况，可以推断出变量间的相关性。如果变量之间不存在相互关系，散点图上就会表现为随机分布的离散的点；如果存在某种相关性，那么大部分的数据点就会相对密集并以某种趋势呈现。

数据的相关关系主要分为正相关（两个变量值同时增长）、负相关（一个变量值增加，另一个变量值下降）、不相关、线性相关、指数相关、U形相关等，表现在散点图上的大致分布如图7-8所示。那些离点集群较远的点，我们称其为离群点或者异常点。

7.3.2　ECharts 绘制折线图

折线图是一种较为简单的图形，通常用于显示随时间变化而变化的连续数据。在折线图中，类别数据沿水平轴均匀分布，所有值数据沿垂直轴均匀分布。

在 ECharts 中显折线图类型的代码如下：

```
type: 'line'
```

【例 7-5】 制作 ECharts 折线图。

代码如下：

```
<!DOCTYPE html>
<html>
<head>
  <meta charset = "UTF - 8">
  <title>ECharts</title>
  <!-- 引入 echarts.js -->
  <script src = "echarts.min.js"></script>
</head>
<body>
    <div id = "main" style = "width: 600px;height:400px;"></div>
    <script type = "text/javascript">
        var myChart = echarts.init(document.getElementById('main'));
        option = {
            xAxis: {
                type: 'category',
                data: ['1月', '2月', '3月', '4月', '5月', '6月']
            },
            yAxis: {
                type: 'value'
            },
            series: [{
                data: [800, 600, 901, 1234, 1290, 1330, 1620],
                type: 'line'
            }]
        };
        myChart.setOption(option);
    </script>
</body>
</html>
```

data 为设置折线图中每个数据点的坐标值。

运行效果如图 7-9 所示。

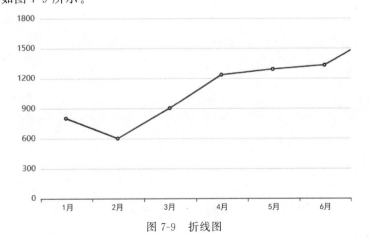

图 7-9 折线图

在显示 EChart 中的折线图时,还可以设置每个数据点的形状及大小,使用 symbolSize 实现。例如:

```
series: [{
    data: [800, 600, 901, 1234, 1290, 1330, 1620],
    type: 'line',
    symbolSize:30,
    smooth:true          //设置折线的平滑属性
}]
```

运行效果如图 7-10 所示。

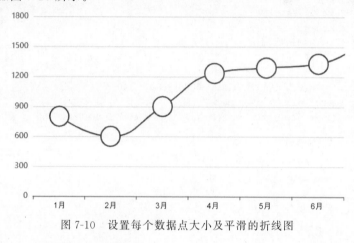

图 7-10 设置每个数据点大小及平滑的折线图

7.4 ECharts 绘制热力图

热力图是一种密度图,使用不同颜色和不同颜色的深浅程度来表示数据量的区别。
在 ECharts 中显示热力图类型的代码如下:

```
type: 'heatmap'
```

【例 7-6】 制作一周每天各时间段数据的 ECharts 热力图。这里以笛卡儿坐标系上的热力图为例。
代码如下:

```
<! DOCTYPE html >
< html lang = "zh - CN" style = "height: 100 % ">
< head >
    < meta charset = "UTF - 8">
</head>
< body style = "height: 100 % ; margin: 0">
    < div id = "container" style = "height: 100 % "></div>
    < script src = "echarts. js"></script>
    < script type = "text/javascript">
        var dom = document. getElementById('container');
        var myChart = echarts. init(dom, null, {
            renderer: 'canvas',
            useDirtyRect: false
        });
```

```
var app = {};
var option;
// prettier - ignore
const hours = [
    '12a', '1a', '2a', '3a', '4a', '5a', '6a',
    '7a', '8a', '9a', '10a', '11a',
    '12p', '1p', '2p', '3p', '4p', '5p',
    '6p', '7p', '8p', '9p', '10p', '11p'
];
// prettier - ignore
const days = [ 'Saturday', 'Friday', 'Thursday', 'Wednesday', 'Tuesday', 'Monday', 'Sunday'];
// prettier - ignore
const data = [[0, 0, 5], [0, 1, 1], [0, 2, 0], [0, 3, 0], [0, 4, 0], [0, 5, 0], [0, 6,
0], [0, 7, 0], [0, 8, 0], [0, 9, 0], [0, 10, 0], [0, 11, 2], [0, 12, 4], [0, 13, 1], [0, 14, 1],
[0, 15, 3], [0, 16, 4], [0, 17, 6], [0, 18, 4], [0, 19, 4], [0, 20, 3], [0, 21, 3], [0, 22, 2],
[0, 23, 5], [1, 0, 7], [1, 1, 0], [1, 2, 0], [1, 3, 0], [1, 4, 0], [1, 5, 0], [1, 6, 0], [1, 7,
0], [1, 8, 0], [1, 9, 0], [1, 10, 5], [1, 11, 2], [1, 12, 2], [1, 13, 6], [1, 14, 9], [1, 15,
11], [1, 16, 6], [1, 17, 7], [1, 18, 8], [1, 19, 12], [1, 20, 5], [1, 21, 5], [1, 22, 7], [1,
23, 2], [2, 0, 1], [2, 1, 1], [2, 2, 0], [2, 3, 0], [2, 4, 0], [2, 5, 0], [2, 6, 0], [2, 7, 0],
[2, 8, 0], [2, 9, 0], [2, 10, 3], [2, 11, 2], [2, 12, 1], [2, 13, 9], [2, 14, 8], [2, 15, 10],
[2, 16, 6], [2, 17, 5], [2, 18, 5], [2, 19, 5], [2, 20, 7], [2, 21, 4], [2, 22, 2], [2, 23, 4],
[3, 0, 7], [3, 1, 3], [3, 2, 0], [3, 3, 0], [3, 4, 0], [3, 5, 0], [3, 6, 0], [3, 7, 0], [3, 8, 1],
[3, 9, 0], [3, 10, 5], [3, 11, 4], [3, 12, 7], [3, 13, 14], [3, 14, 13], [3, 15, 12], [3, 16,
9], [3, 17, 5], [3, 18, 5], [3, 19, 10], [3, 20, 6], [3, 21, 4], [3, 22, 4], [3, 23, 1], [4, 0,
1], [4, 1, 3], [4, 2, 0], [4, 3, 0], [4, 4, 0], [4, 5, 1], [4, 6, 0], [4, 7, 0], [4, 8, 0], [4,
9, 2], [4, 10, 4], [4, 11, 4], [4, 12, 2], [4, 13, 4], [4, 14, 4], [4, 15, 14], [4, 16, 12], [4,
17, 1], [4, 18, 8], [4, 19, 5], [4, 20, 3], [4, 21, 7], [4, 22, 3], [4, 23, 0], [5, 0, 2], [5, 1,
1], [5, 2, 0], [5, 3, 3], [5, 4, 0], [5, 5, 0], [5, 6, 0], [5, 7, 0], [5, 8, 2], [5, 9, 0], [5,
10, 4], [5, 11, 1], [5, 12, 5], [5, 13, 10], [5, 14, 5], [5, 15, 7], [5, 16, 11], [5, 17, 6],
[5, 18, 0], [5, 19, 5], [5, 20, 3], [5, 21, 4], [5, 22, 2], [5, 23, 0], [6, 0, 1], [6, 1, 0], [6,
2, 0], [6, 3, 0], [6, 4, 0], [6, 5, 0], [6, 6, 0], [6, 7, 0], [6, 8, 0], [6, 9, 0], [6, 10, 1],
[6, 11, 0], [6, 12, 2], [6, 13, 1], [6, 14, 3], [6, 15, 4], [6, 16, 0], [6, 17, 0], [6, 18, 0],
[6, 19, 0], [6, 20, 1], [6, 21, 2], [6, 22, 2], [6, 23, 6]]
    .map(function (item) {
        return [item[1], item[0], item[2] || '-'];
    });
option = {
    tooltip: {
        position: 'top'
    },
    grid: {
        height: '50 %',                    //控制热力图纵向宽度占比
        top: '10 %'                        //热力图距离上部百分比
    },
    xAxis: {
        type: 'category',
        data: hours,                       //小时作为横轴
        splitArea: {
            show: true
        }
    },
    yAxis: {
        type: 'category',
        data: days,                        //星期作为纵轴
        splitArea: {
            show: true
        }
```

```
                },
        visualMap: {
            min: 0, max: 10,                    //滑动条的最小值和最大值
            calculable: true,                   //滑动条显示数值
            orient: 'horizontal',               //滑动条水平放置,默认竖直放置
            left: 'center',                     //滑动条居中
            bottom: '15%'                       //滑动条距离底部百分比距离
        },
        series: [
            {
                name: 'Punch Card',
                type: 'heatmap',                //热力图
                data: data,
                label: {
                    show: true                  //热力图显示数值
                },
                emphasis: {                     //鼠标悬停在热力图块时突出显示
                    itemStyle: {
                        shadowBlur: 10,
                        shadowColor: 'rgba(0, 0, 0, 0.5)'
                    }
                }
            }
        ]
    };
    myChart.setOption(option);
    window.addEventListener('resize', myChart.resize);
</script>
</body>
</html>
```

代码中,首先定义了 hours 和 days 的数据(横纵轴的数据),然后定义的 data 数据具有 3 个维度,分别表示横轴位置、纵轴位置和数值大小。运行效果如图 7-11 所示。

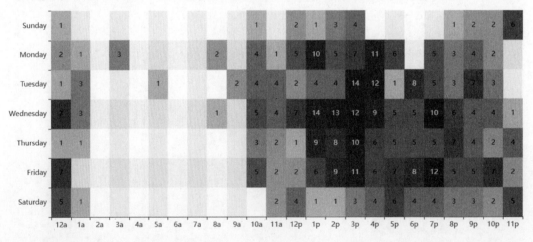

图 7-11　热力图

在图 7-11 中,横轴代表小时;纵轴表示星期几;不同颜色的区块代表了数据量大小的差异。下方的滑动条可以拖放移动,从而筛选相关数据,如滑动条拖放到 3。图 7-12 所示的是筛选出 3 以内的区块。

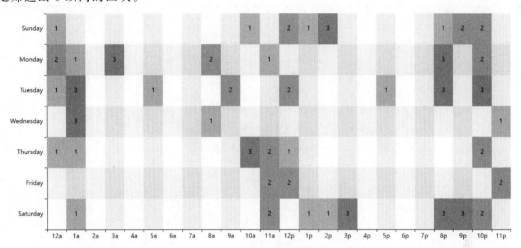

图 7-12　筛选出 3 以内区块的热力图

7.5　ECharts 绘制漏斗图

漏斗图(Funnel)或金字塔是一个倒(正)三角形的条形图,适用于业务流程比较规范、周期较长、环节较多的流程分析。

漏斗图又称倒三角图,漏斗图将数据呈现为几个阶段,每个阶段的数据都是整体的一部分。从一个阶段到另一个阶段,数据占比自上而下下降。与饼图一样,漏斗图呈现的也不是具体的数据。此外,漏斗图还不需要使用任何数据轴。

在 ECharts 中显示漏斗图类型的代码如下:

```
type: 'funnel'
```

【例 7-7】　以表 7-1 所示用户从浏览选购到下单付款的转化情况,制作一个典型的漏斗图。

表 7-1　浏览选购到下单付款的转化情况

所 处 环 节	当 前 人 数	整体转化率/%
浏览选购	1000	100.0
添加到购物车	600	60.0
购物车结算	420	42.0
核对订单信息	25	25.0

续表

所 处 环 节	当前人数	整体转化率/%
提交订单	90	9.0
选择支付方式	40	4.0
完成支付	25	2.5

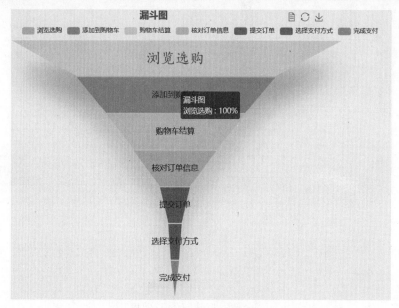

图 7-13　转化情况的漏斗图

代码如下：

```
<!DOCTYPE html>
< html >
< head >
    < meta charset = "UTF - 8">
    <!-- 引入 ECharts 文件 -->
    < script src = "js/echarts.js"></script>
</head>
< body >
    <!--- 为 ECharts 准备一个具备大小(宽高)的 DOM --->
    < div id = "main" style = "width: 800px; height: 600px"></div>
    < script type = "text/javascript">
        //基于准备好的 DOM,初始化 ECharts 图表
        var myChart = echarts. init(document.getElementById("main"));
        //指定图表的配置项和数据
        var option = { //指定图表的配置项和数据
            color: ['lightblue', 'rgba(0,150,0,0.5)', 'rgba(255,200,0,0.5)',
                'rgba(155,200,50,0.5)', 'rgba(44,44,0,0.5)', 'rgba(33,33,30,0.5)',
                'rgba(255,66,0,0.5)', 'rgba(155,23,31,0.5)', 'rgba(23,44,55,0.5)'],
            //配置标题组件
            title: { left: 270, top: 0, textStyle: { color: 'green' }, text: '漏斗图' },
            backgroundColor: 'rgba(128, 128, 128, 0.1)', //rgba 设置透明度 0.1
            tooltip: { trigger: 'item', formatter: "{a} < br/>{b} : {c}% " }, //配置提示框组件
```

```
toolbox: {
    left: 555, top: 0,
    feature: {
        dataView: { readOnly: false },
        restore: {}, saveAsImage: {}
    }
}, //配置工具箱组件
legend: {
    left: 40, top: 30,
    data: ['浏览选购', '添加到购物车', '购物车结算',
        '核对订单信息', '提交订单', '选择支付方式', '完成支付']
}, //配置图例组件
calculable: true,
series: [ //配置数据系列
    {
        name: '漏斗图',
        type: 'funnel', left: '3%',
        sort: 'descending',         //金字塔:'ascending'; 漏斗图:'descending'
        top: 60, bottom: 60, width: '80%',
        min: 0, max: 100,
        minSize: '0%',              //设置每一块的最小宽度
        maxSize: '100%',            //设置每一块的最大, 一次去除掉尖角
        gap: 2,                     //设置每一块之间的间隔
        label: { show: true, position: 'inside' }, //设置标签显示在里面|外面
        labelLine: {
            length: 10,             //设置每一块的名字前面的线的长度
            lineStyle: {
                width: 1,           //设置每一块的名字前面的线的宽度
                type: 'solid'       //设置每一块的名字前面的线的类型
            }
        },
        itemStyle: {
            normal: {                         //设置图形在正常状态下的样式
                label: { show: true, fontSize: 15, color: 'blue', position: 'inside', },
                borderColor: '#fff',   //设置每一块的边框颜色
                borderWidth: 0,          //设置每一块边框的宽度
                shadowBlur: 50,          //设置整个外面的阴影厚度
                shadowOffsetX: 0,        //设置每一块的y轴的阴影
                shadowOffsetY: 50,       //设置每一块的x轴的阴影
                shadowColor: 'rgba(0,255,0,0.4)'    //设置阴影颜色
            }
        },
        //设置鼠标hover时高亮样式
        emphasis: { label: { fontFamily: "楷体", color: 'green', fontSize: 28 } },
        data: [ //设置在漏斗图中展示的数据
            { value: 100, name: '浏览选购' }, { value: 60, name: '添加到购物车' },
            { value: 42, name: '购物车结算' }, { value: 25, name: '核对订单信息' },
            { value: 9, name: '提交订单' }, { value: 4, name: '选择支付方式' },
            { value: 2.5, name: '完成支付' },]
    }
]
};
//使用刚指定的配置项和数据显示图表
```

```
            myChart.setOption(option);
        </script>
    </body>
</html>
```

由图 7-13 可以直观地看出,从最初"浏览网站选购商品"到最终"完成支付"整个流程中的转化状况。此外,不仅能看出用户从"浏览网站选购商品"到"完成支付"的最终转化率,还可看出每个步骤的转化率,能够直观地展示和说明问题所在。

把图表配置项中的 series 中的 sort 的取值由 'descending' 改为 'ascending' 时,就由漏斗图变为金字塔。代码如下:

```
series: [ //配置数据系列
        {
            name: '漏斗图',
            type: 'funnel', left: '3%',
            sort: 'ascending', //金字塔:'ascending'; 漏斗图:'descending'
```

运行效果如图 7-14 所示。

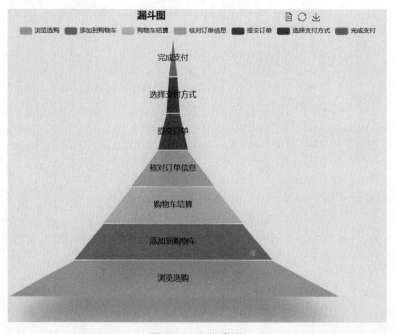

图 7-14　金字塔图

7.6　ECharts 绘制雷达图

雷达图(Radar)又称戴布拉图、蜘蛛网图,适用于显示 3 个或更多维度的变量,如学生的各科成绩分析。

雷达图将多个维度的数据映射到坐标轴上,这些坐标轴起始于同一个圆心点,通常结束于圆周边缘,将同一组的点使用线连接起来就成了雷达图。在坐标轴设置恰当的情况下,雷达图所围面积能表现出一些信息量。雷达图把纵向和横向的分析比较方法结合起来,可以展示出数据集中各个变量的权重高低情况,适用于展示性能数据。

雷达图不仅对于查看哪些变量具有相似的值、变量之间是否有异常值有效,而且可用于查看哪些变量在数据集内得分较高或较低。此外,雷达图也常用于排名、评估、评论等数据的展示。

图 7-15 所示的是 B 站(哔哩哔哩网站)对某作者近一周表现的总结。从 4 个维度(投稿量、播放量、点赞数、新增关注人数)考查与同类 UP 主的区别,便于某作者寻找不足,提高投稿质量。

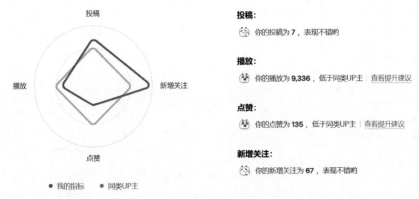

图 7-15　B 站某作者一周表现的雷达图

在 ECharts 中显示雷达图类型的代码如下:

```
type: 'radar'
```

【例 7-8】 利用各教育阶段男女人数统计数据查看男女学生在各教育阶段的人数高低情况,如图 7-16 所示。

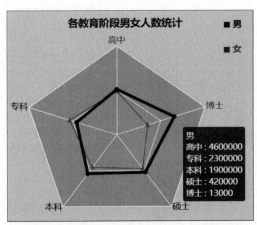

图 7-16　男女受教育程度对比的雷达图

代码如下:

```
<!DOCTYPE html>
<html>
```

```
< head >
    < meta charset = "UTF - 8">
    <!-- 引入 ECharts 文件 -->
    < script src = "js/echarts.js"></script>
</head>
< body >
    <!--- 为 ECharts 准备一个具备大小(宽高)的 DOM --->
    < div id = "main" style = "width: 500px; height: 400px"></div>
    < script type = "text/javascript">
        //基于准备好的 DOM,初始化 ECharts 图表
        var myChart = echarts.init(document.getElementById("main"));
        //指定图表的配置项和数据
        var option = {                              //指定图表的配置项和数据
            backgroundColor: 'rgba(204,204,204,0.7)',    //配置背景色,默认无背景
            title: {                                //配置标题组件
                text: '各教育阶段男女人数统计',
                target: 'blank', top: '10', left: '160', textStyle: { color: 'blue', fontSize: 18, }
            },
            legend: {                               //配置图例组件
                show: true,                         //设置是否显示图例
                icon: 'rect', //icon. 'circle'|'rect'|'roundRect'|'triangle'|'diamond'|'pin'|
'arrow'|'none'
                top: '14',                          //设置图例距离顶部边距
                left: 430,                          //设置图例距离左侧边距
                itemWidth: 10,                      //设置图例标记的图形宽度
                itemHeight: 10,                     //设置图例标记的图形高度
                itemGap: 30,                        //设置图例每项之间的间隔
                orient: 'horizontal', //设置图例列表的布局朝向,'horizontal'|'vertical'
                textStyle: { fontSize: 15, color: '#fff' }, //设置图例的公用文本样式
                data: [ //设置图例的数据数组,数组项通常为字符串,每项代表一个系列 name
                    {
                        name: '男', icon: 'rect',
                        textStyle: { color: 'rgba(51,0,255,1)', fontWeight: 'bold' }
                    },                              //设置图例项的文本样式
                    {
                        name: '女', icon: 'rect',
                        textStyle: { color: 'rgba(255,0,0,1)', fontWeight: 'bold' }
                    } //'normal'|'bold'|'bolder'|'lighter'
                ],
            },
            tooltip: { //配置详情提示框组件
                //设置雷达图的 tooltip 不会超出 div,也可设置 position 属性
                //设置定位不会随着鼠标移动而变化
                confine: true,                      //设置是否将 tooltip 框限制在图表的区域内
                enterable: true,                    //设置鼠标是否可以移动到 tooltip 区域内
            },
            radar: [{ //配置雷达图坐标系组件,只适用于雷达图
                center: ['50%', '56%'], //设置中心坐标,数组的第 1 项是横坐标,第 2 项是纵坐标
                radius: 160,                //设置圆的半径
                startAngle: 90,             //设置坐标系起始角度,也就是第一个指示器轴的角度
                name: {                     //设置(圆外的标签)雷达图每个指示器名称
                    formatter: '{value}',
                    textStyle: { fontSize: 15, color: '#000' }
```

```
        },
        nameGap: 2,                          //设置指示器名称和指示器轴的距离,默认为 15
        splitNumber: 2,                      //设置指示器轴的分割段数,default
        //shape:'circle',                    //设置雷达图绘制类型,支持'polygon','circle'
        //设置坐标轴轴线设置
        axisLine: { lineStyle: { color: '#fff', width: 1, type: 'solid', } },
        //设置坐标轴在 grid 区域中的分隔线
        splitLine: { lineStyle: { color: '#fff', width: 1, } },
        splitArea: {
            show: true,
            areaStyle: { color: ['#abc', '#abc', '#abc', '#abc'] }
        }, //设置分隔区域的样式
        indicator: [ //配置雷达图指示器,指定雷达图中的多个变量,跟 data 中 value 对应
            { name: '高中', max: 9000000 }, { name: '专科', max: 5000000 },
            { name: '本科', max: 3500000 }, { name: '硕士', max: 800000 },
            //设置指示器的名称,最大值,标签的颜色
            { name: '博士', max: 20000 } ]
    }],
    series: [{
        name: '雷达图', //系列名称,用于 tooltip 的显示,图例筛选
        type: 'radar', //系列类型:雷达图
        //拐点样式,'circle'|'rect'|'roundRect'|'triangle'|'diamond'|'pin'|'arrow'|'none'

        symbol: 'triangle',
        itemStyle: { //设置折线拐点标志的样式
            normal: { lineStyle: { width: 1 }, opacity: 0.2 }, //设置普通状态时的样式
            emphasis: { lineStyle: { width: 5 }, opacity: 1 } //设置高亮时的样式
        },
        data: [ //设置雷达图的数据是多变量(维度)
            {                                    //设置第 1 个数据项
                name: '女', //数据项名称
                value: [4400000, 2700000, 1600000, 380000, 7000], //value 是具体数据
                symbol: 'triangle',
                symbolSize: 5, //设置单个数据标记的大小
                //设置拐点标志样式
                itemStyle: { normal: { borderColor: 'blue', borderWidth: 3 } },
                //设置单项线条样式
                lineStyle: { normal: { color: 'red', width: 1, opacity: 0.9 } },
                //areaStyle: {normal:{color:'red'}}      //设置单项区域填充样式
            },
            {                                           //设置第 2 个数据项
                name: '男', value: [4600000, 2300000, 1900000, 420000, 13000],
                symbol: 'circle',
                symbolSize: 5,                           //设置单个数据标记的大小
                itemStyle: { normal: { borderColor: 'rgba(51,0,255,1)', borderWidth: 3, } },
                lineStyle: { normal: { color: 'blue', width: 1, opacity: 0.9 } },
                //areaStyle: {normal:{color:'blue'}}      //设置单项区域填充样式
            }
        ]
    },]
};
//使用刚指定的配置项和数据显示图表
myChart.setOption(option);
```

```
    </script>
</body>
</html>
```

代码中通过设置图表配置项 series 中的 type 的取值为'radar'来指定图表为雷达图,并通过设置图表配置项中属性 radar 中的 center:['50%','56%']和 radius:160 的值来指定雷达图所在圆中心的位置和半径。此外,其他配置信息参考详细的注释内容。

由图 7-16 可知,显示了各教育阶段的男女人数的统计。同时可以看出,在高中和硕士阶段,男女学生人数相差不大,而在博士阶段,男女学生人数则相差较大。

7.7 ECharts 绘制树状图和矩阵树状图

7.7.1 ECharts 绘制树状图

树状图(Tree)通常用于表示层级、上下级、包含与被包含关系。ECharts 提供从左到右树状图、多棵树、从下到上树状图、从右到左树状图、折线树状图、径向树状图和从上到下树状图,如图 7-17 所示。

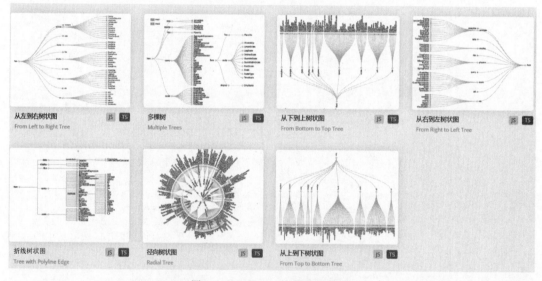

图 7-17 ECharts 绘制的树状图

【例 7-9】 利用省份及城市信息使用 ECharts 绘制树状图,如图 7-18 所示。

数据的内容为中国的 4 个省份,每个省份里包含有部分城市。这些数据文件保存在一个类似 JSON 中 data 对象变量中。

原始数据如下:

```
var data =
{
"name":"中国",
"children":[
```

```
    {
        "name":"浙江",
        "children":
        [
            {"name":"杭州" },
            {"name":"宁波" },
            {"name":"温州" },
            {"name":"绍兴" }
        ]
    },
    {
        "name":"广西",
        "children":
        [
            {"name":"桂林"},
            {"name":"南宁"},
            {"name":"柳州"},
            {"name":"防城港"}
        ]
    },
    ……//略
    ]
}
```

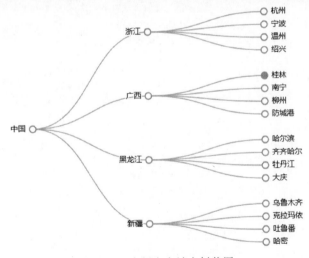

图 7-18　中国省市城市树状图

完整代码如下:

```
<!DOCTYPE html>
<html lang = "zh - CN" style = "height: 100 % ">
<head>
    <meta charset = "UTF - 8">
</head>
<body style = "height: 100 % ; margin: 0">
    <div id = "main" style = "height:400px;width:500px"></div>
    <script src = "https://fastly.jsdelivr.net/npm/echarts@5.4.2/dist/echarts.min.js">
</script>
```

```
< script type = "text/javascript">
    var dom = document.getElementById('main');
    var myChart = echarts.init(dom, null, {
        renderer: 'canvas',
        useDirtyRect: false
    });
    var app = {};
    var option;
    var data = {
        "name": "中国",
        "children":
            [
                { "name": "浙江",
                    "children":
                        [
                            { "name": "杭州" },
                            { "name": "宁波" },
                            { "name": "温州" },
                            { "name": "绍兴" }
                        ]
                },
                { "name": "广西",
                    "children":
                        [
                            {
                                "name": "桂林",
                                "children":
                                    [
                                        { "name": "秀峰区" },
                                        { "name": "叠彩区" },
                                        { "name": "象山区" },
                                        { "name": "七星区" }
                                    ]
                            },
                            { "name": "南宁" },
                            { "name": "柳州" },
                            { "name": "防城港" }
                        ]
                },
                ……//略其他省份
            ]
    }
//将索引是偶数(注意索引是 0 开始)的节点折叠
data.children.forEach(function (datum, index) {
    index % 2 === 0 && (datum.collapsed = true);
});
myChart.setOption(
    (option = {
        tooltip: {
            trigger: 'item',
            triggerOn: 'mousemove'
        },
        series: [
```

```
                    {
                        type: 'tree',
                        data: [data],
                        top: '1％', left: '7％',
                        bottom: '1％', right: '20％',
                        symbolSize: 10, //图形符号大小
                        label: {
                            position: 'left',
                            verticalAlign: 'middle',
                            align: 'right',
                            fontSize: 12        //设置字体大小
                        
                        es: {
                            label: {
                                position: 'right',
                                verticalAlign: 'middle',
                                align: 'left'
                            }
                        
                        asis: {
                            focus: 'descendant'
                        
                        ndAndCollapse: true, //子树折叠和展开的交互,默认打开
                        ationDuration: 550,
                        ationDurationUpdate: 750
                        
                        
                        
                        ion);
                        her('resize', myChart.resize);
```

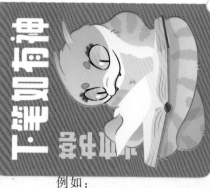

```
                    unction (datum, index) {
                    (datum.collapsed = true);
```

索引是 0 开始)的节点折叠属性 collapsed 设置为 true,从而

右到左、从上到下、从下到上。取值分别为'LR' 'RL''TB'
thogonal' 时,orient 才生效。

例如:

```
orient: 'RL',                   //树状方向,从右到左
```

例 7-9 中,在 series 系列中指定树状方向从右到左,代码如下:

```
series: [
    {
        type: 'tree',
```

```
data: [data],
top: '1％', left: '7％',
bottom: '1％', right: '20％',
symbolSize: 10,                    //图形符号大小
orient: 'RL',                      //树状方向,从右到左
```

运行结果如图 7-19 所示。

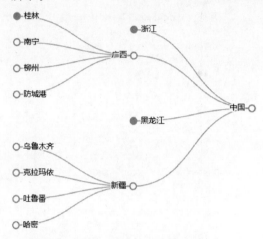

图 7-19　中国省市城市树状图(从右到左)

树状布局分为 orthogonal 水平垂直方向和 radial 径向布局。水平垂直大家都知道,但对于 radial 径向布局可能不是很清楚。radial 径向布局是指以根节点为圆心,每一层节点为环,一层层向外的布局方式。代码如下。

```
layout: 'radial',                  //树状图布局,orthogonal 水平垂直方向,radial 径向布局
```

在 series 系列中指定 layout：'radial'后,运行结果如图 7-20 所示。

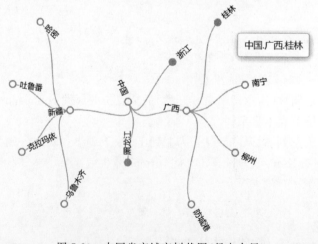

图 7-20　中国省市城市树状图(径向布局)

节点类型分为多种类型,常用的有 rect(方形)、roundRect(圆角)、emptyCircle(圆形)、circle(实心圆)。例如:

```
symbol: 'circle',              //节点图形符号形状
symbolSize: 14,                //图形形状大小
```

树状图线条类型分为 polyline 实线和 curve 曲线。

```
edgeShape: 'polyline',         //线条类型 polyline 实线
lineStyle: {                   //线条样式
    width: 0.7,
    color: '#1E9FFF',
    type: 'broken'
},
```

由于节点过多，在默认全打开后显示效果不是很好，所以 ECharts 树状图提供了 initialTreeDepth 默认展示层级。

```
initialTreeDepth: 1,           //初始展开的层级
expandAndCollapse: true,       //子树折叠和展开的交互，默认打开
```

7.7.2 ECharts 绘制矩阵树状图

矩阵树状图（Treemap）也是层级布局的扩展，根据数据将区域划分为矩形的集合。矩形的大小和颜色，都是数据的反映。

许多门户网站都能见到类似图 7-21 所示的矩阵树状图，就是将照片以不同大小的矩形排列的情形，这正是矩阵树状图的应用。

图 7-21　门户网站的矩阵树状图应用

在 ECharts 中显示矩阵树状图类型的代码如下：

```
type: 'treemap'
```

【例7-10】　现以浙江、广西、江苏三省份2022年的GDP作为数据,以GDP大小作为节点的权重将其制作成矩阵树状图。效果如图7-22所示。

数据如下:

```
data: [
        {
                name: "浙江",
                value: 143055,
                 children:
                 [
                            { name: "杭州", value: 8343 },
                            { name: "宁波", value: 7128 },
                            { name: "温州", value: 4003 },
                            { name: "绍兴", value: 3620 },
                            { name: "湖州", value: 1803 },
                            { name: "嘉兴", value: 3147 },
                            { name: "金华", value: 2958 },
                            { name: "衢州", value: 1056 },
                            { name: "舟山", value: 1021 },
                            { name: "台州", value: 3153 },
                            { name: "丽水", value: 983 }
                 ]
        },
        //省略其他省份部分数据
    ]
```

每个叶子节点都包含有name和value。其中,name是节点名称;value是节点大小。省略部分的数据还包含有广西和江苏两省的城市。

矩阵树状图代码比较简单,代码如下:

```
<!DOCTYPE html>
<html>
<head>
    <meta charset = "UTF - 8">
    <!-- 引入 ECharts 文件 -->
    <script src = "js/echarts.js"></script>
</head>
<body>
    <!--- 为 ECharts 准备一个具备大小(宽高)的 DOM --->
    <div id = "main" style = "width: 500px; height: 400px"></div>
    <script type = "text/javascript">
        //基于准备好的 DOM,初始化 ECharts 图表
        var myChart = echarts.init(document.getElementById("main"));
        //指定图表的配置项和数据
        var option = {
            series: [
                {
                    type: 'treemap',
                    data: [
                        {
                            name: "浙江",
                            value: 143055,
                            children:
```

```
            [
                    { name: "杭州", value: 8343 },
                    { name: "宁波", value: 7128 },
                    { name: "温州", value: 4003 },
                    { name: "绍兴", value: 3620 },
                    { name: "湖州", value: 1803 },
                    { name: "嘉兴", value: 3147 },
                    { name: "金华", value: 2958 },
                    { name: "衢州", value: 1056 },
                    { name: "舟山", value: 1021 },
                    { name: "台州", value: 3153 },
                    { name: "丽水", value: 983 }
            ]
    },
    {
        name: "广西",
        value: 23055,
        children:
            [
                    { name: "南宁", value: 3148 },
                    { name: "柳州", value: 2016 },
                    { name: "桂林", value: 1657 },
                    { name: "梧州", value: 991 },
                    { name: "北海", value: 734 },
                    { name: "防城港", value: 525 },
                    { name: "钦州", value: 734 },
                    { name: "贵港", value: 742 },
                    { name: "玉林", value: 1300 },
                    { name: "百色", value: 656 },
                    { name: "贺州", value: 423 },
                    { name: "河池", value: 497 },
                    { name: "来宾", value: 519 },
                    { name: "崇左", value: 649 }
            ]
    },
    {
        name: "江苏",
        value: 123055,
        children:
            [
                    { name: "南京", value: 8820 },
                    { name: "无锡", value: 8205 },
                    { name: "徐州", value: 4964 },
                    { name: "常州", value: 4360 },
                    { name: "苏州", value: 13500 },
                    { name: "南通", value: 5038 },
                    { name: "连云港", value: 1785 },
                    { name: "淮安", value: 2455 },
                    { name: "盐城", value: 3836 },
                    { name: "扬州", value: 3697 },
                    { name: "镇江", value: 2950 },
                    { name: "泰州", value: 3006 },
                    { name: "宿迁", value: 1930 }
```

```
                    ]
                }]
            }
        ]
    };
    myChart.setOption(option);
    window.addEventListener('resize', myChart.resize);
</script>
</body>
</html>
```

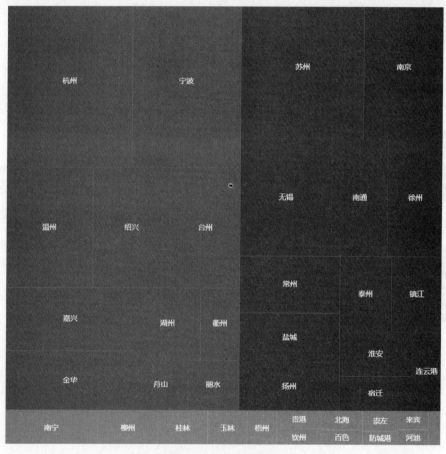

图 7-22　矩阵树状图

7.8　ECharts 绘制仪表盘

仪表盘(Gauge)也被称为拨号图表或速度表图,用于显示类似于速度计上的读数的数据,是一种拟物化的展示形式。仪表盘是常用的商业智能(BI)类的图表之一,可以轻松展示用户的数据,并能清晰地看出某个指标值所在的范围。为了更直观地查看项目的实际完成率数据,以及汽车的速度、发动机的转速、油表和水表的现状,需要在ECharts中绘制单仪表盘和多仪表盘进行展示。

ECharts 的主要创始者林峰曾经说过,他在一次漫长的拥堵当中,有机会观察和思考仪表盘的问题,突然间意识到仪表盘不仅是在传达数据,而且能传达出一种易于记忆的状态,并且影响人的情绪,这种正面或负面的情绪影响对决策运营有一定的帮助。在仪表盘中,仪表盘的颜色可以用于划分指示值的类别,而刻度标示、指针指示维度、指针角度则可用于表示数值。仪表盘只需分配最小值和最大值,并定义一个颜色范围,指针将显示出关键指标的数据或当前进度。仪表盘可应用于诸如速度、体积、温度、进度、完成率、满意度等。

ECharts 提供基础仪表盘、速度仪表盘、进度仪表盘、等级仪表盘和气温仪表盘等,如图 7-23 所示。

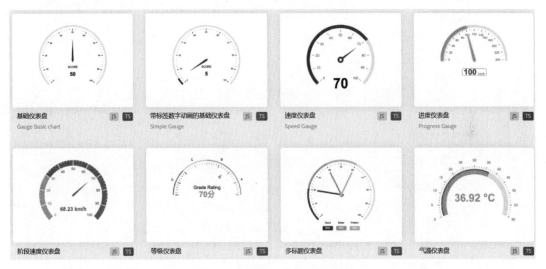

图 7-23　ECharts 绘制的仪表盘

在 ECharts 中显示仪表盘图类型的代码如下:

```
type: 'gauge '
```

仪表盘的配置项主要有仪表盘刻度最大值、最小值,仪表盘起始角度,仪表盘结束角度,仪表盘刻度的分割段数,使用方式如下:

```
const option = {
  tooltip: {                  //鼠标悬浮的提示
    formatter: '{b} : {c}'
  },
  series: [
    {
      type: 'gauge',
      min: 0,                 //最小值
      max: 100,               //最大值
      startAngle: 200,        //仪表盘起始角度。正右手侧为 0°,正上方为 90°,正左手侧为 180°
      endAngle: - 20,         //仪表盘结束角度
      splitNumber: 5,         //仪表盘刻度的分割段数
```

仪表盘的配置项还有是否显示进度条、是否显示指针、是否显示仪表盘轴线、是否显示刻度、是否显示分隔线、是否显示标签、是否显示详情等,使用方式如下:

```
progress: {
    show: true,                              //是否显示进度条
    roundCap: true,                          //是否在两端显示成圆形
    width: 18,                               //进度条宽度
    itemStyle: {                             //进度条颜色效果
      color: {
        type: 'linear',
        x: 1, y: 0,
        x2: 0, y2: 1,
        colorStops: [
          {
            offset: 0,
            color: '#f12711'//0％处的颜色
          },
          {
            offset: 1,
            color: '#f5af19'//100％处的颜色
          }
        ],
        global: false                        //默认为 false
      }
    }
},
pointer: {
    show: true,                              //是否显示指针
    itemStyle: {                             //指针颜色效果
      color: {
        type: 'linear',
        x: 1, y: 0,
        x2: 0, y2: 1,
        colorStops: [
          {
            offset: 0,
            color: '#f12711'                 //0％处的颜色
          },
          {
            offset: 1,
            color: '#f5af19'                 //100％处的颜色
          }
        ],
        global: false                        //默认为 false
      }
    }
},
axisLine: {
    show: true,                              //是否显示仪表盘轴线
    roundCap: true,                          //是否在两端显示成圆形
    lineStyle: {
      width: 18                              //轴线宽度
    }
},
axisTick: {
    show: true,                              //是否显示刻度
```

```
      distance: - 29,
      itemStyle: {
        color: '#fff',
        width: 2
      }
    },
    splitLine: {
      show: true,                    //是否显示分隔线
      distance: - 30
    },
    axisLabel: {
      show: true,                    //是否显示刻度数字
      distance: - 10
    },
    title: {
      show: true,                    //是否显示标题
      fontSize: 20
    },
    detail: {
      show: true,                    //是否显示详情
      valueAnimation: true,          //是否开启标签的数字动画
      borderRadius: 8,               //文字块的圆角
      offsetCenter: [0, '70 % '],    //相对于仪表盘中心的偏移位置,数组第一项是水平方向的
                                     //偏移,第二项是垂直方向的偏移。可以是绝对的数值,也
                                     //可以是相对于仪表盘半径的百分比
      fontSize: 50,                  //文字的字体大小
      fontWeight: 'bolder',          //文字字体的粗细
      formatter: '{value}',          //格式化函数或者字符串
      color: 'auto'                  //文本颜色
    },
```

仪表盘的配置项 data 表示指针当前指示的数据。其代码如下：

```
    data: [
      {
        value: 90,
        name: '高危'
      }
    ]
  }
];
```

以上配置的运行效果如图 7-24 所示。

图 7-24　ECharts 绘制的仪表盘

【例 7-11】 制作仪表盘,每 2s 重新渲染一次,以实现动态效果,如图 7-25 所示。

图 7-25 每 2s 重新渲染的仪表盘

代码如下:

```
<!DOCTYPE html>
<html lang = "en">
<head>
  <meta charset = "UTF-8">
  <title>仪表盘</title>
  <script src = "echarts.js"></script>
</head>
<body>
<div style = "width: 600px;height: 400px"></div>
<script>
    //初始化 echarts 对象
    var myCharts = echarts.init(document.querySelector('div'));
    //准备配置项
    var option = {
        series:[
            {
                type:'gauge',
                data:[
                    {
                        value:97,
                        itemStyle:{
                            color:'pink'
                        }
                    }
                ],
                min:50
            }
        ]
    }
    setInterval(function () {
        option.series[0].data[0].value = (Math.random() * 50 + 50).toFixed(1);
        myCharts.setOption(option, true); //使用指定的配置项和数据显示图表
    }, 2000);                            //每 2s 重新渲染一次,以实现动态效果
</script>
</body>
</html>
```

前面介绍的单仪表盘相对比较简单,只能表示一类事物的范围情况。

如果需要同时表现几类不同事物的范围情况,那么应该使用多仪表盘进行展示。利用汽车的速度、发动机的转速、油表和水表的数据展示汽车的现状,如图 7-26 所示。由图可知,在图中共有 4 种不同的仪表盘:左边为转速仪表盘;中间为车速仪表盘;右边并列了油表仪表盘和水表仪表盘。其中每个仪表的深灰区域提示可能出现的危险情况,而变动的指针与下方随之变动的数字同时指示出当前仪表盘的数值。

【例 7-12】 制作汽车的速度、发动机的转速、油表和水表的数据多个仪表盘,如图 7-26 所示。

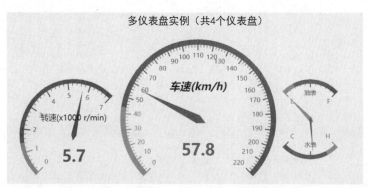

图 7-26 多个仪表盘

```html
<!DOCTYPE html >
< html >
< head >
    < meta charset = "UTF - 8">
    < script src = "echarts.js"></script >
</head >
< body >
    < div id = "main" style = "width: 800px; height: 600px"></div >
    < script type = "text/javascript">
        //基于准备好的 DOM,初始化 ECharts 图表
        var myChart = echarts.init(document.getElementById("main"));
        //指定图表的配置项和数据
        var option = {                              //指定图表的配置项和数据
            backgroundColor: 'rgba(128, 128, 128, 0.1)',  //rgba 设置透明度 0.1
            title: {                                //配置标题组件
                text: '多仪表盘实例 (共四个仪表盘)',
                x: 'center', y: 100,
                show: true,                         //设置是否显示标题,默认 true
                offsetCenter: [50, "20％"],          //设置相对于仪表盘中心的偏移
                textStyle: {
                    fontFamily: "黑体",              //设置字体名称,默认宋体
                    color: "blue",                  //设置字体颜色,默认♯333
                    fontSize: 20,                   //设置字体大小,默认 15
                }
            },
            tooltip: { formatter: "{a} < br/>{c} {b}" },  //配置提示框组件
            series: [                               //配置数据系列,共有 4 个仪表盘
                {                                   //设置数据系列之 1: 速度
                    name: '速度', type: 'gauge', z: 3,
```

```
            min: 0,                          //设置速度仪表盘的最小值
            max: 220,                        //设置速度仪表盘的最大值
            splitNumber: 22,                 //设置速度仪表盘的分隔数目为22
            radius: '50％',                  //设置速度仪表盘的大小
            axisLine: { lineStyle: { width: 10 } },
            axisTick: {                      //设置坐标轴小标记
                length: 15,                  //设置属性length控制线长
                splitNumber: 5,              //设置坐标轴小标记的分隔数目为5
                lineStyle: {                 //设置属性lineStyle控制线条样式
                    color: 'auto'
                }
            },
            splitLine: { length: 20, lineStyle: { color: 'auto' } },
            title: { textStyle: { fontWeight: 'bolder', fontSize: 20, fontStyle: 'italic' } },
            detail: { textStyle: { fontWeight: 'bolder' } },
            data: [{ value: 40, name: '车速(km/h)' }]
        },
        {                                    //设置数据系列之2: 转速
            name: '转速', type: 'gauge',
            center: ['20％', '55％'], //设置转速仪表盘中心点的位置,默认全局居中
            radius: '35％',          //设置转速油表仪表盘的大小
            min: 0,                  //设置转速仪表盘的最小值
            max: 7,                  //设置转速仪表盘的最大值
            endAngle: 45,
            splitNumber: 7,          //设置转速仪表盘的分隔数目为7
            axisLine: { lineStyle: { width: 8 } }, //设置属性lineStyle控制线条样式
            axisTick: {              //设置坐标轴小标记
                length: 12,          //设置属性length控制线长
                splitNumber: 5,      //设置坐标轴小标记的分隔数目为5
                lineStyle: {         //设置属性lineStyle控制线条样式
                    color: 'auto'
                }
            },
            splitLine: {             //设置分隔线
                length: 20,          //设置属性length控制线长
                lineStyle: { //设置属性lineStyle(详见lineStyle)控制线条样式
                    color: 'auto'
                }
            },
            pointer: { width: 5 },
            title: { offsetCenter: [0, '－30％'], },
            detail: { textStyle: { fontWeight: 'bolder' } },
            data: [{ value: 1.5, name: '转速(x1000 r/min)' }]
        },
        {                                    //设置数据系列之3: 油表
            name: '油表', type: 'gauge',
            center: ['77％', '50％'], //设置油表仪表盘中心点的位置,默认全局居中
            radius: '25％',          //设置油表仪表盘的大小
            min: 0,                  //设置油表仪表盘的最小值
            max: 2,                  //设置油表仪表盘的最小值
            startAngle: 135, endAngle: 45,
            splitNumber: 2,          //设置油表的分隔数目为2
            axisLine: { lineStyle: { width: 8 } }, //设置属性lineStyle控制线条样式
```

```
axisTick: {                  //设置坐标轴小标记
    splitNumber: 5,          //设置小标记分隔数目为 5
    length: 10,              //设置属性 length 控制线长
    lineStyle: {             //设置属性 lineStyle 控制线条样式
        color: 'auto'
    }
},
axisLabel: {
    formatter: function (v) {
        switch (v + '') {
            case '0': return 'E';
            case '1': return '油表';
            case '2': return 'F';
        }
    }
},
splitLine: {                 //设置分隔线
    length: 15,              //设置属性 length 控制线长
    lineStyle: { //设置属性 lineStyle(详见 lineStyle)控制线条样式
        color: 'auto'
    }
},
pointer: { width: 4 },       //设置油表的指针宽度为 4
title: { show: false },
detail: { show: false },
data: [{ value: 0.5, name: 'gas' }]
},
{                                 //设置数据系列之 4: 水表
name: '水表', type: 'gauge',
center: ['77％', '50％'], //设置水表仪表盘中心点的位置,默认全局居中
radius: '25％',              //设置水表仪表盘的大小
min: 0,                      //设置水表的最小值
max: 2,                      //设置水表的最大值
startAngle: 315, endAngle: 225,
splitNumber: 2,              //设置分隔数目
axisLine: {                  //设置坐标轴线
    lineStyle: {             //设置属性 lineStyle 控制线条样式
        width: 8             //设置线条宽度
    }
},
axisTick: { show: false },//设置不显示坐标轴小标记
axisLabel: {
    formatter: function (v) {
        switch (v + '') {
            case '0': return 'H';
            case '1': return '水表';
            case '2': return 'C';
        }
    }
},
splitLine: {                 //设置分隔线
    length: 15,              //设置属性 length 控制线长
    lineStyle: { //设置属性 lineStyle(详见 lineStyle)控制线条样式
```

```
                        color: 'auto'
                    }
                },
                pointer: { width: 2 },       //设置水表的指针宽度为2
                title: { show: false },
                detail: { show: false },
                data: [{ value: 0.5, name: 'gas' }]
            }
        ]
    };
    setInterval(function () {
        option.series[0].data[0].value = (Math.random() * 100).toFixed(1);
        option.series[1].data[0].value = (Math.random() * 7).toFixed(1);
        option.series[2].data[0].value = (Math.random() * 2).toFixed(1);;
        option.series[3].data[0].value = (Math.random() * 2).toFixed(1);
        myChart.setOption(option, true);
    }, 2000);                                //每2s重新渲染一次,以实现动态效果
</script>
</body>
</html>
```

由前面介绍的单仪表盘和多仪表盘可知,仪表盘非常适合在量化的情况下显示单一的价值和衡量标准,不适用于展示不同变量的对比情况或趋势情况。

此外,仪表盘上可以同时展示不同维度的数据,但是为了避免指针的重叠,影响数据的查看,仪表盘的指针数量建议最多不要超过3根。如果确实有多个数据需要展示,建议使用多个仪表盘。

7.9 ECharts 绘制关系图

关系图(Graph)从字面上可以看出,为表示关系的图形。既然为关系,那么就需要有点以及关系,用来表示点与点之间的联系。所以关系图需要两个必要的元素:节点和关系。其中,关系需要包含有联系的节点以及节点联系说明。图7-27所示的是ECharts绘制的关系图。

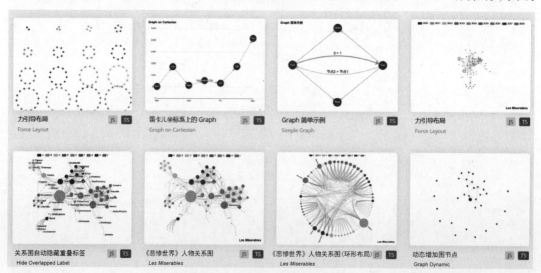

图 7-27　ECharts 绘制的关系图

绘制关系图,首先需要将数据设计出来。

(1) 节点数据。

```
nodes:[{
    name:'节点名',
    id:'节点 id'
}]
```

(2) 关系数据。

```
links:[{
    relation:{
        source:'关系的起点节点',
        target:'关系的目标节点'
        relation name:'关系名称',
    },
}]
```

在 ECharts 中,所有节点的样式都是通过 itemStyle 来进行设置的;同样地,在关系图中已经可以通过 itemstyle 属性进行设置节点样式(也可以直接在 nodes 数据中设置单个节点的样式),同理节点上的文字显示也是如此处理。

在 ECharts 中显示关系图类型的代码如下:

```
type: 'graph'
```

同时可以设置 layout 布局。layout 布局主要有 none 和 force 两种。force 布局的代码如下:

```
layout: 'force',
```

force 布局就是力导向图(Force-Directed Graph)。力导向图在二维或三维空间里配置节点(或者顶点),每一节点都受到力的作用而运动。节点之间用线连接,称为连线(或者边)。各连线的长度几乎相等,且尽可能不相交。力是根据节点和连线的相对位置计算的。根据力的作用,来计算节点和连线的运动轨迹,并不断降低它们的能量,最终达到一种能量很低的安定状态。

生活中常见的人物关系和力导向图结合起来,如图 7-28 所示是比较有趣的。

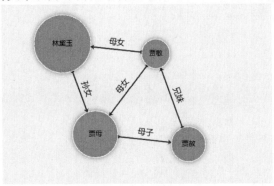

图 7-28 人物关系力导向图

【例 7-13】 绘制《红楼梦》人物关系力导向图,效果如图 7-28 所示。

```
<!DOCTYPE html>
<head>
    <meta charset = "UTF-8">
    <title>关系图</title>
    <style>
        html,
        body {
            width: 100%;
            height: 100%;
        }
        .myChart {
            width: 50%;
            height: 500px;
            margin: 0 auto;
        }
    </style>
</head>
<body>
    <div id = "myChart" class = "myChart" />
    <script src = "echarts.js"></script>
    <script>
        var data = [
            {
                name: '林黛玉',
                symbolSize: 100,
                value: 40
            },
            {
                name: '贾敏',
                symbolSize: 50,
                value: 14
            },
            {
                name: '贾母',
                symbolSize: 80,
                value: 22
            },
            {
                name: '贾赦',
                symbolSize: 60,
                value: 22
            }
        ]
        var linksData = [
            {
                source: '贾敏',
                target: '林黛玉',
                relationshipName: '母女'
            }, {
                source: '林黛玉',
                target: '贾母',
```

```
                relationshipName: '孙女'
        }, {
            source: '贾敏',
            target: '贾母',
            relationshipName: '母女'
        }, {
            source: '贾赦',
            target: '贾敏',
            relationshipName: '兄妹'
        }, {
            source: '贾母',
            target: '贾赦',
            relationshipName: '母子'
        }]
var myChart = echarts.init(document.getElementById('myChart'))
var option = {
    backgroundColor: '#eeeeee',       //设置背景颜色
    title: {
        text: '人物关系图',
        top: 12,
        left: 12,
        textStyle: {
            fontSize: 14,
            color: '#444444'
        }
    },
    tooltip: {                        // 提示框,显示节点名字和value
        formatter: function (params) {
            if (params.dataType === 'node') {
                return `${params.data.name} ${params.data.value}`
            }
        }
    },
    animationDurationUpdate: 1500,
    animationEasingUpdate: 'quinticInOut',
    series: [
        {
            type: 'graph',
            layout: 'force',
            roam: true,               //鼠标缩放功能
            label: {
                show: true            //是否显示标签
            },
            draggable: true,
            focus: 'adjacency',       //鼠标移到节点上时突出显示节点以及邻节点和边
            edgeSymbol: ['circle', 'arrow'], //关系两边的展现形式
            edgeSymbolSize: [6, 6],          //设置两边箭头大小
            edgeLabel: {
                fontSize: 14                 //关系(也即线)上的标签字体大小
            },
            edgeLabel: {
                normal: {
                    show: true,
```

```
                            formatter: function (x) {
                                return x. data. relationshipName;
                            }
                        }
                    },
                    force: {
                        repulsion: 1500,                    //节点之间的斥力因子值
                        edgeLength: 170                     //两节点之间的距离
                    },
                    data: data,
                    links: linksData,
                    lineStyle: {
                        opacity: 0.9,
                        width: 2,
                        color: 'red'                        //设置线条颜色 8ab7bd
                        // curveness: 0                      // 设置线条的弧度
                    },
                    itemStyle: {
                        color: '#61a0a8',
                        fontSize: 12,
                        borderWidth: 1,
                        borderColor: '#ffffff',
                        shadowColor: 'rgba(0, 0, 0, 0.2)',
                        shadowBlur: 8
                    }
                }
            ]
        }
        myChart. setOption(option, true)
        setTimeout(function () {
            window. onresize = function () {
                myChart. resize()
            }
        }, 200)
    </script>
</body>
</html>
```

7.10 ECharts 绘制盒须图和 K 线图

7.10.1 ECharts 绘制盒须图

　　盒须图(Boxplot)又称为盒式图或箱线图,是一种用作显示一组数据分散情况资料的统计图。它能显示出一组数据的最大值、最小值、中位数、下四分位数及上四分位数。因形状如箱子而得名。在各种领域也经常被使用,常见于品质管理。它主要用于反映原始数据分布的特征,还可以进行多组数据分布特征的比较。

　　盒须图的绘制方法是:先找出一组数据的最大值、最小值、中位数和两个四分位数;然后,连接两个四分位数画出箱体,再将最大值和最小值与箱体相连接,中位数在箱体中间。

ECharts 提供的盒须图如图 7-29 所示。ECharts 也支持多个 series 在同一个坐标系中。

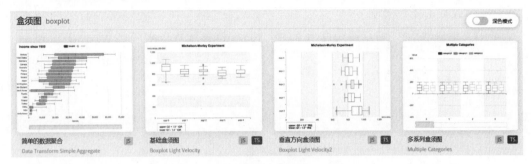

图 7-29　盒须图

在 ECharts 中显示盒须图类型的代码如下：

```
type: 'boxplot'                    //系列类型为 boxplot 以表示箱形图
```

盒须图布局方式 layout 属性，不设置时默认取值为 null。可选值如下：

```
layout:'horizontal'               //水平排布各个 box
layout:'vertical'                 //竖直排布各个 box
```

layout 属性默认值时会根据当前坐标系状况决定布局方式：如果 category 轴为横轴，则水平排布；否则，竖直排布；如果没有 category 轴，则水平排布。

盒须图配置 data，例如：

```
data:[[5,7,15,35,39,40,41,42,45,47,48],....]
```

最终每个数组数据会渲染成 5 个值：$[\min, Q1, \mathrm{median}(Q2), Q3, \max]$。假如 n 为数字的总个数，则 Q1，Q2，Q3：

```
Q1 的位置 = (n+1)/4             //索引从 1 开始，即 Q1 = 3，对应数组中数据为 15
Q2 的位置 = (n+1)/2
Q3 的位置 = 3 * (n+1)/4
```

由于需要从原始数据计算得出 5 个值：$[\min, Q1, \mathrm{median}(Q2), Q3, \max]$，所以需要对原始数据转换才能绘制盒须图。ECharts5 开始支持"数据转换"（data transform）功能。在 ECharts5 中，"数据转换"这个词指的是给定一个已有的"数据集"（dataset）和一个"转换方法"（transform），ECharts 能生成一个新的"数据集"，然后可以使用这个新的"数据集"绘制图表。这些工作都可以声明式地完成。

抽象地来说，数据转换是这样一种公式。

```
outData = f(inputData)
```

f 是转换方法，例如：filter、sort、regression、boxplot、cluster、aggregate（todo）等。有了数据转换能力后，我们就至少可以做以下事情。

（1）把数据分成多份并用不同的饼图展现。

（2）进行一些数据统计运算，并展示结果。

（3）用某些数据可视化算法处理数据，并展示结果。

（4）数据排序。

（5）去除或选择数据项。

这里使用数据转换，通过转换方法 boxplot 将原始数据转换成盒须图的 5 个值：[min，Q1，median(Q2)，Q3，max]。

【例 7-14】 绘制盒须图。

代码如下：

```
<!DOCTYPE html>
<html>
<head>
    <meta charset = "UTF-8">
    <title>ECharts</title>
    <!-- 引入 echarts.js -->
    <script src = "echarts.js"></script>
</head>
<body>
    <!-- 为 ECharts 准备一个具备大小(宽高)的 Dom -->
    <div id = "main" style = "width: 600px;height:400px;"></div>
    <script type = "text/javascript">
        // 基于准备好的 DOM,初始化 ECharts 实例
        var myChart = echarts.init(document.getElementById('main'));
        var option = {
            title: {
                text: '部门',
                left: 'center',
            },
            dataset: [
                { //原始数据, 这个 dataset 的 index 为'0'
                    source: [
                        [5, 7, 15, 35, 39, 40, 41, 42, 45, 47, 48],
                        [15, 22, 25, 35, 39, 42, 48, 49, 55, 57, 59],
                        [10, 12, 15, 35, 37, 40, 58, 59, 65, 70, 78],
                    ],
                },
                { //这个 dataset 的 index 为'1'
                    //这个 "boxplot" transform 生成了两个数据
                    result[0]: 盒形图 series 所需的数据,result[1]: 离群点数据
                    transform: { //数据转换
                        type: 'boxplot',
                        config: { itemNameFormatter: '部门 {value}' }
                    }
                    // 当其他 series 或者 dataset 引用这个 datase 时,它们默认只能得到 result[0]
                    // 如果想要得到 result[1],需要额外声明如下这样一个 dataset
                },
                {
                    //这个 dataset 的 index 为'2'
                    // 这个额外的 dataset 指定了数据来源于 index 为'1'的 dataset
                    fromDatasetIndex: 1,
                    fromTransformResult: 1 // 指定了获取 transform result[1]
                }
            ],
            tooltip: {
                trigger: 'item',
                axisPointer: {type: 'shadow'}
            },
```

```
        grid: { left: '10％', right: '10％', bottom: '15％'},
        xAxis: {
            type: 'category',
            //data: ['部门1','部门2','部门3','部门4','部门5'],
            boundaryGap: true,
            nameGap: 30,
            splitArea: {show: true },
            axisLabel: {formatter: '{value}'},
            splitLine: {show: true }
        },
        yAxis: {
            type: 'value',
            name: '数量',
            splitArea: {show: true}
        },
        series: [
            {
                name: 'boxplot',
                type: 'boxplot',
                datasetIndex: 1,
                tooltip: {
                    formatter: function (param) {
                        return [
                            'Experiment ' + param.name + ': ',
                            'upper: ' + param.data[5],
                            'Q3: ' + param.data[4],
                            'median: ' + param.data[3],
                            'Q1: ' + param.data[2],
                            'lower: ' + param.data[1]
                        ].join('< br/>');
                    }
                }
            }
        ]
    };
    myChart.setOption(option);
</script>
</body>
</html>
```

运行结果如图 7-30 所示。

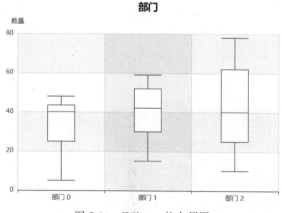

图 7-30　ECharts 的盒须图

7.10.2　ECharts 绘制 K 线图

股市及期货市场中的 K 线图的画法包含四个数据,即开盘价、最高价、最低价、收盘价,所有的 K 线都是围绕这四个数据展开,反映大势的状况和价格信息。如果把每日的 K 线图放在一张纸就能得到日 K 线图,同样也可画出周 K 线图、月 K 线图。ECharts 提供的 K 线图如图 7-31 所示。

图 7-31　ECharts 提供的 K 线图

在 ECharts 中显示 K 线图类型的代码如下:

```
type: 'candlestick '          //系列类型为 K 线图
```

【例 7-15】　绘制基础 K 线图。效果如图 7-32 所示。

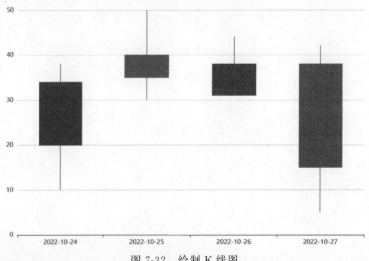

图 7-32　绘制 K 线图

主要代码如下:

```
option = {
  xAxis: {
    data: ['2022 - 10 - 24', '2022 - 10 - 25', '2022 - 10 - 26', '2022 - 10 - 27']
  },
  yAxis: {},
  series: [
    {
```

```
      type: 'candlestick',    //K线图
      data: [
        [20, 34, 10, 38],
        [40, 35, 30, 50],
        [31, 38, 33, 44],
        [38, 15, 5, 42]
      ]
    }
  ]
};
```

7.11 ECharts 绘制词云图

词云图(WordCloud)是对文本中出现频率较高的"关键词"予以视觉化的展现,词云图可以过滤掉大量的低频低质的文本信息,使得浏览者只要一眼扫过文本就可领略文本的主旨。

词云图是一种非常好的图形展现方式,这种图形可以让人们对一个网页或者一篇文章进行语义分析,也就是分析同一篇文章中或者同一网页中关键词出现的频率。词云图对于产品排名、热点问题或舆情监测是十分有帮助的。

在最新版 ECharts5.x 官网中,已不再支持词云图功能,也找不到相应的 API。若需要进行词云图开发,则需要引入 echarts.js 文件后,再通过命令引入 echarts-wordcloud.min.js 文件。

【例7-16】 绘制词云图,效果如图 7-33 所示。本词云图以词语出现频率作为词云展示依据。

代码如下:

图 7-33 词云图

```
<!DOCTYPE html >
<!DOCTYPE html >
< head >
    < meta charset = "UTF - 8">
    < title > WordCloud演示</title>
    < script src = "js/echarts.js"></script>
    script src = "js/echarts - wordcloud.min.js"></script >
</head >
< body >
    < div id = "main" style = "width: 800px; height: 600px"></div >
    < script >
        onload = function () {
          var data = {
            value: [{
                    "name": "花鸟市场",
                    "value": 1446                //代表这个词语出现频率
                },
```

```
                {
                    "name": "汽车",
                    "value": 928                       //代表这个词语出现频率
                },
                {
                    "name": "视频",
                    "value": 906
                },
                {
                    "name": "电视",
                    "value": 825
                },
                {
                    "name": "Lover Boy 88",
                    "value": 514
                },
                {
                    "name": "动漫",
                    "value": 486
                },
                {
                    "name": "音乐",
                    "value": 53
                },
                {
                    "name": "直播",
                    "value": 163
                },
                {
                    "name": "广播电台",
                    "value": 86
                },
                {
                    "name": "戏曲曲艺",
                    "value": 17
                },
                {
                    "name": "演出票务",
                    "value": 6
                },
                {
                    "name": "给陌生的你听",
                    "value": 1
                },
                {
                    "name": "资讯",
                    "value": 1437
                },
            ],
            //小鸟图片
            image: "data:image/png;base64,iVBORw0KGgoAAAA…….." //略写
            var myChart = echarts.init(document.getElementById('main'));
            var maskImage = new Image();
```

```
        maskImage.src = data.image
        maskImage.onload = function () {
            myChart.setOption({
                backgroundColor: '#fff',
                tooltip: {
                    show: false
                },
                series: [{
                    type: 'wordCloud',
                    gridSize: 1,
                    sizeRange: [12, 55],
                    rotationRange: [-45, 0, 45, 90],
                    maskImage: maskImage,
                    textStyle: {
                        normal: {
                            color: function () {
                                return 'rgb(' +
                                    Math.round(Math.random() * 255) +
                                    ', ' + Math.round(Math.random() * 255) +
                                    ', ' + Math.round(Math.random() * 255) + ')'
                            }
                        }
                    },
                    left: 'center',
                    top: 'center',
                    // width: '96%', height: '100%',
                    right: null,
                    bottom: null,
                    // width: 300, height: 200, top: 20,
                    data: data.value
                }]
            })
        }
    }
    </script>
</body>
</html>
```

从词云展示结果可看出，"花鸟市场"出现频率最高，所以这个词字体显示比较大，而"戏曲曲艺""给陌生的你听"等出现的频率较低，所以这些词字体显示比较小。

第 8 章

ECharts高级应用

ECharts 中除了提供常规的图表外，还支持多图表、组件的联动和混搭展现。本章介绍 ECharts 的图表混搭及多图表联动、动态切换主题、自定义 ECharts 主题、ECharts 中的事件和行为，以及如何使用异步数据加载和显示加载动画等。

8.1 ECharts 的图表混搭及多图表联动

为了使图表更具表现力，可以使用混搭图表对数据进行展现。当多个系列的数据存在极强的不可分离的关联意义时，为了避免在同一个直角系内同时展现时产生混乱，需要使用联动的多图表对其进行展现。

8.1.1 ECharts 的图表混搭

在 ECharts 的图表混搭中，一个图表包含唯一图例、工具箱、数据区域缩放模块、值域漫游模块和一个直角坐标系，直角坐标系可包含一条或多条类目轴线、一条或多条值轴线，类目轴线和值轴线最多上、下、左、右共 4 条。

ECharts 中支持任意图表的混搭，其中常见的图表混搭有折线图与柱状图的混搭、折线图与饼图的混搭等。

【例 8-1】 利用某地区一年的降水量和蒸发量数据绘制双 y 轴的折线图与柱状图混搭图表，如图 8-1 所示。

代码如下：

```
<!DOCTYPE html >
< html >
< head >
    < meta charset = "UTF - 8">
```

```
    <script type = "text/javascript" src = 'js/echarts.js'></script>
</head>
<body>
    <div id = "main" style = "width: 800px; height: 600px"></div>
    <script type = "text/javascript">
        //基于准备好的 DOM,初始化 ECharts 图表
        var myChart = echarts.init(document.getElementById("main"));
        var option = { //指定图表的配置项和数据
            backgroundColor: 'rgba(128, 128, 128, 0.1)', //rgba 设置透明度 0.1
            tooltip: { trigger: 'axis' },
            legend: { data: ['降水量', '蒸发量'], left: 'center', top: 12 },
            xAxis: [
                {
                    type: 'category',
                    data: ['1 月', '2 月', '3 月', '4 月', '5 月', '6 月',
                        '7 月', '8 月', '9 月', '10 月', '11 月', '12 月']
                }
            ],
            yAxis: [
                {                              //设置两个 y 轴之 1: 降水量
                    type: 'value', name: '降水量/mm',
                    min: 0, max: 250, interval: 50,
                    axisLabel: { formatter: '{value} ' }
                },
                {                              //设置两个 y 轴之 2: 蒸发量
                    type: 'value', name: '蒸发量/mm', min: 0, max: 200,
                    position: 'right',         //设置 y 轴安置的位置
                    offset: 0,                 //设置向右偏移的距离
                    axisLine: { lineStyle: { color: 'red' } },
                    axisLabel: { formatter: '{value} ' }
                }
            ],
            series: [
                {
                    name: '降水量', type: 'bar',
                    itemStyle: {               //设置柱状图颜色
                        normal: {
                            color: function (params) {
                                var colorList = [ //build a color map as your need
                                '#fe9f4f', '#fead33', '#feca2b', '#fed728', '#c5ee4a',
                                '#87ee4a', '#46eda9', '#47e4ed', '#4bbbee', '#4f8fa8',
                                '#4586d8', '#4f68d8', '#F4E001', '#F0805A', '#26C0C0'];
                                return colorList[params.dataIndex]
                            },
                        }
                    },
                    data: [50, 75, 100, 150, 200, 248, 220, 180, 155, 130, 90, 75]
                },
                {
                    name: '蒸发量', type: 'line',
                    yAxisIndex: 1,                          //指定使用第 2 个 y 轴
                    itemStyle: { normal: { color: 'red'} },        //设置折线颜色
                    data: [58, 65, 90, 120, 130, 180, 150, 130, 125, 110, 150, 145]
```

```
            }
        ]
    };
    myChart.setOption(option);                    //为 ECharts 对象加载数据
    </script>
</body>
</html>
```

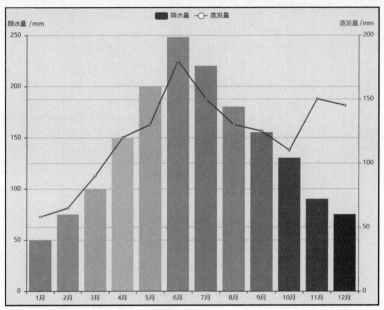

图 8-1　折线图与柱状图混搭图表

在图表混搭代码中,数据中的 yAxis 数组中,通过代码 position:'right'指定 y 轴安置的位置(如果没有指定 position 的值,那么默认安置位置为'left');在 series 数组中,通过代码 yAxisIndex:1,指定使用第 2 个 y 轴(0 代表第 1 个 y 轴,1 代表第 2 个 y 轴)。

【例 8-2】　利用 ECharts 各图表的在线构建次数、各版本下载的数据绘制柱状图与饼图混搭图表,如图 8-2 所示。左侧的柱状图表示 ECharts 各图表的在线构建次数,右边的饼图表示 ECharts 各版本下载情况统计。

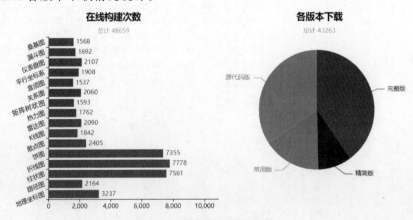

图 8-2　柱状图与饼图混搭

代码如下：

```
<!DOCTYPE html >
< html >
< head >
    < meta charset = "UTF - 8">
    < script type = "text/javascript" src = 'js/echarts.js'></script>
</head >
< body >
    < div id = "main" style = "width: 800px; height: 750px"></div>
    < script type = "text/javascript">
        //基于准备好的 DOM,初始化 ECharts 图表
        var myChart = echarts.init(document.getElementById("main"));
        var builderJson = {
            "all": 10887,
            "charts": {                                //各 ECharts 图表的 JSON 数据
                "地理坐标图": 3237, "路径图": 2164, "柱状图": 7561, "折线图": 7778,
                "饼图": 7355, "散点图": 2405, "K 线图": 1842, "雷达图": 2090,
                "热力图": 1762, "矩阵树状图": 1593, "关系图": 2060, "盒须图": 1537,
                "平行坐标系": 1908, "仪表盘图": 2107, "漏斗图": 1692, "桑基图": 1568
            },
            "ie": 9743
        };
        var downloadJson = {                           //各 ECharts 版本下载的 JSON 数据
            "完整版": 17365, "精简版": 4079,
            "常用版": 6929, "源代码版": 14890
        };
        var waterMarkText = 'ECharts';                 //设置水印的字符
        var canvas = document.createElement('canvas');
        var ctx = canvas.getContext('2d');
        canvas.width = canvas.height = 100;
        ctx.textAlign = 'center';
        ctx.textBaseline = 'middle';
        ctx.globalAlpha = 0.08;
        ctx.font = '20px Microsoft Yahei';             //设置水印文字的字体
        ctx.translate(50, 50);                         //设置水印文字的偏转值
        ctx.rotate( - Math.PI / 4);                    //设置水印旋转的角度
        ctx.fillText(waterMarkText, 0, 0);             //设置填充水印
        var option = {                                 //指定图表的配置项和数据
            backgroundColor: { type: 'pattern', image: canvas, repeat: 'repeat' },
            tooltip: {},
            title: [{                                  //配置标题组件
                text: '在线构建次数',
                subtext: '总计 ' + Object.keys(builderJson.charts).reduce(function (all, key) {
                    return all + builderJson.charts[key];
                }, 0),
                x: '25 % ',
                textAlign: 'center'
            },
            {
                text: '各版本下载',
                subtext: '总计 ' + Object.keys(downloadJson).reduce(function (all, key) {
                    return all + downloadJson[key];
```

```
        }, 0),
        x: '75％', textAlign: 'center'
    }],
    grid: [{                              //配置网格组件
        top: 50, width: '50％', bottom: '50％',
        left: 10, containLabel: true
    }],
    xAxis: [{                             //配置 x 轴坐标系
        type: 'value',
        max: builderJson.all,
        splitLine: { show: false }
    }],
    yAxis: [{                             //配置 y 轴坐标系
        type: 'category',
        data: Object.keys(builderJson.charts),
        axisLabel: { interval: 0, rotate: 20 },
        splitLine: { show: false }
    }],
    series: [{                            //配置数据系列
        type: 'bar', stack: 'chart', z: 3,
        label: { normal: { position: 'right', show: true } },
        data: Object.keys(builderJson.charts).map(function (key) {
            return builderJson.charts[key];
        })
    }, {
        type: 'pie', radius: [0, '30％'], center: ['75％', '25％'],
        data: Object.keys(downloadJson).map(function (key) {
            return {
                name: key
                value: downloadJson[key]
            }
        })
    }]
};
myChart.setOption(option);               //为 ECharts 对象加载数据
</script>
</body>
</html>
```

通过配置直角坐标系网格所在位置,控制条形柱状图位置和大小。代码中,Object. keys(obj)方法会返回一个给定对象 obj 的自身属性组成的数组。例如:Object. keys (downloadJson)结果是['完整版','精简版','常用版','源代码版']。

数组的 reduce()功能是从数组第一个元素开始遍历,逐渐遍历到最后一项。reduce() 接收两个参数,一个回调函数,一个初始值;如果不给 reduce()函数初始值,就会默认从第一个元素开始。例如,使用 reduce()函数实现对数组元素求和,代码如下:

```
var sum = [ 1, 2, 3,4];
var b = sum.reduce(function (accumulator, currentValue) {return accumulator + currentValue},100);
console.log(b);                //初始值 100,结果为 110
var c = sum.reduce(function (accumulator, currentValue) {return accumulator + currentValue});
console.log(c);                //初始值默认 0,结果为 10
```

map()方法是数组原型的一个函数,该函数用于对数组中的每个元素进行处理,将其转换为另一个值,最终返回一个新的数组的运算,该数组包含了经过处理后的每个元素。例如将原数组每个元素乘以2,代码如下:

```
var numbers = [1, 2, 3, 4];
var doubled = numbers.map(function(num) {
    return num * 2;
});
console.log(doubled);                    //输出 [2, 4, 6, 8]
```

本例代码中,

```
Object.keys(downloadJson).map(function (key) {
    return {
            name: key,
            value: downloadJson[key]
        }
})
```

通过转换将原来['完整版', '精简版', '常用版', '源代码版']数组转换为如下数组:

[{name: '完整版', value: 17365}, {name: '精简版', value: 4079}, {name: '常用版', value: 6929}, {name: '源代码版', value: 14890}],从而满足饼图 data 的需要。

8.1.2　ECharts 的多图表联动

当需要展示的数据比较多时,放在一个图表进行展示的效果并不佳,此时,可以考虑使用两个图表进行联动展示。ECharts 提供了多图表联动(connect)的功能,连接的多个图表可以共享组件事件并实现保存图片时的自动拼接。多图表联动支持直角坐标系下 tooltip 的联动。

实现 ECharts 中的多图表联动,可以使用以下两种方法。

(1) 分别设置每个 ECharts 对象为相同的 group 值,并通过在调用 ECharts 对象的 connect()方法时,传入 group 值,从而使用多个 ECharts 对象建立联动关系,代码如下:

```
myChart1.group = 'group1';        //给第 1 个 ECharts 对象设置一个 group 值
myChart2.group = 'group1';        //给第 2 个 ECharts 对象设置一个相同的 group 值
echarts.connect('group1');        //调用 ECharts 对象的 connect 方法时,传入 group 值
```

(2) 直接调用 ECharts 的 connect()方法,参数为一个由多个需要联动的 ECharts 对象所组成的数组,代码如下:

```
echarts.connect([myChart1,myChart2]);
```

若想要解除已有的多图表联动,则可以调用 disConnect()方法,代码如下:

```
echarts.disConnect('group1');
```

【例 8-3】 利用某学院 2019 年和 2020 年的专业招生情况绘制柱状图联动图表,如图 8-3 所示。

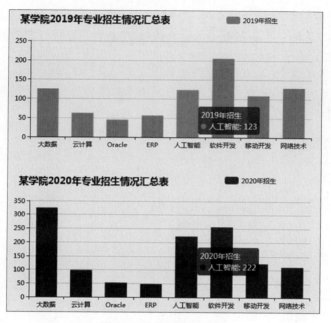

图 8-3　柱状图联动图表

代码如下:

```
<!DOCTYPE html>
<html>
<head>
    <meta charset = "UTF - 8">
    <script type = "text/javascript" src = 'js/echarts.js'></script>
</head>
<body>
    <div id = "main1" style = "width: 600px; height:400px"></div>
    <div id = "main2" style = "width: 600px; height:400px"></div>
    <script type = "text/javascript">
        //基于准备好的 DOM,初始化 ECharts 图表
        var myChart1 = echarts.init(document.getElementById("main1"));
        var option1 = {                              //指定第 1 个图表的配置项和数据
            color: ['LimeGreen', 'DarkGreen', 'red', 'blue', 'Purple'],
            backgroundColor: 'rgba(128, 128, 128, 0.1)', //rgba 设置透明度 0.1
            title: { text: '某学院 2019 年专业招生情况汇总表', left: 40, top: 5 },
            tooltip: { tooltip: { show: true }, },
            legend: { data: ['2019 年招生'], left: 422, top: 8 },
            xAxis: [{
                data:["大数据", "云计算", "Oracle", "ERP", "人工智能",
                    "软件开发", "移动开发", "网络技术"], axisLabel: { interval: 0 }
            }],
            yAxis: [{ type: 'value', }],
            series: [{                               //配置第 1 个图表的数据系列
                name: '2019 年招生',
                type: 'bar', barWidth: 40,           //设置柱状图中每个柱子的宽度
                data: [125, 62, 45, 56, 123, 205, 108, 128],
            }]
        };
```

```
                //基于准备好的 DOM,初始化 ECharts 图表
                var myChart2 = echarts.init(document.getElementById("main2"));
                var option2 = {                              //指定第 2 个图表的配置项和数据
                    color: ['blue', 'LimeGreen', 'DarkGreen', 'red', 'Purple'],
                    backgroundColor: 'rgba(128, 128, 128, 0.1)',   //rgba 设置透明度 0.1
                    title: { text: '某学院 2020 年专业招生情况汇总表', left: 40, top: 8 },
                    tooltip: { show: true },
                    legend: { data: ['2020 年招生'], left: 422, top: 8 },
                    xAxis: [{
                        data: ["大数据", "云计算", "Oracle", "ERP", "人工智能",
                            "软件开发", "移动开发", "网络技术"], axisLabel: { interval: 0 }
                    }],
                    yAxis: [{ type: 'value', }],
                    series: [{                               //配置第 2 个图表的数据系列
                        name: '2020 年招生',
                        type: 'bar', barWidth: 40,           //设置柱状图中每个柱子的宽度
                        data: [325, 98, 53, 48, 222, 256, 123, 111],
                    }]
                };
                myChart1.setOption(option1);                 //为 myChart1 对象加载数据
                myChart2.setOption(option2);                 //为 myChart2 对象加载数据
                //多图表联动配置方法 1: 分别设置每个 ECharts 对象的 group 值
                myChart1.group = 'group1';
                myChart2.group = 'group1';
                echarts.connect('group1');
            //多图表联动配置方法 2: 直接传入需要联动的 ECharts 对象 myChart1,myChart2
            //echarts.connect([myChart1,myChart2]);
            </script>
    </body>
</html>
```

由图 8-3 可知,共有上下两个柱状图,分别表示 2019、2020 两个年度的招生情况汇总。由于建立了多图表联动,所以当鼠标滑过 2019 年或 2020 年的人工智能专业柱体上时,系统会同时在 2019 年、2020 年的人工智能专业上自动弹出相应的详情提示框(tooltip)。

【例 8-4】 利用某大学各专业 2016—2020 年的招生情况绘制饼图与柱状图的联动图表,如图 8-4 所示。

代码如下:

```
<!DOCTYPE html>
< html >
< head >
    < meta charset = "UTF - 8">
    < script type = "text/javascript" src = 'js/echarts.js'></script>
</head>

< body >
    < div id = "main1" style = "width: 600px; height:400px"></div>
    < div id = "main2" style = "width: 600px; height:400px"></div>
    < script type = "text/javascript">
        //基于准备好的 DOM,初始化 ECharts 图表
        var myChart1 = echarts.init(document.getElementById("main1"));
```

```javascript
var option1 = { //指定第 1 个图表 option1 的配置项和数据
    color: ['red', 'Lime', 'blue', 'DarkGreen', 'DarkOrchid', 'Navy'],
    backgroundColor: 'rgba(128, 128, 128, 0.1)', //配置背景色,rgba 设置透明度 0.1
    title: { text: '某大学各专业历年招生情况分析', x: 'center', y: 12 },
    tooltip: { trigger: "item", formatter: "{a}< br/>{b}:{c}({d}%)" },
    legend: {
        orient: 'vertical', x: 15, y: 15,
        data: ['2016', '2017', '2018', '2019', '2020']
    },
    series: [{ //配置第 1 个图表的数据系列
        name: '总人数:', type: 'pie',
        radius: '70%', center: ['50%', 190],
        data: [
            { value: 1695, name: '2016' }, { value: 1790, name: '2017' },
            { value: 2250, name: '2018' }, { value: 2550, name: '2019' },
            { value: 2570, name: '2020' }]
    }]
};
myChart1.setOption(option1); //使用指定的配置项和数据显示饼图
//基于准备好的 DOM,初始化 ECharts 图表
var myChart2 = echarts.init(document.getElementById("main2"));
var option2 = { //指定第 2 个图表的配置项和数据
    color: ['red', 'Lime', 'blue', 'DarkGreen', 'DarkOrchid', 'Navy'],
    backgroundColor: 'rgba(128, 128, 128, 0.1)', //配置背景色,rgba 设置透明度 0.1
    tooltip: { trigger: 'axis', axisPointer: { type: 'shadow' } }, //配置提示框组件
    legend: { //配置图例组件
        left: 42, top: 25,
        data: ['大数据', 'Oracle', '云计算', '人工智能', '软件工程']
    },
    toolbox: { //配置第 2 个图表的工具箱组件
        show: true, orient: 'vertical', left: 550, top: 'center',
        feature: {
            mark: { show: true }, restore: { show: true }, saveAsImage: { show: true },
            magicType: { show: true, type: ['line', 'bar', 'stack', 'tiled'] }
        }
    },
    xAxis: [{
        type: 'category',
        data: ['2016', '2017', '2018', '2019', '2020']
    }], //配置第 2 个图表的 x 轴坐标系
    yAxis: [{ type: 'value', splitArea: { show: true } }], //配置第 2 个图表的 y 轴坐标系
    series: [                                         //配置第 2 个图表的数据系列
        {
            name: '大数据', type: 'bar', stack: '总量',
            data: [301, 334, 390, 330, 320], barWidth: 45,
        },
        { name: 'Oracle', type: 'bar', stack: '总量', data: [101, 134, 90, 230, 210] },
        { name: '云计算', type: 'bar', stack: '总量', data: [191, 234, 290, 330, 310] },
        { name: '人工智能', type: 'bar', stack: '总量', data: [201, 154, 190, 330, 410] },
        { name: '软件工程', type: 'bar', stack: '总量', data: [901, 934, 1290, 1330, 1320] }
    ]
};
myChart2.setOption(option2); //使用指定的配置项和数据显示堆叠柱状图
```

```
        //多图表联动配置方法 1: 分别设置每个 ECharts 对象的 group 值
        myChart1.group = 'group1';
        myChart2.group = 'group1';
        echarts.connect('group1');
         //多图表联动配置方法 2: 直接传入需要联动的 ECharts 对象 myChart1,myChart2
        //echarts.connect([myChart1,myChart2]);
    </script>
</body>
</html>
```

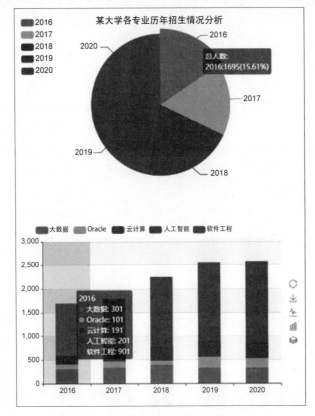

图 8-4　饼图和柱状图联动图表

图 8-4 所示的上方为饼图,下方为柱状图(柱状图也可以通过工具箱转为折线图)。当鼠标滑过饼图的某个扇区时,饼图出现详情提示框,显示相应扇区所对应年份的招生人数及其所占各年总招生人数的比例,同时柱状图(或折线图)也会相应地出现详情提示框,显示对应年份各个专业的招生人数的详细数据。

注意:多图表的联动还可以通过事件来实现。

8.2　动态切换主题及自定义 ECharts 主题

主题是 ECharts 图表的风格抽象,用于统一多个图表的风格样式。为了顺应不同的绘图风格需求,需要下载 ECharts 官方提供的 default、infographic、shine、roma、macarons、vintage 等主题,并利用某大学各专业招生数据实现动态主题的切换。此外,为了让图表整体换装,还需要制作自定义主题。

8.2.1　ECharts 中动态切换主题

ECharts 是一款利用原生 JavaScript 编写的图表类库,其为打造一款数据可视化平台提供了良好的图表支持。在前端开发中,站点样式主题 CSS 是与样式组件的 CSS 样式分离的,这样可以根据不同的需求改变站点风格,如春节、中秋等节假日都需要改变站点风格。顺应这种需求,百度 ECharts 团队提供了多种风格的主题。

切换 ECharts 主题的步骤如下。

(1) 下载主题文件。在使用主题之前需要下载主题.js 文件(在 ECharts 官网上下载官方提供的主题,如 macarons.js,或自定义主题)。

(2) 引用主题文件。将下载的主题.js 文件引用到 HTML 页面中。注意,如果 ECharts 主题中需要使用到 jQuery,那么还应该再在页面中引用 jQuery 的.js 文件。

(3) 指定主题名。在 ECharts 对象初始化时,通过 init 的第 2 个参数指定需要引入的主题名。如 var myChart＝echarts.init(document.getElementById('main'),主题名)。

【例 8-5】　利用某大学各专业招生情况绘制 ECharts 的 infographic 主题柱状图,如图 8-5 所示。由图 8-5 可知,图形使用了 3 种不同的灰度以表示每个专业分别在 2021 年、2022 年、2023 年的招生情况。

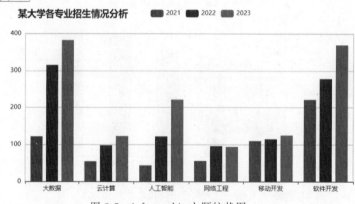

图 8-5　infographic 主题柱状图

代码如下:

```
<!DOCTYPE html>
<html>
<head>
    <meta http-equiv="Content-Type" content="text/html; charset=UTF-8">
    <script src="js/echarts.js" type="text/javascript" charset="utf-8"></script>
    <script src="js/jquery-3.3.1.js"></script>
    <script src="js/roma.js"></script>
    <script src="js/macarons.js"></script>
    <script src="js/roma.js"></script>
    <script src="js/shine.js"></script>
    <script src="js/vintage.js"></script>
```

```
        < script src = 'js/infographic.js'></script>
    </head>
    < body >
        < div id = "themeArea">< label > ECharts 主题切换：</label ></div >
        < select name = "" id = "sel">
            < option value = "dark"> dark </option >
            < option value = "macarons"> macarons </option >
            < option value = "infographic"> infographic </option >
            < option value = "roma"> roma </option >
            < option value = "shine"> shine </option >
            < option value = "vintage"> vintage </option >
        </select >
        < div id = 'main' style = "height:399px;width:800px"></div >
        < script >
            //基于准备好的 DOM,初始化 ECharts 实例
            var myChart = echarts.init(document.getElementById('main'), 'dark');
            //指定图表的配置项和数据
            var option = { //指定图表的配置项和数据
                //backgroundColor:'WhiteSmoke', //当设置 color 和背景色后,主题的背景色无效
                title: { text: '某大学各专业招生情况分析', left: 60, top: 10 },
                tooltip: {}, //配置提示框组件
                legend: { left: 320, top: 10, data: ['2021', '2022', '2023'] }, //配置图例组件
                xAxis: { data: ["大数据", "云计算", "人工智能", "网络工程", "移动开发", "软件开发"] },
                grid: { show: true }, //配置网格组件
                yAxis: {},
                series: [ //配置数据系列
                    { name: '2021', type: 'bar', data: [122, 55, 44, 56, 110, 222] },
                    { name: '2022', type: 'bar', data: [315, 98, 122, 96, 115, 278] },
                    { name: '2023', type: 'bar', data: [382, 123, 222, 94, 125, 369] },
                ]
            };
            //使用刚指定的配置项和数据显示图表
            myChart.setOption(option);
            $('♯sel').change(function () {
                myChart.dispose();
                let Theme = $(this).val();
                //基于准备好的 DOM,初始化 ECharts 实例
                myChart = echarts.init(document.getElementById('main'), Theme);
                //使用刚指定的配置项和数据显示图表
                myChart.setOption(option);
            });
        </script >
    </body >
</html >
```

代码中,首先引入主题的.js 文件;接着,由于主题需要使用 jQuery,所以也需要引入 jquery-3.3.1.js 文件;最后,使用 jQuery 语句 $(this). val()获得主题名称,在初始化 ECharts 实例时,通过 init()的第 2 个参数指定需要引入的主题。

8.2.2　自定义 ECharts 主题

ECharts 除了默认主题样式之外,还可以使用主题在线构建工具,根据需求快速直观地生成主题配置文件,并在 ECharts 中使用自定义的主题样式。自定义主题的步骤如下。

（1）打开 ECharts 的主题构建工具，Apache ECharts 主题编辑器（网址详见前言二维码），如图 8-6 所示。

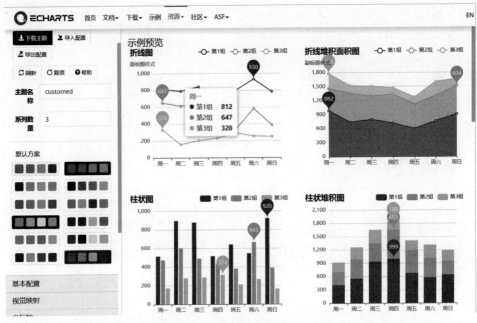

图 8-6　ECharts 的主题构建工具

（2）选择和配置主题。在 ECharts 的主题构建工具中，有十几套主题可以选择。如果这些主题还满足不了需求，那么还可以设置各种配置。ECharts 提供了基本配置、视觉映射、坐标轴、图例、提示框、时间轴、数据缩放等各个模块的样式配置，配置形式相当丰富。同时也对主题构建工具中的基本配置中的背景、标题、副标题等进行相应的配置，如图 8-7 所示。

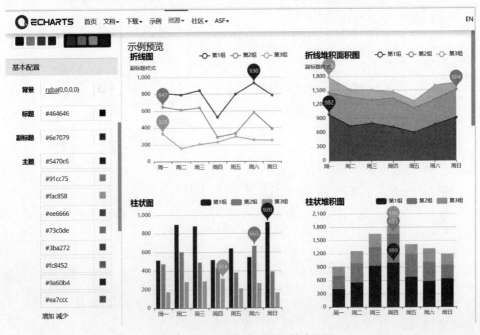

图 8-7　ECharts 构建工具的样式配置

（3）配置文件下载。在 ECharts 主题样式配置完成后，需要下载配置文件。单击主题构建工具页面左上角的"下载"按钮，在弹出"主题下载"的对话框中，如图 8-8 所示，单击左边的"JS 版本"选项卡，将其中的代码复制到所命名的".js"格式的文件中保存。ECharts 提供了".js"".json"两种格式的文件，主题下载时应该选择".js"版本的配置文件。下载好".js"格式的文件后，对".js"格式的文件的使用与动态切换主题的方法相同。

图 8-8 "主题下载"对话框

为了便于二次修改，ECharts 的主题构建工具支持导入、导出配置项，导出的配置可以通过导入恢复配置项。导出的".json"格式的文件仅支持在 ECharts 的主题构建工具中导入使用，而不能直接作为主题在 ECharts 页面中使用。

8.3 ECharts 中的事件和行为

事件是用户或浏览器自身执行的某种动作。如 click、mouseover、页面加载完毕后触发 load 事件，都属于事件。为了记录用户的操作和行为路径，需要完成鼠标事件处理和组件交互的行为事件的处理。

8.3.1 ECharts 中鼠标事件的处理

响应某个事件的函数称为事件处理程序，也可称为事件处理函数、事件句柄。鼠标事件即鼠标操作单击图表的图形（如 click、dblclick、contextmenu）或 hover 图表的图形（如 mouseover、mouseout、mousemove）时触发的事件。

在 ECharts 中，用户的任何操作都可能会触发相应的事件。在 ECharts 中，支持 9 种常规的鼠标事件，包括 click、dblclick、mousedown、mousemove、mouseup、mouseover、mouseout、globalout、contextmenu。其中，click 事件最为常用。常规的鼠标事件及说明如表 8-1 所示。

表 8-1 常规的鼠标事件及说明

事 件 名 称	事 件 说 明
click	在目标元素上,单击鼠标左键时触发。不能通过键盘触发
dblclick	在目标元素上,双击鼠标左键时触发
mouseup	在目标元素上,鼠标按钮被释放弹起时触发。不能通过键盘触发
mousedown	在目标元素上,鼠标按钮(左键或右键)被按下时触发。不能通过键盘触发
mouseover	鼠标移入目标元素上方时触发。鼠标移动到其后代元素上也会触发
mousemove	鼠标在目标元素内部移动时不断触发。不能通过键盘触发
mouseout	鼠标移出目标元素上方时触发
globalout	鼠标移出了整个图表时触发
contextmenu	鼠标右键单击目标元素时触发,即鼠标右键单击事件,会弹出一个快捷菜单

在一个图表元素上相继触发 mousedown 和 mouseup 事件,才会触发 click 事件;两次 click 事件相继触发才会触发 dblclick 事件;如果取消了 mousedown 或 mouseup 中的一个,click 事件就不会被触发;如果直接或间接取消了 click 事件,dblclick 事件就不会被触发。

事件代码如下:

```
myChart.on('click', function (params) {
    // 在用户单击后控制台打印数据的名称
    console.log(params);
});

myChart.on('mouseover', function (params) {
    console.log(params);
});
//只对指定的组件的图形元素的触发回调
myChart.on('click', 'series.line', function (params) {
    console.log(params);
});
```

例如,处理单击事件并弹出数据元素名称。代码如下:

```
myChart.on('click', function (params) {
    alert(params.name);
});
```

【例 8-6】 利用某学院 2023 年专业招生情况绘制柱状图,如图 8-9 所示。

当单击添加鼠标单击事件的柱状图中的"人工智能"柱体后,弹出一个提示对话框,如图 8-10 所示。单击提示对话框的"确定"按钮后,将自动打开相应的百度搜索页面。

代码如下:

```
<!DOCTYPE html>
<html>
<head>
    <meta charset = "UTF-8">
    <script type = "text/javascript" src = 'js/echarts.js'></script>
</head>
<body>
    <div id = "main" style = "width: 800px; height: 600px"></div>
```

```
<script type = "text/javascript">
    var myChart = echarts.init(document.getElementById("main")); //基于准备好的DOM,初
始化 ECharts 图表
    var option = { //指定图表的配置项和数据
        color: ['LimeGreen', 'DarkGreen', 'red', 'blue', 'Purple'],
        backgroundColor: 'rgba(128, 128, 128, 0.1)', //rgba 设置透明度 0.1
        title: { text: '某学院 2023 年专业招生情况汇总表', left: 70, top: 9 },
        tooltip: { tooltip: { show: true }, },
        legend: { data: ['2023 年招生'], left: 422, top: 8 },
        xAxis: { //配置 x 轴坐标系
            data: ["大数据", "云计算", "人工智能", "软件开发", "移动开发"]
        },
        yAxis: {}, //配置 y 轴坐标系
        series: [{ //配置数据系列
            name: '招生人数:',
            type: 'bar', barWidth: 55, //设置柱状图中每个柱子的宽度
            data: [350, 200, 210, 466, 200]
        }]
    };
    myChart.setOption(option); //使用刚指定的配置项和数据显示图表
    //回调函数处理鼠标单击事件并跳转到相应的百度搜索页面
    myChart.on('click', function (params) {
        var yt = alert("鼠标单击事件,您刚才单击了:" + params.name);
        window.open('https://www.baidu.com/s?wd=' + encodeURIComponent(params.name));
    });
    window.addEventListener("resize", function () {
        myChart.resize(); //使图表自适应窗口的大小
    });
    myChart.setOption(option); //为 ECharts 对象加载数据
</script>
</body>
</html>
```

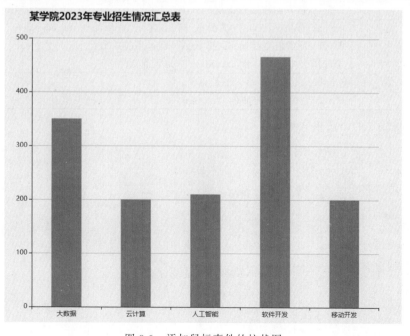

图 8-9　添加鼠标事件的柱状图

图 8-10　触发鼠标单击事件的提示对话框

在添加鼠标单击事件的柱状图代码中,通过 on 方法绑定鼠标的单击事件(click),鼠标事件包含一个参数 params,通过 params.name 获得用户鼠标单击的数据名称,再通过 window.alert 方法弹出一个对话框,最后通过 window.open 方法自动打开一个新的搜索网页。

open 方法至少带一个参数用于指定打开的新网页的网址,open 方法还可带多个其他参数用于指定新打开网页的其他属性。

在 ECharts 中,所有的鼠标事件都包含一个参数 params。params 是一个包含被单击图形的数据信息的对象,params 中的基本属性及含义如表 8-2 所示。

表 8-2　params 中的基本属性及含义

属 性 名 称	属 性 含 义
componentType	string,当前单击的图形元素所属的组件名称,其值如 series、markLine、markPoint、timeLine 等
seriesType	string,系列类型。其值可能为 line、bar、pie 等。当 componentType 为 series 时有意义
seriesIndex	number,系列在传入的 option.series 中的 index。当 componentType 为 series 时有意义
seriesName	string,系列名称。当 componentType 为 series 时有意义
name	string,数据名,类目名
dataIndex	number,数据在传入的 data 数组中的 index
data	Object,传入的原始数据项
dataType	string,sankey、graph 等图表同时含有 nodeData 和 edgeData 两种 data。dataType 的值会是 'node' 或 'edge',表示当前单击在 node 还是 edge 上。其他大部分图表中只有一种 data,dataType 无意义
value	number 或 Array,传入的数据值
color	string,数据图形的颜色,当 componentType 为 series 时有意义

参数 params 的语法格式如下:

```
{
    componentType: string,
    seriesType: string,
    seriesIndex: number,
    seriesName: string,                //系列名称
    name: string,                      //数据名,类目名
    dataIndex: number,                 //数据在传入的 data 数组中的 index
    data: Object,                      //传入的原始数据项
    value: number|Array                //传入的数据值
    ……
    color: string// 数据图形的颜色。当 componentType 为 'series' 时有意义。
}
```

例如,利用鼠标事件参数 params,可以区分鼠标单击到哪里。

```
myChart.on('click', function (params) {
    if (params.componentType === 'markPoint') {
        //单击到 markPoint 上
        if (params.seriesIndex === 5) {
            //单击到 index 为 5 的 series 的 markPoint 上
        }
    }
    else if (params.componentType === 'series') {
        if (params.seriesType === 'bar') {
            //单击到 bar 上
        }
    }
});
```

其中,例 8-6 事件处理的代码如下:

```
myChart.on('click', function (params) {
    var yt = alert("鼠标单击事件,您刚才单击了:" + params.name);
    window.open('https://www.baidu.com/s?wd=' + encodeURIComponent(params.name));
});
```

在回调函数 function(params)中获得事件对象中的数据名、系列名称,然后可以再更新图表、显示浮层等。代码如下:

```
myChart.on('click', function (parmas) {
    $ .get('detail?q=' + params.name, function (detail) {
        myChart.setOption({
            series: [{
                name: 'pie',
                //通过饼图表现单个柱子中的数据分布
                data: [detail.data]
            }]
        });
    });
});
```

8.3.2 ECharts 组件交互的行为事件

用户在使用交互的组件后触发的行为事件,即调用"dispatchAction"后触发的事件。如切换图例开关时触发 legendselectchanged 事件(这里需要注意,切换图例开关是不会触发 legendselected 事件的)、数据区域缩放时触发的 datazoom 事件等。

1. 组件交互的行为事件

在 ECharts 中,基本上所有的组件交互行为都会触发相应的事件。

在 ECharts 中的交互事件及事件说明如表 8-3 所示。

表 8-3　ECharts 中的交互事件及事件说明

事 件 名 称	事 件 说 明
legendselectchanged	切换图例选中状态后的事件,图例组件用户切换图例开关会触发该事件,不管有没有选择,单击即触发
legendselected	图例组件用 legendSelect 图例选中事件,即单击显示该图例时,触发就生效
legendunselected	使用 legendUnSelect 图例取消选中事件
datazoom	数据区域缩放事件。缩放视觉映射组件
datarangeselected	selectDataRange 视觉映射组件中,range 值改变后触发的事件
timelinechanged	timelineChange 时间轴中的时间点改变后的事件
timelineplaychanged	timelinePlayChange 时间轴中播放状态的切换事件
restore	restore 重置 option 事件
dataviewchanged	工具栏中数据视图的修改事件
magictypechanged	工具栏中动态类型切换的切换事件
geoselectchanged	geo 中地图区域切换选中状态的事件(用户单击会触发该事件)
geoselected	geo 中地图区域选中后的事件。使用 dispatchAction 可触发此事件,用户单击不会触发此事件(用户单击事件请使用 geoselectchanged)
geounselected	geo 中地图区域取消选中后的事件,使用 dispatchAction 可触发此事件,用户单击不会触发此事件(用户单击事件请使用 geoselectchanged)
pieselectchanged	series-pie 中饼图扇形切换选中状态的事件,用户单击会触发该事件
pieselected	series-pie 中饼图扇形选中后的事件,使用 dispatchAction 可触发此事件,用户单击不会触发此事件(用户单击事件请使用 pieselectchanged)
pieunselected	series-pie 中饼图扇形取消选中后的事件,使用 dispatchAction 可触发此事件,用户单击不会触发此事件(用户单击事件请使用 pieselectchanged)
mapselectchanged	series-map 中地图区域切换选中状态的事件,用户单击会触发该事件
mapselected	series-map 中地图区域选中后的事件,使用 dispatchAction 可触发此事件,用户单击不会触发此事件(用户单击事件请使用 mapselectchanged)
mapunselected	series-map 中地图区域取消选中后的事件,使用 dispatchAction 可触发此事件,用户单击不会触发此事件(用户单击事件请使用 mapselectchanged)
axisareaselected	平行坐标轴(Parallel)范围选取事件

下面是监听一个图例开关事件的示例。代码如下:

```
//图例开关的行为只会触发 legendselectchanged 事件
myChart.on('legendselectchanged', function (params) {
    //获取单击图例的选中状态
    var isSelected = params.selected[params.name];
    //在控制台中打印
    console.log((isSelected ? '选中了' : '取消选中了') + '图例' + params.name);
    //打印所有图例的状态
    console.log(params.selected);
});
```

2. 代码触发 ECharts 中组件的行为

上面只说明了用户的交互操作,但有时候也会需要在程序里调用方法并触发图表的行为,如显示提示框 tooltip。

ECharts 通过 dispatchAction({ type:'' })来触发图表行为,统一管理了所有动作,也可以根据需要去记录用户的行为路径。

【例 8-7】 利用代码触发 ECharts 饼图表行为，实现饼图区块的轮播高亮显示和出现提示框 tooltip。

代码如下：

```
<!DOCTYPE html>
<html>
<head>
    <meta charset = "UTF-8">
    <title>ECharts 实例</title>
    <!-- 引入 echarts.js -->
    <script src = "https://cdn.staticfile.org/echarts/4.3.0/echarts.min.js"></script>
</head>
<body>
    <!-- 为 ECharts 准备一个具备大小(宽高)的 DOM -->
    <div id = "main" style = "height: 100%;min-height:400px;"></div>
    <script type = "text/javascript">
        // 基于准备好的 DOM,初始化 ECharts 实例
        var myChart = echarts.init(document.getElementById('main'));
        var app = {};
        option = null;
        // 指定图表的配置项和数据
        var option = {
            title : {
                text: '饼图程序调用高亮示例',
                x: 'center'
            },
            tooltip: {
                trigger: 'item',
                formatter: "{a} <br/>{b} : {c} ({d}%)"
            },
            legend: {
                orient: 'vertical',
                left: 'left',
                data: ['直接访问','邮件营销','联盟广告','视频广告','搜索引擎']
            },
            series : [
                {
                    name: '访问来源',
                    type: 'pie',
                    radius : '55%',
                    center: ['50%', '60%'],
                    data:[
                        {value:335, name:'直接访问'},
                        {value:310, name:'邮件营销'},
                        {value:234, name:'联盟广告'},
                        {value:135, name:'视频广告'},
                        {value:1548, name:'搜索引擎'}
                    ],
                    itemStyle: {
                        emphasis: {
                            shadowBlur: 10,
                            shadowOffsetX: 0,
```

```
                              shadowColor: 'rgba(0, 0, 0, 0.5)'
                          }
                    }
                }
            ]
        };
        app.currentIndex = -1;
        var chartAuto = function () {                      //创建自定义函数
            var dataLen = option.series[0].data.length;
            // 取消之前高亮的图形(扇形区块)
            myChart.dispatchAction({
                type: 'downplay',                          //正常显示
                seriesIndex: 0,
                dataIndex: app.currentIndex
            });
            app.currentIndex = (app.currentIndex + 1) % dataLen;
            // 高亮当前图形(扇形区块)
            myChart.dispatchAction({
                type: 'highlight',                         //高亮显示
                seriesIndex: 0,
                dataIndex: app.currentIndex
            });
            // 显示 tooltip
            myChart.dispatchAction({
                type: 'showTip',                           //显示提示框 tooltip
                seriesIndex: 0,
                dataIndex: app.currentIndex
            });
        }
        var IntervalID = setInterval(chartAuto,1000);      //每隔 1s 更新
        myChart.setOption(option, true);
    </script>
</body>
</html>
```

以上实例用于轮播饼图并显示提示框 tooltip。运行效果如图 8-11 所示,每隔 1s 更新下一个区块高亮显示和出现提示框。

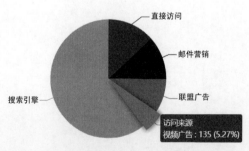

图 8-11　触发图表行为出现提示框和高亮显示

代码中主要通过 dispatchAction({ type：' '})触发图表行为。在 type：' '中，引号中的内容用于指定具体的行为，如'highlight'（高亮显示）、'downplay'（正常显示）、'showTip'（显示提示框）。

如果鼠标移入时，取消自动轮播饼图，只高亮显示鼠标选中的区域，鼠标移出后又恢复轮播饼图。添加鼠标移入和移出事件的代码如下：

```
//2-- 鼠标移入时的动画效果
var isSet = true //为了作判断,当鼠标移出时,自动高亮就被取消
myChart.on('mouseover', function (param) {
    isSet = false,
    clearInterval(IntervalID),
    myChart.dispatchAction({
            type: 'downplay',           //取消之前高亮的图形
            seriesIndex: 0,
            dataIndex: app.currentIndex
    })
    myChart.dispatchAction({
        type: 'highlight',              //高亮当前图形
        seriesIndex: 0,
        dataIndex: param.dataIndex
    })
    myChart.dispatchAction({
        type: 'showTip',                //显示 tooltip
        seriesIndex: 0,
        dataIndex: param.dataIndex
    })
})
//3-- 鼠标移出之后,恢复自动轮播高亮
myChart.on('mouseout', function (param) {
    myChart.dispatchAction({
            type: 'downplay',           //取消之前高亮的图形
            seriesIndex: 0,
            dataIndex: param.dataIndex
    })
    if (!isSet) {
        //调用 chartAuto 自定义函数,时间间隔为 1s
        IntervalID = setInterval(chartAuto, 1000),
        isSet = true
    }
});
myChart.setOption(option, true);
```

myChart.on('mouseover'，function (param){}设置鼠标移入时的效果，myChart.on('mouseout'，function(param){}设置鼠标移出时的效果。

8.4 ECharts 异步加载数据和动态更新

首先，讲解"同步"和"异步"的概念，同步就意味着当我们完成了一件事之后才能开始另一件事情。也就是说，当我们使用同步的数据请求方式发送请求时，直到我们得到数据才能

让图表进行展示,数据量较大或者网络较慢时可能会导致我们的图表整体加载不出来的情况,体验极不好,所以我们应该根据情况使用异步的方式加载数据。异步加载又称为非阻塞加载,一般指在加载数据的同时执行代码。

ECharts 通常数据设置在 setOption 中,如果需要异步加载并从服务器得到数据,可以配合 jQuery 等工具,在异步获取数据后通过 setOption 填入数据和配置项就行。

8.4.1　实现异步加载数据

假设 echarts_test_data.json 数据代码如下:

```json
{
    "data_pie" : [
        {"value":235, "name":"视频广告"},
        {"value":274, "name":"联盟广告"},
        {"value":310, "name":"邮件营销"},
        {"value":335, "name":"直接访问"},
        {"value":400, "name":"搜索引擎"}
    ]
}
```

下面实例中通过 jQuery 异步加载服务器上的 echarts_test_data.json 数据。

【例 8-8】　通过 jQuery 异步加载 json 数据。这里的 json 数据不是直接写在 data 里的,而是异步加载从服务器(网址详见前言二维码)获取得到的。

代码如下:

```html
<!DOCTYPE html>
<html>
<head>
    <meta charset = "UTF-8">
    <script type = "text/javascript" src = 'js/echarts.js'></script>
    <script src = "js/jquery-3.3.1.js"></script>
</head>
<body>
    <div id = "main" style = "width: 800px; height: 600px"></div>
    <script type = "text/javascript">
    var myChart = echarts.init(document.getElementById('main'));
    $.get('https://www.runoob.com/static/js/echarts_test_data.json', function (data) {
    myChart.setOption({
        series : [
            {
                name: '访问来源',
                type: 'pie',              //设置图表类型为饼图
                radius: '55%',            //饼图的半径为可视区尺寸(容器高宽中较小一项)55%
                data:data.data_pie        //异步加载得到的数据
            }
        ]
    })
    }, 'json')
    </script>
```

如果异步加载需要一段时间,ECharts 则默认提供了一个简单的加载动画(loading 效果)。只需要在加载数据前调用 showLoading 方法显示,在数据加载完成后,再调用 hideLoading 方

法隐藏加载动画。

下面实例为开启和隐藏加载动画 loading 效果：

```
var myChart = echarts.init(document.getElementById('main'));
myChart.showLoading();                      //开启 loading 效果
$.get('https://www.runoob.com/static/js/echarts_test_data.json', function (data) {
    myChart.hideLoading();                  //隐藏 loading 效果
    myChart.setOption({
        series : [
            {
                name: '访问来源',
                type: 'pie',                 //设置图表类型为饼图
                radius: '55%',               //饼图半径为可视区尺寸(容器高宽中较小项)55%长度
                data:data.data_pie           //异步加载得到的数据
            }
        ]
    })
}, 'json')
```

注意，本程序需要在服务器端运行，否则会出现 Access to XMLHttpRequest at 'https://www.runoob.com/static/js/echarts_test_data.json' from origin 'null' has been blocked by CORS policy：No 'Access-Control-Allow-Origin' header is present on the requested resource. 跨域访问问题。

当然可以把 json 数据放在本地服务器上的 data 文件夹下，则访问如下：

```
var myChart = echarts.init(document.getElementById('main'));
$.get('http://localhost:8080/data/echarts_test_data.json', function (data) {
    ....
    }, 'json')
```

8.4.2　实现数据的动态更新

ECharts 由数据驱动，数据的改变驱动图表展现的改变，因此动态数据的实现也变得异常简单。

所有数据的更新都通过 setOption 实现，实现数据的动态更新只需要定时获取数据，使用 setOption 填入数据，而不用考虑数据到底产生了哪些变化，ECharts 会找到两组数据之间的差异然后通过合适的动画去表现数据的变化。

【例8-9】 动态模拟显示 100 天的对应成交数据变化动图。例如，显示"2022/10/3"到"2023/1/9"的对应 100 天成交数据后，并不断持续更新。

代码如下：

```
< html >
< head >
    < meta charset = "UTF – 8">
    < script src = 'echarts.js'></script>
</head>
< body >
```

```
< div id = "main" style = "width: 800px; height: 600px"></div>
< script type = "text/javascript">
    var myChart = echarts.init(document.getElementById('main'));
    var base = new Date(2022, 9, 3);
    var oneDay = 24 * 3600 * 1000;
    var date = [];
    var data = [Math.random() * 150];          //用于存储100天模拟的成交数据
    var now = new Date(base);

    function addData(shift) {                   //产生一个日期和对应成交数据
        //把日期数据转换成"2022/9/3"形式的字符串
        now = [now.getFullYear(), now.getMonth() + 1, now.getDate()].join('/');
        date.push(now);
        data.push((Math.random() - 0.4) * 10 + data[data.length - 1]);
                                    //产生一个模拟成交数据
        if (shift) {                //将数组原来第一个元素删去,这样仍保持100个元素
            date.shift();           //从数组中删除第一个元素
            data.shift();
        }
        now = new Date( + new Date(now) + oneDay);      //把日期增加一天
    }
    for (var i = 1; i <= 100; i++) {//产生100天的日期和对应成交数据
        addData();
    }
    option = {
        xAxis: {
            type: 'category',                  //声明一个 x 轴,类目轴(category)
            boundaryGap: false,
            data: date                         //x 轴显示的日期数据
        },
        yAxis: {
            boundaryGap: [0, '50 % '],
            type: 'value'                      // 声明一个 y 轴,数值轴
        },
        series: [
            {
                name: '成交',
                type: 'line',                  //折线图
                smooth: true,
                symbol: 'none',
                stack: 'a',
                areaStyle: {
                    normal: {}
                },
                data: data
            }
        ]
    };
    myChart.setOption(option);
    setInterval(function () { 定时更新
        addData(true);                         //新的100天的日期和成交数据
        myChart.setOption({
            xAxis: {
```

```
                    data: date
                },
                series: [{
                    name: '成交',
                    data: data                          //定时更新的成交数据
                }]
            });
        }, 500);                                        //间隔0.5s
    </script>
</body>
</html>
```

运行效果如图 8-12 所示。

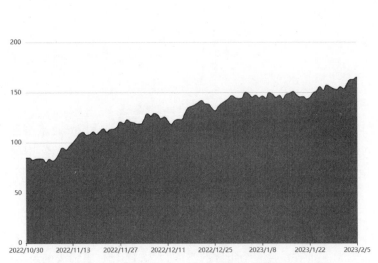

图 8-12　动态模拟显示 100 天的对应成交数据变化动图

代码中,以"2022/9/3"为基准,产生连续 100 天的日期和成交数据。将日期数据作为 x 轴坐标,成交数据作为 y 轴坐标。使用定时器,每隔 0.5s 更新显示图表。

addData(true)产生新的 100 天的日期和成交数据,方式是将数组里原来第一个元素删去,尾部加入新的元素。例如,"2022/10/3"到"2023/1/9"的对应 100 天,通过 addData (true)后变成"2022/10/4"到"2023/1/10"的对应 100 天,这样持续更新。

第 **9** 章

Python科学计算和可视化应用

随着 NumPy、SciPy、Matplotlib 等众多程序库的开发，Python 越来越适合于做科学计算和可视化。NumPy 是非常有名的 Python 科学计算工具包，NumPy 中的数组对象可以帮助实现数组中重要的操作，如矩阵乘积、转置、解方程系统、向量乘积和归一化，这为图像变形、对变化进行建模、图像分类、图像聚类等提供了基础。

Matplotlib 是 Python 的 2D&3D 绘图库，它提供了一整套与 MATLAB 相似的命令 API，十分适合交互式地进行绘图和可视化。处理数学运算、绘制图表，或者在图像上绘制点、直线和曲线时，Matplotlib 是一个很好的类库，具有比 PIL 更强大的绘图功能。

9.1　Python 基础知识

1. Python 的语言特性

Python 是一门具有强类型（即变量类型是强制要求的）、动态性、隐式声明（不需要做变量声明）、大小写敏感（myvar 和 myVAR 代表了不同的变量）以及面向对象（一切皆为对象）等特点的编程语言。

2. Python 的语法

Python 中没有强制的语句终止字符，且代码块是通过缩进来指示的。缩进表示一个代码块的开始，逆缩进则表示一个代码块的结束。声明以冒号（:）字符结束，并且开启一个缩进级别。单行注释以井号字符（♯）开头，多行注释则以多行字符串（'''或"""）的形式出现。赋值（事实上是将对象绑定到名字）通过等号（＝）实现；双等号（＝＝）用于相等判断；"＋＝"和"－＝"用于增加、减少运算（由符号右边的值确定增加、减少的值）。这适用于许多数据类型，包括字符串。例如：

```
>>> myvar = 3
>>> myvar += 2
>>> myvar                        #结果是5
"""This is a multiline comment.
The following lines concatenate the two strings."""
>>> mystring = "Hello"           #字符串
>>> mystring += " world."
>>> print (mystring)
```

3. Python 的数据类型

Python 有数字(number)、列表(list)、元组(tuple)、字典(dictionary)、集合(set)和字符串(string)等数据类型。

列表的特点与一维数组类似(当然也可以创建类似多维数组的"列表的列表"),字典则是具有关联关系的数组(通常也叫作哈希表,字典由索引 key 和它对应的值 value 组成),而元组则是不可变的一维数组(Python 中"数组"可以包含任何类型的元素,这样就可以使用混合元素,如整数、字符串或是嵌套包含列表、字典或元组)。数组中第一个元素索引值(下标)为 0,使用负数索引值能够从后向前访问数组元素,−1 表示最后一个元素。

Python 中的字符串使用单引号(')或是双引号(")来进行标识,而多行字符串可以通过三个连续的单引号'或是双引号"来进行标识。

```
list = [ 'abcd', 786 , 2.23, 'john', 70.2 ]          #列表
print (list)                                          #输出完整列表
print (list[0])                                       #输出列表的第一个元素
#元组用"()"标识。内部元素用逗号隔开。但是元组不能二次赋值,相当于只读列表
tuple = ( 'abcd', 786 , 2.23, 'john', 70.2 )          #元组
print(tuple)                                          #输出完整元组
print(tuple[1:3])                                     #输出第 2~3 个元素(786, 2.23)
dict = {'name': 'john','code':6734, 'dept': 'sales'}  #字典
print (dict['one'] )                                  #输出键为'one' 的值
str = 'Hello World!'                                  #字符串
print (str )                                          #输出完整字符串 Hello World!
print (str [2:])                                      #输出从第三个字符开始的字符串 llo World!
print (str * 2)                                       #输出字符串两次 Hello World! Hello World!
print (str + "TEST")                                  #输出连接的字符串 Hello World! TEST
```

4. 流程控制

在 Python 中可以使用 if、for 和 while 来实现流程控制。其中,使用 for 来枚举列表中的元素。如果希望生成一个由数字组成的列表,则可以使用 range() 函数。

```
rangelist = range(10)
print(rangelist)              #输出[0, 1, 2, 3, 4, 5, 6, 7, 8, 9]
for number in rangelist:
    if number in (3, 4, 7, 9):
        print(number)         #输出 3,4,7,9
```

5. 函数

在 Python 程序开发过程中,将完成某一特定功能并经常使用代码编写成函数,放在函数库(模块)中供大家选用,在需要使用时直接调用。函数通过 def 关键字进行声明,函数返回值只有一个。函数返回多个值可以返回一个元组(使用元组拆包可以有效返回多个值)。代码如下:

```
def funcvar(x):
    return x + 1
```

6. 导入函数库

函数库(即模块)可以使用 import [libname]关键字来导入。同时还可以用 from [libname] import [funcname]来导入所需要的函数。例如:

```
import random
from time import clock
randomint = random.randint(1, 100)
```

9.2 NumPy 库的使用

NumPy 是 Numerical Python 的简称,是高性能科学计算和数据分析的基础包。NumPy 是 Python 的一个科学计算的库,提供了矩阵运算的功能,一般与 Scipy、Matplotlib 一起使用。

9.2.1 NumPy 数组

1. NumPy 数组的定义

NumPy 库中处理的最基础数据类型是同种元素构成的数组。NumPy 数组是一个多维数组对象,称为 ndarray。NumPy 数组的维数称为秩(rank),一维数组的秩为 1,二维数组的秩为 2,以此类推。在 NumPy 中,每个线性的数组称为是一个轴(axes),秩其实是描述轴的数量。例如,二维数组相当于是两个一维数组,其中第一个一维数组中每个元素又是一个一维数组。而轴的数量——秩,就是数组的维数。关于 NumPy 数组必须了解:NumPy 数组的下标从 0 开始;同一个 NumPy 数组中所有元素的类型必须相同。

2. 创建 NumPy 数组

创建 NumPy 数组的方法很多。如可以使用 array()函数从常规的 Python 列表和元组创造数组。所创建的数组类型由原序列中的元素类型推导而来。

```
>>> from numpy import *
>>> a = array( [2,3,4] )
>>> a
    array([2, 3, 4])
>>> a.dtype
    dtype('int32')
```

```
>>> b = array([1.2, 3.5, 5.1])
>>> b.dtype
    dtype('float64')
```

使用 array()函数创建数组时，参数必须是由方括号括起来的列表，而不能使用多个数值作为参数调用 array()。

```
>>> a = array(1,2,3,4)              ♯错误
>>> a = array([1,2,3,4])           ♯正确
```

可使用双重序列来表示二维数组，使用三重序列表示三维数组，以此类推。

```
>>> b = array( [ (1.5,2,3), (4,5,6) ] )
>>> b
    array([[ 1.5,  2. ,  3. ],
          [ 4. ,  5. ,  6. ]])
```

通常，在刚开始时，数组的元素未知，而数组的大小已知。因此，NumPy 提供了一些使用占位符创建数组的函数。这些函数不仅满足了数组扩展的需要，还降低了高昂的运算开销。

NumPy 提供两个类似 range()的函数，返回一个数列形式的数组。

（1）arange()函数。

类似于 Python 的 range()函数，通过指定开始值、终值和步长来创建一维数组，注意数组不包括终值。

```
>>> import numpy as np
>>> np.arange(0,1,0.1)
array([ 0. ,0.1,0.2,0.3,0.4,0.5,0.6,0.7,0.8,0.9])
```

此函数在区间[0,1]上以 0.1 为步长生成一个数组，其第三个参数默认为 1。如果此函数仅使用一个参数，代表的是终值，开始值为 0；如果仅用两个参数，则步长默认为 1。

```
>>> np.arange(0,10)
array([0, 1, 2, 3, 4, 5, 6, 7, 8, 9])
>>> np.arange(0,5.6)
array([ 0.,  1.,  2.,  3.,  4.,  5.])
>>> np.arange(0.3,4.2)
array([ 0.3,  1.3,  2.3,  3.3])
```

（2）linspace()函数。

通过指定开始值、终值和元素个数（默认为 50）来创建一维数组，可以通过 endpoint 关键字指定是否包括终值，默认设置是包括终值。

```
>>> np.linspace(0, 1, 5)
array([  0. ,  0.25,  0.5 ,  0.75,  1.  ])
```

NumPy 库一般由 math 库函数的数组实现，如 sin,cos,log。

```
>>> x = np.arange(0,np.pi/2,0.1)
>>> x
array([0. ,0.1, 0.2, 0.3, 0.4, 0.5, 0.6, 0.7, 0.8, 0.9, 1. ,1.1, 1.2, 1.3, 1.4, 1.5])
>>> y = sin(x)      ♯NameError: name 'sin' is not defined
```

改成如下：

```
>>> y = np.sin(x)
>>> y
array([ 0. ,   0.09983342,  0.19866933,  0.29552021,  0.38941834,
0.47942554,  0.56464247,  0.64421769,  0.71735609,  0.78332691,
0.84147098,  0.89120736,  0.93203909,  0.96355819,  0.98544973,
0.99749499])
```

从结果可见，y 数组的元素分别是 x 数组元素对应的正弦值，计算起来十分方便。y 数组的最后一项不是 1，因为数组的数据不是标准的浮点型数据。如果要精确的浮点计算，请参见 NumPy 说明文档。

基本函数(三角、对数、平方、立方函数等)的使用就是在函数前加上 np. ，这样就能实现数组的函数计算。

9.2.2　NumPy 数组的算术运算

NumPy 数组的算术运算是按元素逐个运算。NumPy 数组运算后将创建包含运算结果的新数组。

```
>>> import numpy as np
>>> a = np.array([20,30,40,50])
>>> b = np.arange( 4)
>>> b
```

输出：array([0, 1, 2, 3])

```
>>> c = a - b
>>> c
```

输出：array([20, 29, 38, 47])

```
>>> b ** 2                    #乘方运算,二次方
```

输出：array([0, 1, 4, 9])

```
>>> 10 * np.sin(a)            #10 * sina
```

输出：array([9.12945251, -9.88031624, 7.4511316, -2.62374854])

```
>>> a < 35                    #每个元素与 35 比较大小
```

输出：array([True, True, False, False], dtype=bool)

与其他矩阵语言不同，NumPy 中的乘法运算符 * 按元素逐个计算，矩阵乘法可以使用 dot() 函数或创建矩阵对象实现。

```
>>> import numpy as np
>>> A = np.array([[1,1],  [0,1]])
>>> B = np.array([[2,0],  [3,4]])
>>> A * B                             #逐个元素相乘
```

```
array([[2, 0],
      [0, 4]])
>>> np.dot(A,B)                    ♯矩阵相乘
array([[5, 4],
      [3, 4]])
```

NumPy库还包括三角运算函数、傅里叶变换、随机和概率分布、基本数值统计、位运算、矩阵运算等非常丰富的功能。在使用时,读者可以到官方网站查询。

9.3 Matplotlib 绘图可视化

Matplotlib 旨在用 Python 实现 MATLAB 的功能,是 Python 下最出色的绘图库,功能很完善,同时也继承了 Python 的简单、明了的风格,可以很方便地设计和输出二维以及三维的数据,提供了常规的笛卡儿坐标、极坐标、球坐标、三维坐标等。其输出的图片质量也达到了科技论文中的印刷质量,日常的基本绘图更不在话下。

Matplotlib 实际上是一套面向对象的绘图库,它所绘制的图表中的每个绘图元素,例如线条 Line2D、文字 Text、刻度等,都有一个对象与之对应。为了方便快速绘图,Matplotlib 通过 pyplot 模块提供了一套和 MATLAB 类似的绘图 API,将众多绘图对象所构成的复杂结构隐藏在这套 API 内部。只需要调用 pyplot 模块所提供的函数就可以实现快速绘图以及设置图表的各种细节。pyplot 模块虽然用法简单,但不适合在较大的应用程序中使用。

安装 Matplotlib 之前先要安装 NumPy。Matplotlib 是开源工具(下载网址详见前言二维码)。该链接中包含非常详尽的使用说明和教程。

9.3.1 Matplotlib.pyplot 模块——快速绘图

Matplotlib 的 pyplot 模块提供了和 MATLAB 类似的绘图 API,方便用户快速绘制 2D 图表。同时,Matplotlib 还提供了一个名为 pylab 的模块,其中包括了许多 NumPy 和 pyplot 模块中常用的函数,方便用户快速进行计算和绘图,十分适合在 Python 交互式环境中使用。

【例 9-1】 绘制正弦三角函数 $y = \sin(x)$。

代码如下:

```
# plot a sine wave from 0 to 4pi
import matplotlib.pyplot as plt
from numpy import *                    ♯也可以使用 from pylab import *
plt.figure(figsize = (8,4))
x_values = arange(0.0, math.pi * 4, 0.01)
y_values = sin(x_values)
plt.plot(x_values, y_values, 'b--', label('$ sin(x)$'), linewidth = 1.0
plt.xlabel('x ')                       ♯设置 x 轴的文字
plt.ylabel('sin(x)')                   ♯设置 y 轴的文字
plt.ylim(-1, 1)                        ♯设置 y 轴的范围
plt.title('Simple plot')               ♯设置图表的标题
plt.legend()                           ♯显示图例(legend)
```

```
plt.grid(True)
plt.savefig("sin.png")
plt.show()
```

运行效果如图 9-1 所示。

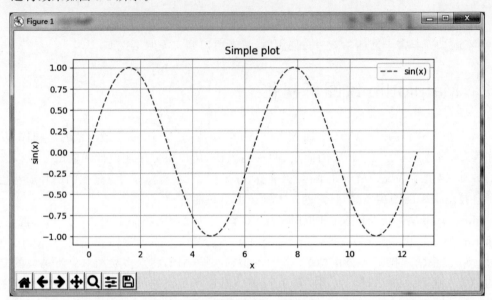

图 9-1　绘制正弦三角函数

1. 调用 figure()函数创建一个绘图对象

代码如下：

```
plt.figure(figsize = (8,4))
```

可以调用 figure()函数创建一个绘图对象，也可以不创建绘图对象而是调用 plot()函数直接绘图，Matplotlib 会为我们自动创建一个绘图对象函数。

如果需要同时绘制多幅图表，可以给 figure()函数传递一个整数参数指定图表的序号，如果所指定序号的绘图对象已经存在，则不创建新的对象，而只是让它成为当前绘图对象。

figsize 参数指定绘图对象的宽度和高度，单位为英寸；dpi 参数指定绘图对象的分辨率，即每英寸多少像素，默认值为 100。因此本例中所创建的图表窗口的宽度为 8×100 像素 $=800$ 像素，高度为 4×100 像素 $=400$ 像素。

用 show()函数显示出来的工具栏中的"保存"按钮保存下来的 png 图像的大小是 800 像素 $\times 400$ 像素。绘图对象的分辨率 dpi 参数可以通过如下语句进行查看：

```
>>> import matplotlib
>>> matplotlib.rcParams["figure.dpi"]        #每英寸多少像素
100
```

2. 通过调用 plot()函数在当前的绘图对象中进行绘图

创建 Figure 对象之后，接下来调用 plot()函数在当前的 Figure 对象中绘图。实际上，

plot()是在 Axes(子图)对象上绘图,如果当前的 Figure 对象中没有 Axes 对象,将会为之创建一个几乎充满整个图表的 Axes 对象,并且使此 Axes 对象成为当前的 Axes 对象。

```
x_values = arange(0.0, math.pi * 4, 0.01)
y_values = sin(x_values)
plt.plot(x_values, y_values, 'b--', linewidth = 1.0, label = "sin(x)")
```

(1) 第 3 句将 x,y 数组传递给 plot。

(2) 通过第三个参数"b--"指定曲线的颜色和线型,这个参数称为格式化参数,它能够通过一些易记的符号快速指定曲线的样式。其中,b 表示蓝色,"--"表示线型为虚线。常用作图参数如下。

① 颜色(color,简写为 c)。

蓝色: 'b' (blue)

绿色: 'g' (green)

红色: 'r' (red)

蓝绿色(墨绿色): 'c' (cyan)

红紫色(洋红): 'm' (magenta)

黄色: 'y' (yellow)

黑色: 'k' (black)

白色: 'w' (white)

灰度表示法: e.g. 0.75 ([0,1]内任意浮点数)

RGB 表示法: e.g. '#2F4F4F'或(0.18, 0.31, 0.31)

② 线型(line styles,简写为 ls)。

实线: '-'

虚线: '--'

虚点线: '-.'

点线: ':'

点: '.'

星形: '*'

③ 线宽(linewidth,浮点数,用 float 表示)。

pylab 的 plot()函数与 MATLAB 很相似,也可以在后面增加属性值,可以用 help 查看说明,代码如下:

```
>>> import matplotlib.pyplot as plt
>>> help(plt.plot)
```

例如,用'r*',即红色星形来画图,代码如下:

```
import math
import matplotlib.pyplot as plt
y_values = []
x_values = []
num = 0.0
#collect both num and the sine of num in a list
```

```
while num < math.pi * 4:
    y_values.append(math.sin(num))
    x_values.append(num)
    num += 0.1
plt.plot(x_values,y_values,'r*')
plt.show()
```

运行效果如图 9-2 所示。

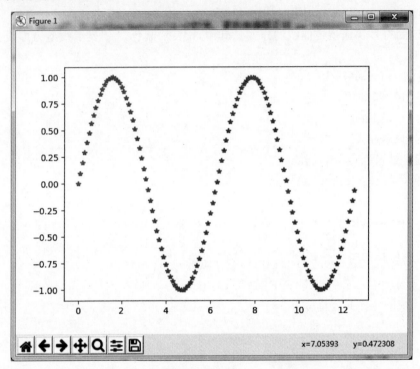

图 9-2　用红色星形来绘制正弦三角函数

（3）也可以用关键字参数指定各种属性。label：给所绘制的曲线一个名字，此名字在图例（legend）中显示。是只要在字符串前后添加" $ "符号，Matplotlib 就会使用其内嵌的 latex 引擎绘制的数学公式。color 指定曲线的颜色；linewidth 指定曲线的宽度。

例如：

```
plt.plot(x_values, y_values, color = 'r*', linewidth = 1.0)      #红色,线条宽度为1
```

3. 设置绘图对象的各个属性

xlabel、ylabel：分别设置 x、y 轴的标题文字。

title：设置图的标题。

xlim、ylim：分别设置 x、y 轴的显示范围。

legend()：显示图例，即图中表示每条曲线的标签（label）和样式的矩形区域。

例如：

```
plt.xlabel('x')                          #设置 x 轴的文字
plt.ylabel('sin(x)')                     #设置 y 轴的文字
```

```
plt.ylim( - 1, 1)                            # 设置 y 轴的范围
plt.title('Simple plot')                     # 设置图表的标题
plt.legend()                                 # 显示图例(legend)
```

pyplot 模块提供了一组与读取和显示相关的函数,用于在绘图区域中增加显示内容及读入数据,如表 9-1 所示。这些函数需要与其他函数搭配使用,此处读者有所了解即可。

表 9-1　pyplot 模块提供的与读取和显示相关的函数

函　　　数	功　　　能
plt. legend()	在绘图区域中放置绘图标签(也称图注)
plt. show()	显示创建的绘图对象
plt. matshow()	在窗口显示数组矩
plt. imshow()	在轴上显示图像
plt. imsave()	保存数组为图像文件
plt. imread()	从图像文件中读取数组

4. 清空 plt 绘制的内容

```
plt.cla()                                    # 清空 plt 绘制的内容
plt.close(0)                                 # 关闭 0 号图
plt.close('all')                             # 关闭所有图
```

5. 图形保存和输出设置

可以调用 plt. savefig()函数将当前的 Figure 对象保存成图像文件,图像格式由图像文件的扩展名决定。下面的程序将当前的图表保存为 test. png,并且通过 dpi 参数指定图像的分辨率为 120 像素×像素,因此输出图像的宽度为 8×120 像素=960 像素。

```
plt.savefig("test.png",dpi = 120)
```

在 Matplotlib 中绘制完图形后,再通过 show()函数展示出来,还可以通过图形界面中的工具栏对其进行设置和保存。图形界面下方工具栏中按钮(config subplot)还可以设置图形上、下、左、右的边距。

6. 绘制多子图

可以使用 subplot()函数快速绘制包含多个子图的图表,它的调用形式如下:

```
subplot(numRows, numCols, plotNum)
```

subplot 将整个绘图区域等分为 numRows 行 * numCols 列个子区域,然后按照从左到右,从上到下的顺序对每个子区域进行编号,左上的子区域的编号为 1。如果 numRows、numCols 和 plotNum 都小于 10,可以把它们缩写为一个整数,例如,subplot(323)和 subplot(3,2,3)是相同的,都被分割成 3×2(3 行 2 列)的网格子区域。

subplot()函数会在参数 plotNum 指定的区域中创建一个轴对象。如果新创建的轴和之前创建的轴重叠,之前的轴将被删除。

通过 axisbg 参数(新版本 2.0 为 facecolor 参数)给每个轴设置不同的背景颜色。例如,下面的程序创建 3 行 2 列共 6 个子图,并通过 facecolor 参数给每个子图设置不同的背景颜色。

```
for idx, color in enumerate("rgbyck"):          # 红、绿、蓝、黄、蓝绿色、黑色
    plt.subplot(321 + idx, facecolor = color)   # axisbg = color
plt.show()
```

运行效果如图 9-3 所示。

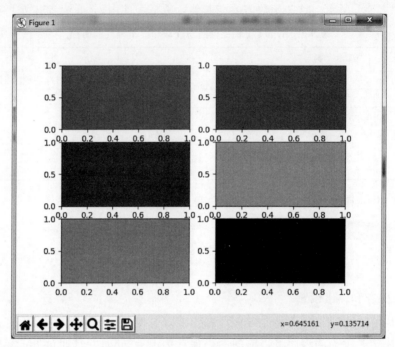

图 9-3 每个轴设置不同的背景颜色

subplot()函数返回它所创建的 Axes 对象,可以将它用变量保存起来,然后用 sca()函数交替让它们成为当前 Axes 对象,并调用 plot()函数在其中绘图。

7. 调节轴之间的间距和轴与边框之间的距离

当绘图对象中有多个轴的时候,可以通过工具栏中的 Configure Subplots 按钮,交互式地调节轴之间的间距和轴与边框之间的距离。

如果希望在程序中调节,则可以调用 subplots_adjust()函数,它有 left、right、bottom、top、wspace、hspace 等几个关键字参数,这些参数的值都是 0~1 的小数,它们是以绘图区域的宽、高为 1 进行归一化之后的坐标或者长度。

8. 绘制多幅图表

如果需要同时绘制多幅图表,可以给 figure()函数传递一个整数参数作为指定 Figure 对象的序号,如果序号所指定的 Figure 对象已经存在,将不创建新的对象,而只是让它成为当前的 Figure 对象。下面的程序演示了如何依次在不同图表的不同子图中绘制曲线。

```
import numpy as np
import matplotlib.pyplot as plt
plt.figure(1)                # 创建图表 1
plt.figure(2)                # 创建图表 2
ax1 = plt.subplot(211)       # 在图表 2 中创建子图 1
```

```
ax2 = plt.subplot(212)              # 在图表2中创建子图2
x = np.linspace(0, 3, 100)
for i in x:
    plt.figure(1)                   # 选择图表1
    plt.plot(x, np.exp(i * x/3))
    plt.sca(ax1)                    # 选择图表2的子图1
    plt.plot(x, np.sin(i * x))
    plt.sca(ax2)                    # 选择图表2的子图2
    plt.plot(x, np.cos(i * x))
    plt.show()
```

在循环中,先调用 figure(1)让图表 1 成为当前图表,并在其中绘图。然后调用sca(ax1)和 sca(ax2)分别让子图 ax1 和 ax2 成为当前子图,并在其中绘图。当它们成为当前子图时,包含它们的图表 2 也自动成为当前图表,因此不需要调用 figure(2),就可以依次在图表 1和图表 2 的两个子图之间切换,逐步在其中添加新的曲线。运行效果如图 9-4 所示。

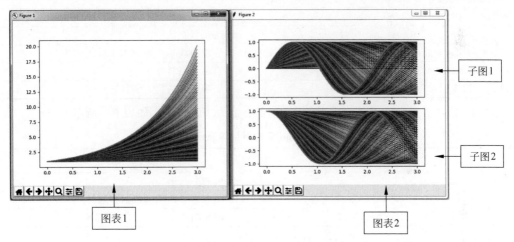

图 9-4   在不同图表的不同子图中绘制曲线

9. 在图表中显示中文

Matplotlib 的默认配置文件中所使用的字体无法正确显示中文。为了让图表能正确显示中文,在 .py 文件头部加上如下内容:

```
plt.rcParams['font.sans-serif'] = ['SimHei']    # 指定默认字体
plt.rcParams['axes.unicode_minus'] = False      # 解决保存图像时负号'-'显示为方块的问题
```

其中,SimHei 表示黑体字。常用中文字体及其英文表示如下:宋体,SimSun;黑体,SimHei;楷体,KaiTi;微软雅黑,Microsoft YaHei;隶书,LiSu;仿宋,FangSong;幼圆,YouYuan;华文宋体,STSong;华文黑体,STHeiti;苹果丽中黑,Apple LiGothic Medium。

9.3.2   绘制条形图、饼图、散点图等

Matplotlib 是一个 Python 的图像框架,使用其绘制出来的图形效果与 MATLAB 下绘制的图形类似。plt 库提供了 17 个用于绘制基础图表的常用函数,如表 9-2 所示。

表 9-2　plt 库提供的绘制基础图表的常用函数

函　　数	功　　能
plt.plot(x, y, label, color, width)	根据 x、y 数组绘制点、直线或曲线
plt.boxplot(data, notch, position)	绘制一个箱形图(box-plot)
plt.bar(left, height, width, bottom)	绘制一个条形图
plt.barh(bottom, width, height, left)	绘制一个横向条形图
plt.polar(theta, r)	绘制极坐标图
plt.pie(data,explode)	绘制饼图
plt.psd(x, NFFT=256, pad_to, Fs)	绘制功率谱密度图
plt.specgram(x, NFFT=256, pad_to, Fs)	绘制谱图
plt.cohere(x, y, NFFT=256, Fs)	绘制 x-y 的相关性函数
plt.scatter()	绘制散点图(x,y 是长度相同的序列)
plt.step(x, y, where)	绘制步阶图
plt.hist(x, bins, normed)	绘制直方图
plt.contour(X, Y, Z, N)	绘制等值线
pit.vlines()	绘制垂直线
plt.stem(x, y, linefmt, markerfmt, basefmt)	绘制曲线每个点到水平轴线的垂线
plt.plot_date()	绘制数据日期
plt.plothle()	绘制数据后写入文件

plt 库提供了三个区域填充函数,用于对绘图区域填充颜色,如表 9-3 所示。

表 9-3　plt 库的区域填充函数

函　　数	功　　能
fill(x,y,c,color)	填充多边形
fill_between(x,y1,y2,where,color)	填充两条曲线围成的多边形
fill_betweenx(y,x1,x2,where,hold)	填充两条水平线之间的区域

下面通过一些简单的例子介绍如何使用 Python 绘图。

1. 直方图

直方图(Histogram)又称为质量分布图,是一种统计报告图,由一系列高度不等的纵向条纹或线段表示数据分布的情况。直方图一般用横轴表示数据类型,纵轴表示分布情况。直方图的绘制通过 pyplot 中的 hist()函数来实现。

```
pyplot.hist(x, bins = 10, color = None, range = None, rwidth = None, normed = False, orientation = u'vertical', ** kwargs)
```

hist()函数的主要参数如下。

- x:是 arrays,指定每个 bin(箱子)分布在 x 的位置。
- bins:指定 bin(箱子)的个数,也就是总共有几条条状图。
- normed:是否对 y 轴数据进行标准化(如果为 True,则是在本区间的点在所有的点中所占的概率)。normed 参数已经不用了,替换成 density,density=True 表示概率分布。
- color:指定条状图(箱子)的颜色。

下例中,在 Python 中产生了 2 万个正态分布随机数,用概率分布直方图显示。运行效果如图 9-5 所示。

```
# 概率分布直方图,本例是标准正态分布
import matplotlib.pyplot as plt
import numpy as np
mu = 100                                              # 设置均值,中心所在点
sigma = 20                                            # 用于将每个点都扩大相应的倍数
# x 中的点分布在 mu 旁边,以 mu 为中点
x = mu + sigma * np.random.randn(20000)               # 随机样本数量 20000
# bins 设置分组的个数 100(显示有 100 个直方)
# plt.hist(x,bins = 100,color = 'green',normed = True)    # 旧版本语法
plt.hist(x,bins = 100,color = 'green',density = True, stacked = True)
plt.show()
```

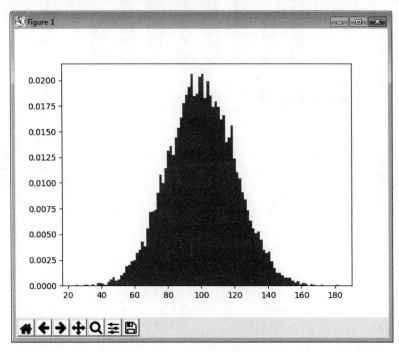

图 9-5　直方图实例

2. 条形图

条形图(Bar)是用一个单位长度表示一定的数量,根据数量的多少画成长短不同的直条,然后把这些直条按一定的顺序排列起来。从条形图中很容易看出各种数量的多少。条形图的绘制通过 pyplot 中的 bar()函数或 barh()函数实现。bar()函数默认是绘制竖直方向的条形图,也可以通过设置 orientation ＝ "horizontal"参数来绘制水平方向的条形图。barh()函数就是绘制水平方向的条形图。

代码如下:

```
import matplotlib.pyplot as plt
import numpy as np
y = [20,10,30,25,15,34,22,11]
x = np.arange(8)                                      # 0 --- 7
plt.bar(x = x, height = y,color = 'green',width = 0.5)    # 通过设置 x 来设置并列显示
plt.show()
```

运行效果如图 9-6 所示。

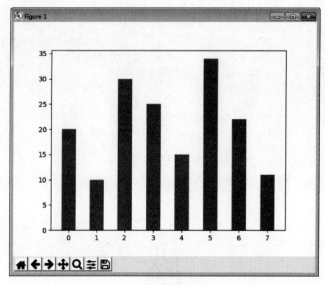

图 9-6　条形图实例

也可以绘制层叠的条形图,代码如下:

```
import numpy as np
import matplotlib.pyplot as plt
x = np.random.randint(10, 50, 20)          #随机产生 20 个[10,50]区间的数
y1 = np.random.randint(10, 50, 20)
y2 = np.random.randint(10, 50, 20)
plt.ylim(0, 100)                           #设置 y 轴的显示范围
plt.bar(x = x, height = y1, width = 0.5, color = "red", label = "$ y1 $")
#设置一个底部,底部就是 y1 的显示结果,y2 在上面继续累加即可
plt.bar(x= x, height = y2, bottom = y1, width = 0.5, color = "blue", label = "$ y2 $")
plt.legend()
plt.show()
```

运行效果如图 9-7 所示。

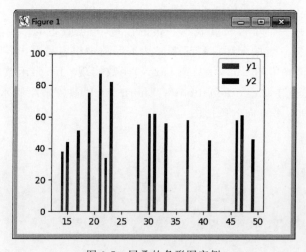

图 9-7　层叠的条形图实例

3. 散点图

散点图（Scatter Diagram），在回归分析中是数据点在直角坐标系平面上的分布图。一般用两组数据构成多个坐标点，考察坐标点的分布，判断两变量之间是否存在某种关联或总结坐标点的分布模式。使用 pyplot 中的 scatter()函数绘制散点图。

```python
import matplotlib.pyplot as plt
import numpy as np
# 产生100～200的10个随机整数
x = np.random.randint(100, 200, 10)
y = np.random.randint(100, 130, 10)
# x指x轴,y指y轴
# s设置显示的大小,指的是面积,c设置显示的颜色
# marker设置显示的形状, "o"是圆,"v"向下三角形,"v"向上三角形,所有的类型见
# https://matplotlib.org/stable/api/markers_api.html
# alpha设置点的透明度
plt.scatter(x, y, s = 100, c = "r", marker = "v", alpha = 0.5)   # 绘制图形
plt.show()                                                        # 显示图形
```

散点图实例效果如图 9-8 所示。

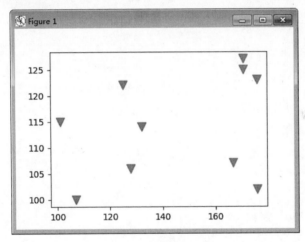

图 9-8   散点图实例

4. 饼图

饼图（Sector Graph，又名 pie graph）显示一个数据系列中各项的大小与各项总和的比例，饼图中的数据点显示为占整个饼图的百分比。使用 pyplot 中的 pie()函数绘制饼图。

```python
import numpy as np
import matplotlib.pyplot as plt
plt.rcParams['font.sans-serif'] = ['SimHei']         # 指定默认字体
labels = ["一季度", "二季度", "三季度", "四季度"]
facts = [25, 40, 20, 15]
explode = [0, 0.03, 0, 0.03]
# 设置显示的是一个正圆,长宽比为1:1
plt.axes(aspect = 1)
# x为数据, 根据数据在所有数据中所占的比例显示结果
# labels设置每个数据的标签
```

```
# autoper 设置每一块所占的百分比
# explode 设置某一块或者很多块突出显示出来，由上面定义的 explode 数组决定
# shadow 设置阴影,这样显示的效果更好
plt.pie(x = facts, labels = labels, autopct = "%.0f%%", explode = explode, shadow =
True)
plt.show()
```

饼图实例效果如图 9-9 所示。

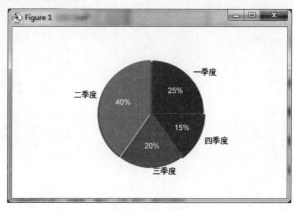

图 9-9　饼图实例

5. 箱形图

箱形图（Boxplot）又称为盒须图、盒式图或箱线图，是一种用作显示一组数据分散情况资料的统计图，因形状如箱子而得名。箱形图通常用于统计分析。使用 pyplot 中的boxplot()函数绘制饼图。

```
import numpy as np
import matplotlib.pyplot as plt
np.random.seed(100)
data = np.random.normal(size = (1000, ), loc = 0, scale = 1) #生成一组随机数,数量为1000
# sym 调整好异常值的点的形状
# whis 默认是 1.5,通过调整它的数值来设置异常值显示的数量
#如果想显示尽可能多的异常值,whis 设置很小,否则设置很大
plt.boxplot(data, sym = "o", whis = 1.5)
# plt.boxplot(data, sym = "o", whis = 0.01)
plt.show()
```

输出的图形如图 9-10 所示,每一个位置的表示都已经标注。

6. 折线图

折线图（Plot）是使用线段依次连接不在一直线上的若干点所组成的图形。各线段称为折线的边；各点称为折线的顶点，其中第一点称为起点，最后一点称为终点；起点和终点重合的折线称为封闭折线或多边形。使用 plot()函数绘制折线图,折线图实例效果如图 9-11所示。

```
import numpy as np
import matplotlib.pyplot as plt
#本例中生成 -10~10 的 5 个数
```

```
x = np.linspace( -10, 10, 5)          # linspace()函数用于生成等区间的一组数
y = x ** 2
plt.plot(x, y, linestyle = " -- ")     # linestyle 设置线的类型,虚线: '--'
plt.show()
```

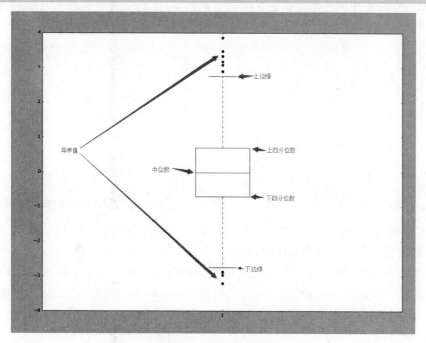

图 9-10 箱形图实例

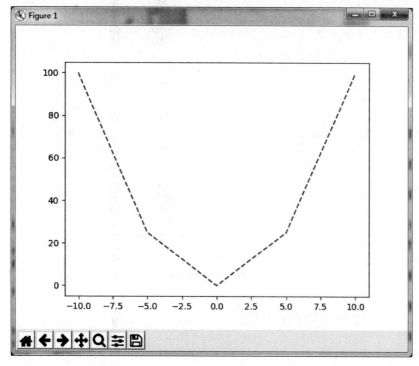

图 9-11 折线图实例

9.3.3 绘制图像

尽管 Matplotlib 可以绘制出较好的条形图、饼图、散点图等,但是对于大多数计算机视觉应用来说,仅需要用到几个绘图命令。最重要的是,我们想用点和线来表示一些事物,如兴趣点、对应点以及检测出的物体。下面是用几个点和一条线绘制图像的例子。

```
from PIL import Image
from numpy import *
import matplotlib.pyplot as plt
im = array(Image.open('d:\\test.jpg'))        #读取图像到数组中
plt.imshow(im)                                 #绘制图像
#一些点
x = [100,100,400,400]
y = [200,500,200,500]
plt.plot(x,y,'r*')                             #使用红色星状标记绘制点
plt.plot(x[:2],y[:2])                          #绘制连接前两个点的线
plt.title('Plotting: " test.jpg"')            #添加标题,显示绘制的图像
plt.show()
```

上面的代码首先绘制出原始图像,然后在 x 和 y 列表中给定点的 x 坐标和 y 坐标上绘制出红色星状标记点,最后在两个列表表示的前两个点之间绘制一条线段(默认为蓝色)。该例子的绘制结果如图 9-12(a)所示。注意,在 pyplot 库中,约定图像的左上角为坐标原点。

图像的坐标轴是一个很有用的调试工具,如果想绘制出较美观的图像,加上下列命令可以使坐标轴不显示:

```
plt.axis('off')
```

上面的命令将绘制出如图 9-12(b)所示的图像。

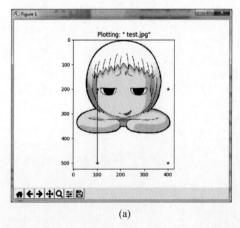 

(a)   (b)

图 9-12 绘制图像以及点线实例

9.3.4 图像轮廓和直方图

绘制图像的轮廓(或者其他二维函数的等轮廓线)在工作中非常有用。因为绘制轮廓需要对每个坐标[x,y]的像素值施加同一个阈值,所以首先需要将图像灰度化。

```
＃图像轮廓
from PIL import Image
from numpy import *
import matplotlib.pyplot as plt
im = array(Image.open('d:\\test.jpg').convert('L'))  ＃读取图像到数组中,将图像转换成灰度图像
plt.figure()                           ＃新建一个图像
plt.gray()                             ＃不使用颜色信息
plt.contour(im, origin = 'image')      ＃在原点的左上角显示轮廓图像
plt.axis('equal')
plt.axis('off')
```

图像的直方图用来表征该图像像素值的分布情况。用一定数目的小区间(bin)来指定表征像素值的范围,每个小区间会得到落入该小区间表示范围的像素数目。该(灰度)图像的直方图可以使用 hist()函数绘制,代码如下:

```
plt.figure()
plt.hist(im.flatten(),128)
plt.show()
```

hist()函数的第二个参数指定小区间的数目。需要注意的是,因为 hist()函数只接收一维数组作为输入,所以在绘制图像直方图之前,必须先对图像进行压平处理。flatten()方法将任意数组按照行优先准则转换成一维数组。图 9-13 为等轮廓线和直方图图像。

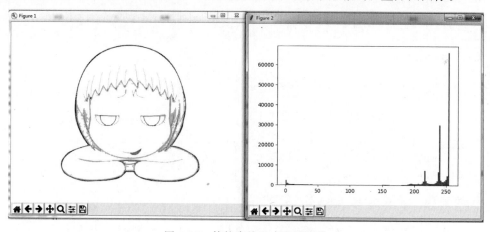

图 9-13　等轮廓线和直方图图像

9.3.5　交互式标注

有时用户需要和某些应用交互,如在一幅图像中标记一些点,或者标注一些训练数据。Matplotlib.pyplot 库中的 ginput()函数就可以实现交互式标注。例如:

```
＃交互式标注
from PIL import Image
from numpy import *
import matplotlib.pyplot as plt
im = array(Image.open('d:\\test.jpg'))
```

```
plt.imshow(im)                    # 显示 test.jpg 图像
print ('Please click 3 points')
x = plt.ginput(3)                 # 等待用户单击 3 次
print ('you clicked:',x  )
plt.show()
```

上面的程序首先绘制一幅图像,然后等待用户在绘图窗口的图像区域单击三次。程序将这些单击的坐标[x, y]自动保存在 x 列表里。

9.4 　seaborn 绘图可视化

seaborn 是一个在 Python 中制作有吸引力和丰富信息的统计图形的库。seaborn 是基于 Matplotlib 的 Python 可视化库。它为绘制有吸引力的统计图形提供了一个高级接口,从而使得作图更加容易,在大多数情况下,使用 seaborn 就能做出很具有吸引力的图。seaborn 是针对统计绘图的,能满足数据分析 90% 的绘图需求,应该把 seaborn 视为 Matplotlib 的补充。读者可以去 seaborn 官网浏览学习。

9.4.1 　seaborn 安装和内置数据集

在 cmd 命令行中运行如下命令安装 seaborn 库:

```
pip install seaborn
```

如下导入:

```
import seaborn as sns 或者 import seaborn
```

seaborn 中有内置的数据集,可以通过 load_dataset 命令从在线存储库加载数据集。

```
import matplotlib.pyplot as plt
import seaborn as sns
import numpy as np
import pandas as pd
names = sns.get_dataset_names()
```

seaborn 查看数据和加载数据都需要访问外网,可能会受到限制无法访问。

通过 sns.load_dataset()方法指定数据集名称可以加载数据。加载"tips"数据集的代码如下:

```
df = sns.load_dataset("tips")              # seaborn 官方小费数据
df.head(2)
```

加载出来的"tips"数据以 pandas 中 DataFrame 对象实例保存。

这里用如下代码准备一组数据,方便展示使用。

```
import pandas as pd
import numpy as np
import matplotlib.pyplot as plt
import seaborn as sns
pd.set_option('display.unicode.east_asian_width', True)
```

```
df1 = pd.DataFrame(
    {'数据序号': [1, 2, 3, 4, 5, 6, 7, 8, 9, 10, 11, 12],
     '厂商编号': ['001', '001', '001', '002', '002', '002', '003', '003', '003', '004', '004', '004'],
     '产品类型': ['AAA', 'BBB', 'CCC', 'AAA', 'BBB', 'CCC', 'AAA', 'BBB', 'CCC', 'AAA', 'BBB', 'CCC'],
     'A属性值': [40, 70, 60, 75, 90, 82, 73, 99, 125, 105, 137, 120],
     'B属性值': [24, 36, 52, 32, 49, 68, 77, 90, 74, 88, 98, 99],
     'C属性值': [30, 36, 55, 46, 68, 77, 72, 89, 99, 90, 115, 101]
    }
)
print(df1)
```

运行结果：

	数据序号	厂商编号	产品类型	A属性值	B属性值	C属性值
0	1	001	AAA	40	24	30
1	2	001	BBB	70	36	36
2	3	001	CCC	60	52	55
3	4	002	AAA	75	32	46
4	5	002	BBB	90	49	68
5	6	002	CCC	82	68	77
6	7	003	AAA	73	77	72
7	8	003	BBB	99	90	89
8	9	003	CCC	125	74	99
9	10	004	AAA	105	88	90
10	11	004	BBB	137	98	115
11	12	004	CCC	120	99	101

9.4.2 seaborn 背景与边框

1. 设置背景风格

设置风格使用的是 set_style()方法,且这里内置的风格,是用背景色表示名字的,但是实际内容不限于背景色。

```
sns.set_style()
```

可以选择的背景风格有：whitegrid 白色网格、darkgrid 灰色网格、white 白色背景、dark 灰色背景和 ticks 四周带刻度线的白色背景。例如：

```
sns.set()                    #使用 set 单独设置画图样式和风格,如未写任何参数即使用默认样式
sns.set_style("darkgrid")    #灰色网格
sns.set_style("white")       #白色网格
sns.set_style("ticks")       #四周带刻度线的白色背景
```

其中,sns.set()方法表示使用自定义样式,如果没有传入参数,则默认表示灰色网格背景风格。如果没有 set()方法,也没有 set_style()方法,则为白色背景。

seaborn 库是基于 Matplotlib 库而封装的,其封装好的风格可以更加方便我们的绘图工作。而 Matplotlib 库常用的语句,在使用 seaborn 库时也依然有效。关于设置其他风格相关的属性如字体等,这里有一个细节需要注意的是,这些代码必须写在 sns.set_style()方法的后方才有效。例如,将字体设置为黑体(避免中文乱码)的代码。

```
plt.rcParams["font.sans - serif"] = ["SimHei"]
```

如果 sns.set_style()在字体设置后设置风格,则设置好的字体会被风格覆盖,从而产生警告,其他属性也同理。

2. 边框控制

despine()方法控制边框显示。

```
sns.despine()                   # 移除顶部和右部边框,只保留左边框和下边框
sns.despine(offset = 10,trim = True)
sns.despine(left = True)        # 移除左边框
# 移除指定边框(以只保留底部边框为例)
sns.despine(fig = None, ax = None, top = True, right = True, left = True, bottom = False, offset = None, trim = False)
```

9.4.3 seaborn 绘制散点图

使用 seaborn 库绘制散点图,可以使用 relplot()方法,也可使用 scatterplot()方法。

```
seaborn.relplot(x = None, y = None, data = None,hue = None, size = None,
                sizes = None, size_order = None, size_norm = None,
                markers = None, dashes = None, style_order = None,
                legend = 'brief', kind = 'scatter', height = 5,
                aspect = 1, facet_kws = None, ** kwargs)
```

relplot()方法必需的参数有 x、y 和 data,其他参数均为可选。参数 x、y 是数据中变量的名称,data 参数是 DataFrame 类型的。可选参数 kind 默认是'scatter',表示绘制散点图;可选参数 hue 表示在该维度上用颜色区分进行分组。

下面举例说明 relplot()方法的使用。

(1) 对 A 属性值和数据序号绘制散点图,采用红色散点和灰色网格,代码如下,运行效果如图 9-14(a)所示。

```
import pandas as pd
import numpy as np
import matplotlib.pyplot as plt
import seaborn as sns
df1 = pd.DataFrame(
    {'数据序号': [1, 2, 3, 4, 5, 6, 7, 8, 9, 10, 11, 12],
    …………
    })                          # df1 为 9.4.1 节准备数据
sns.set_style('darkgrid')
plt.rcParams['font.sans - serif'] = ['SimHei']
sns.relplot(x = '数据序号', y = 'A 属性值', data = df1, color = 'red')
plt.show()                      # 调用 show()方法显示图形
```

(2) 对 A 属性值和数据序号绘制散点图,散点根据产品类型的不同显示不同的颜色,白色网格,代码如下,运行效果如图 9-14(b)所示。

```
sns.set_style('whitegrid')              # 白色网格
plt.rcParams['font.sans - serif'] = ['SimHei']
sns.relplot(x = '数据序号', y = 'A 属性值', hue = '产品类型', data = df1)
plt.show()
```

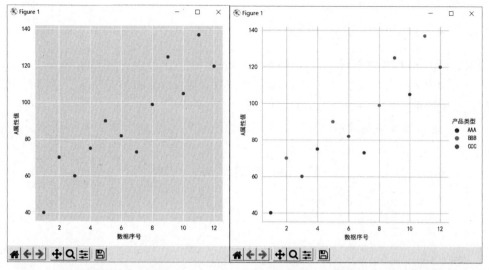

(a) 红色散点和灰色网格　　　　　　(b) 根据产品类型的不同显示不同的颜色

图 9-14　relplot( )方法绘制散点图

（3）将 A 属性、B 属性、C 属性 3 个字段的值用不同的样式绘制在同一张图上（绘制散点图），x 轴数据是 $[0,2,4,6,8,\cdots]$，ticks 风格（4 个方向的框线都要），字体使用楷体。代码如下，运行效果如图 9-15 所示。

```python
sns.set_style('ticks')          #4个方向的框线都要
plt.rcParams['font.sans - serif'] = ['STKAITI']
df2 = df1.copy()
df2.index = list(range(0, len(df2) * 2, 2))
dfs = [df2['A属性值'], df2['B属性值'], df2['C属性值']]
sns.scatterplot(data = dfs)
plt.show()
```

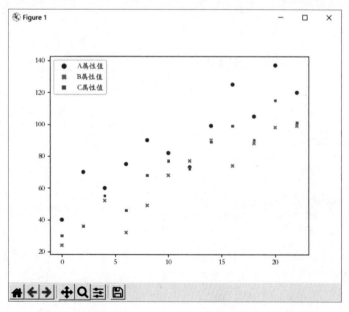

图 9-15　使用 scatterplot( )方法绘制散点图的运行效果

9.4.4 seaborn 绘制折线图

使用 seaborn 库绘制折线图,可以使用 relplot()方法,也可以使用 lineplot()方法。

relplot()方法默认绘制的是散点图,绘制折线图只需把参数 kind 改为"line";使用 lineplot()方法绘制折线图参数与 sns.relplot()方法基本相同。

(1) 绘制 A 属性值与数据序号的折线图。代码如下,运行效果如图 9-16 所示。

```
sns.set_style('ticks')
plt.rcParams['font.sans-serif'] = ['STKAITI']    ♯字体为楷体
sns.relplot(x = '数据序号', y = 'A 属性值', data = df1, color = 'purple', kind = 'line')
♯以下 3 行调整标题、两轴标签的字体大小
plt.title('绘制折线图', fontsize = 18)
plt.xlabel('num', fontsize = 18)
plt.ylabel('A 属性值', fontsize = 16)
♯设置坐标系与画布边缘的距离
plt.subplots_adjust(left = 0.15, right = 0.9, bottom = 0.1, top = 0.9)
plt.show()
```

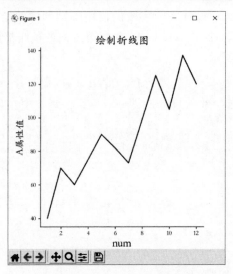

图 9-16　relplot()方法绘制折线图

也可以使用 lineplot()方法绘制折线图,其细节基本相同,示例代码如下:

```
sns.set_style('darkgrid')
plt.rcParams['font.sans-serif'] = ['STKAITI']
sns.lineplot(x = '数据序号', y = 'A 属性值', data = df1, color = 'purple')
plt.title('绘制折线图', fontsize = 18)
plt.xlabel('num', fontsize = 18)
plt.ylabel('A 属性值', fontsize = 16)
plt.subplots_adjust(left = 0.15, right = 0.9, bottom = 0.1, top = 0.9)
plt.show()
```

(2) 绘制不同产品类型的 A 属性折线(三条线一张图),whitegrid 风格,字体楷体。代码如下,效果如图 9-17 所示。

```
sns.set_style('whitegrid')
plt.rcParams['font.sans - serif'] = ['STKAITI']
sns.relplot(x = '数据序号', y = 'A 属性值', hue = '产品类型', data = df1, kind = 'line')
plt.title('绘制折线图', fontsize = 18)
plt.xlabel('num', fontsize = 18)
plt.ylabel('A 属性值', fontsize = 16)
plt.subplots_adjust(left = 0.15, right = 0.9, bottom = 0.1, top = 0.9)
plt.show()
```

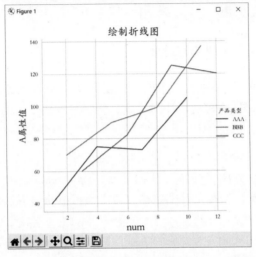

图 9-17　relplot()方法绘制不同产品类型的 A 属性折线

（3）将 A 属性、B 属性、C 属性 3 个字段的值用不同的样式绘制在同一张图上（绘制折线图），x 轴数据是 $[0,2,4,6,8,\cdots]$，darkgrid 风格，字体使用楷体，并加入 x 轴标签，y 轴标签和标题，边缘距离合适。代码如下，运行效果如图 9-18 所示。

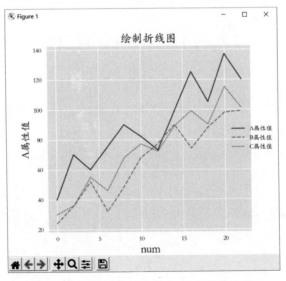

图 9-18　relplot()方法绘制 A、B、C 属性的折线

```
sns.set_style('darkgrid')
plt.rcParams['font.sans - serif'] = ['STKAITI']
df2 = df1.copy()
df2.index = list(range(0, len(df2) * 2, 2))
dfs = [df2['A 属性值'], df2['B 属性值'], df2['C 属性值']]
sns.relplot(data = dfs, kind = 'line')
plt.title('绘制折线图', fontsize = 18)
plt.xlabel('num', fontsize = 18)
plt.ylabel('A 属性值', fontsize = 16)
plt.subplots_adjust(left = 0.15, right = 0.9, bottom = 0.1, top = 0.9)
plt.show()
```

9.4.5 seaborn 绘制直方图

对于单变量的数据来说,采用直方图或核密度曲线是个不错的选择,对于双变量来说,可采用散点图、二维直方图、核密度估计图形等。绘制直方图使用的是 displot()方法。

下面介绍 displot()方法的使用,具体如下。

1. 绘制单变量分布

可以采用最简单的直方图描述单变量的分布情况。seaborn 中提供了 displot()方法,它默认绘制的是一个带有核密度估计曲线的直方图。displot()方法的语法格式如下:

```
seaborn.displot(data = None, x = None, y = None, hue = None, row = None, col = None, weights =
None, kind = 'hist', rug = False, rug_kws = None, log_scale = None, legend = True, palette = None,
hue_order = None, hue_norm = None, color = None, col_wrap = None, row_order = None, col_order =
None, height = 5, aspect = 1, facet_kws = None, ** kwargs)
```

上述函数中常用参数的含义如下:

data:表示要绘制的数据,可以是 Series、一维数组或列表。

x,y:指定 x 轴和 y 轴位置的变量。

bins:用于控制条形的数量。

kde:接收布尔类型,表示是否绘制高斯核密度估计曲线。

rug:接收布尔类型,表示是否在支持的轴方向上绘制 rugplot。如果为 True,则用边缘记号显示观测的小细条。

kind:取值有"hist""kde""ecdf",表示可视化数据的方法。默认取"hist",表示直方图。

下例是 data 和 bins 参数的使用方法。

```
sns.set_style('darkgrid')
plt.rcParams['font.sans - serif'] = ['STKAITI']
sns.displot(data = df1[['C 属性值']], bins = 6, rug = True, kde = True)
plt.title('直方图', fontsize = 18)
plt.xlabel('C 属性值', fontsize = 18)
plt.ylabel('数量', fontsize = 16)
plt.subplots_adjust(left = 0.15, right = 0.9, bottom = 0.1, top = 0.9)
plt.show()
```

bins=6,表示分成 6 个区间绘图;rug=True,表示在 x 轴上显示观测的小细条;kde=True,表示显示核密度曲线。运行效果如图 9-19 所示。

下面随机生成 300 个正态分布数据，并绘制直方图，显示核密度曲线。效果如图 9-20 所示。

```
sns.set_style('darkgrid')
plt.rcParams['font.sans - serif'] = ['STKAITI']
np.random.seed(13)
Y = np.random.randn(300)
sns.displot(Y, bins = 9, rug = True, kde = True)
plt.title('直方图', fontsize = 18)
plt.xlabel('随机数据', fontsize = 18)
plt.ylabel('数量', fontsize = 16)
plt.subplots_adjust(left = 0.15, right = 0.9, bottom = 0.1, top = 0.9)
plt.show()
```

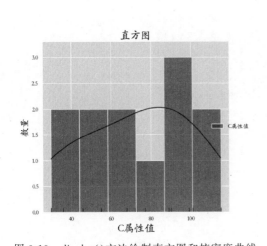

图 9-19 displot()方法绘制直方图和核密度曲线

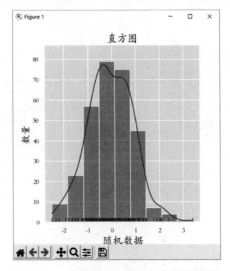

图 9-20 绘制随机生成的正态分布数据

2. 绘制多变量分布

两个变量的二元分布可视化也很有用。在 seaborn 中最简单的方法是使用 jointplot() 方法，该方法可以创建一个如散点图、二维直方图、核密度估计图形等，以显示两个变量之间的双变量关系及每个变量在单独坐标轴上的单变量分布。

jointplot()方法的语法格式如下：

```
serborn.jointplot(x, y, data = None, kind = 'scatter', stat_func = , color = None, size = 6, ratio = 5,
space = 0.2, dropna = True, xlim = None, ylim = None, joint_kws = None, marginal_kws = None, annot_
kws = None, ** kwargs)
```

上述方法中常用参数的含义如下：

kind：表示绘制图形的类型。类型有 scatter(散点图)、reg、resid、kde(核密度曲线)、hex(二维直方图)。默认为 'scatter'。

stat_func：用于计算有关系的统计量并标注图。

color：表示绘图元素的颜色。

size：用于设置图的大小(正方形)。

ratio：表示中心图与侧边图的比例。该参数的值越大，则中心图的占比会越大。

space：用于设置中心图与侧边图的间隔大小。

xlim，ylim：表示 x、y 轴的范围。

下面通过代码演示散点图、二维直方图和核密度估计曲线图形。

(1) 绘制散点图。代码如下，运行效果如图 9-21 所示。

```
import numpy as np
import seaborn as sns
import pandas as pd
dataframe = pd.DataFrame({"x":np.random.randn(500),
                          "y":np.random.randn(500)})
sns.jointplot(x = "x",y = "y",data = dataframe)
plt.show()
```

(2) 绘制二维直方图。代码如下，运行效果如图 9-22 所示。

```
import numpy as np
import seaborn as sns
import pandas as pd
dataframe = pd.DataFrame({"x":np.random.randn(500),
                          "y":np.random.randn(500)})
sns.jointplot(x = "x",y = "y",data = dataframe,kind = 'hex')
plt.show()
```

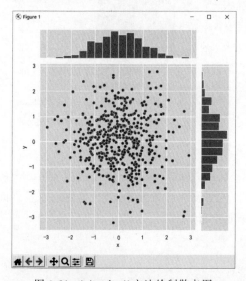

图 9-21　jointplot()方法绘制散点图

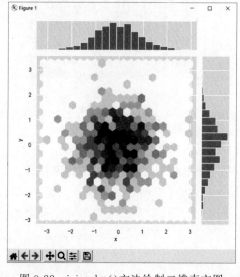

图 9-22　jointplot()方法绘制二维直方图

(3) 绘制核密度估计曲线图形。代码如下，运行效果如图 9-23 所示。

```
import numpy as np
import seaborn as sns
import pandas as pd
dataframe = pd.DataFrame({"x":np.random.randn(500),
                          "y":np.random.randn(500)})
sns.jointplot(x = "x",y = "y",data = dataframe,kind = 'kde')
plt.show()
```

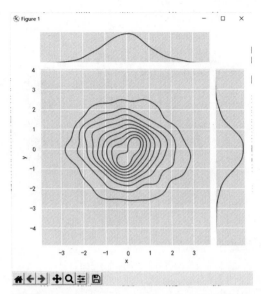

图 9-23　jointplot()方法绘制二维核密度曲线图

9.4.6　seaborn 绘制条形图

绘制条形图使用的是 barplot()方法。barplot()方法的语法格式如下：

```
seaborn.barplot(x = None, y = None, hue = None, data = None, order = None, hue_order = None,
                estimator = < function mean >, ci = 95, n_boot = 1000, units = None, orient = None,
                color = None, palette = None, saturation = 0.75,
                errcolor = '.26', errwidth = None, capsize = None, dodge = True, ax = None, ** kwargs)
```

主要参数 x、y、hue：data 中用于表示绘制图表的 x 轴数据、y 轴数据和分类字段。

data：用于绘图的数据集，可以使用 DataFrame、数组等。

下面以产品类型字段数据作为 x 轴数据，A 属性值数据作为 y 轴数据。按照厂商编号字段的不同进行分类。具体代码如下：

```
sns.set_style('darkgrid')
plt.rcParams['font.sans - serif'] = ['STKAITI']
sns.barplot(x = '产品类型', y = 'A 属性值', hue = '厂商编号', data = df1)
plt.title('条形图', fontsize = 18)
plt.xlabel('产品类型', fontsize = 18)
plt.ylabel('数量', fontsize = 16)
plt.subplots_adjust(left = 0.15, right = 0.9, bottom = 0.15, top = 0.9)
plt.show()
```

运行效果如图 9-24 所示。

9.4.7　seaborn 绘制线性回归模型

绘制线性回归模型使用的是 lmplot()方法。lmplot()方法的语法格式如下：

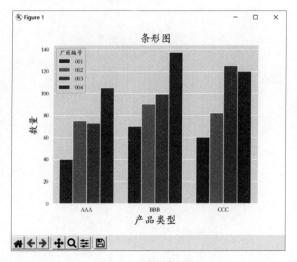

图 9-24　绘制条形图

```
lmplot(x, y, data, hue = None, col = None, row = None, palette = None, col_wrap = None, size = 5,
aspect = 1, markers = 'o', sharex = True, sharey = True, hue_order = None, col_order = None, row_
order = None, legend = True, legend_out = True, x_estimator = None, x_bins = None, x_ci = 'ci',
scatter = True, fit_reg = True, ci = 95, n_boot = 1000, units = None, order = 1, logistic = False,
lowess = False, robust = False, logx = False, x_partial = None, y_partial = None, truncate =
False, x_jitter = None, y_jitter = None, scatter_kws = None, line_kws = None)
```

　　主要参数为 x，y，data。分别表示 x 轴数据、y 轴数据和数据集数据。除此之外,同上述所讲,还可以通过 hue 指定分类的字段;通过 col 指定列分类字段,以绘制横向多重子图;通过 row 指定行分类字段,以绘制纵向多重子图;通过 col_wrap 控制每行子图的数量;通过 size 可以控制子图的高度;通过 markers 可以控制点的形状。

　　下面对 A 属性值和 B 属性值做线性回归,代码如下:

```
sns.set_style('darkgrid')
plt.rcParams['font.sans-serif'] = ['STKAITI']
sns.lmplot(x = 'A 属性值', y = 'B 属性值', data = df1)
plt.title('线性回归模型', fontsize = 18)
plt.xlabel('A 属性值', fontsize = 18)
plt.ylabel('B 属性值', fontsize = 16)
plt.subplots_adjust(left = 0.15, right = 0.9, bottom = 0.15, top = 0.9)
plt.show()
```

　　运行效果如图 9-25 所示。

9.4.8　seaborn 绘制箱线图

　　箱线图又称为盒须图、盒式图,是一种用作显示一组数据分散情况的统计图。它能显示出一组数据的最大值、最小值、中位数及上下四分位数。

1. 四分位数

　　把数据分布划分成 4 个相等的部分,使得每部分表示数据分布的 1/4。其中每部分包含 25% 的数据。如图 9-26 所示,中间的四分位数 Q2 就是中位数,通常在 25% 位置上的 Q1

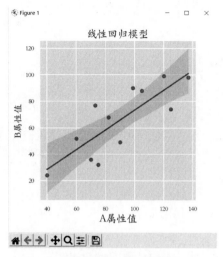

图 9-25 绘制线性回归模型

称为下四分位数，处在 75％位置上的 Q3 称为上四分位数。

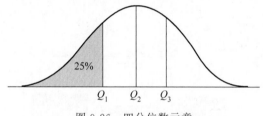

图 9-26 四分位数示意

2. 五数概括与箱线图

因为 Q_1、中位数和 Q_3 不包含数据的端点信息，所以分布形状更完整的概括可以通过同时提供最高和最低数据值得到，这称作五数概括。盒须图就体现了五数概括。分布的五数概括由中位数（Q_2）、四分位数 Q_1 和 Q_3、最小观测值和最大观测值组成。

箱线图如图 9-27 所示，是一种流行的分布的直观表示。

（1）盒的端点一般在四分位数上，使得盒的长度是四分位数极差 IQR。

（2）中位数用盒内的线标记。

（3）盒外的两条线（称作胡须）延伸到最小观测值和最大观测值。

seaborn 绘制箱线图使用的是 boxplot()方法。boxplot()的语法格式如下：

```
seaborn. boxplot(x = None, y = None, hue = None, data = None, order = None, hue_order = None,
orient = None, color = None, palette = None, saturation = 0.75, width = 0.8, dodge = True,
fliersize = 5, linewidth = None, whis = 1.5, notch = False, ax = None, ** kwargs)
```

基本的参数有 x，y，data。除此之外还可以有 hue 表示分类字段；width 可以调节箱体的宽度；notch 表示中间箱体是否显示缺口，默认 False 不显示；orient 用于控制图像是水平还是竖直显示，取值为 v 或者 h，此参数一般当不传入 x、y，只传入 data 的时候使用。

鉴于前边的数据量不完整不便展示，这里再生成一组数据：

```
import numpy as np
import seaborn as sns
import pandas as pd
import matplotlib.pyplot as plt
np.random.seed(13)
# np.random.randint(low, high = None, size = None)
Y = np.random.randint(20, 150, 360)    # 随机生成360个元素的一维数组
df2 = pd.DataFrame(
{'厂商编号': ['001', '001', '001', '002', '002', '002', '003', '003', '003', '004', '004', '004'] * 30,
'产品类型': ['AAA', 'BBB', 'CCC', 'AAA', 'BBB', 'CCC', 'AAA', 'BBB', 'CCC', 'AAA', 'BBB', 'CCC'] * 30,
'XXX属性值': Y}
)
```

生成好后,开始绘制箱线图,代码如下:

```
plt.rcParams['font.sans-serif'] = ['STKAITI']
sns.boxplot(x = '产品类型', y = 'XXX属性值', data = df2)
plt.show()
```

运行效果如图 9-27 所示。

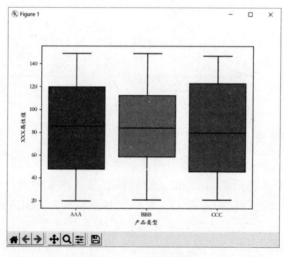

图 9-27　绘制箱线图

交换 x 轴、y 轴数据后,代码如下:

```
plt.rcParams['font.sans-serif'] = ['STKAITI']
sns.boxplot(y = '产品类型', x = 'XXX属性值', data = df2)
plt.show()
```

运行效果如图 9-28 所示。可以看到箱线图的方向也随之改变。

将厂商编号作为分类字段,代码如下:

```
plt.rcParams['font.sans-serif'] = ['STKAITI']
sns.boxplot(x = '产品类型', y = 'XXX属性值', data = df2, hue = '厂商编号')
plt.show()
```

运行效果如图 9-29 所示。

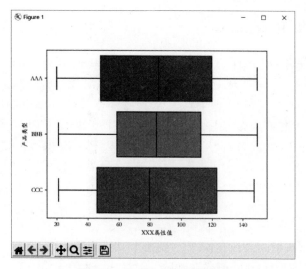

图 9-28 改变方向绘制箱线图

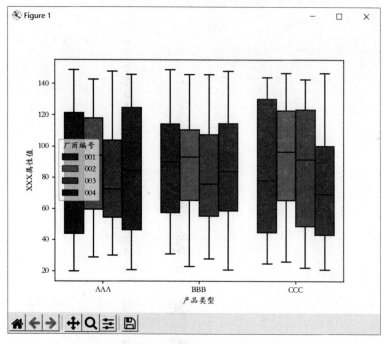

图 9-29 厂商编号作为分类字段绘制箱线图

9.5 Pyecharts 绘图可视化

ECharts 是一个由百度开源的 JavaScript 数据可视化库,凭借着良好的交互性,精巧的图表设计,得到了众多开发者的认可。ECharts 可以流畅地运行在台式计算机和移动设备上,兼容当前绝大部分浏览器(Chrome、Firefox、Safari 等),提供直观、交互丰富、可高度个性化定制的数据可视化图表。

9.5.1 安装 Pyecharts

在 Python 中使用 ECharts 库需要安装 Pyecharts。Pyecharts 是一个用于生成 ECharts 图表的类库,实际上就是 ECharts 与 Python 的对接。

Pyecharts 分为 v0.5.x 和 v1 两个大版本,两者互不兼容。v1 版本是一个全新的版本,写法支持链式调用,导包方式也发生了变化。经研发团队决定,前者将不再进行更新维护。Pyecharts v1 仅支持 Python 3.6+,新版本系列将从 Pyecharts v1.0.0 开始。本书采用 Pyecharts v1 版本。

安装 Pyecharts 库,代码如下:

```
pipinstall pyecharts
```

如果需要绘制地理图相关内容,需要一并安装如下内容:
全球国家地图:echarts-countries-pypkg
中国省级地图:echarts-china-provinces-pypkg
中国市级地图:echarts-china-cities-pypkg

```
pip install echarts-countries-pypkg
pip install echarts-china-provinces-pypkg
pip install echarts-china-cities-pypkg
```

Pyecharts 特性如下:
- 简洁的 API 设计,使用较简单、流畅,支持链式调用。
- 囊括了 30 多种常见图表。
- 支持主流 Notebook、Jupyter Notebook 和 JupyterLab 开发环境。
- 可轻松集成至 Flask、Django 等主流 Web 框架。
- 高度灵活的配置项,可轻松搭配出精美的图表。
- 超过 400 个地图文件以及原生的百度地图,为地理数据可视化提供强有力的支持。

9.5.2 体验图表

Pyecharts 可以绘制的类型图表包括 Bar(柱状图/条形图)、Bar3D(3D 柱状图)、Boxplot(箱形图)、EffectScatter(带有涟漪特效动画的散点图)、Funnel(漏斗图)、Gauge(仪表盘)、Geo(地理坐标系)、Graph(关系图)、HeatMap(热力图)、Kline(K 线图)、Line(折线/面积图)、Line3D(3D 折线图)、Liquid(水球图)、Map(地图)、Parallel(平行坐标系)、Pie(饼图)、Polar(极坐标系)、Radar(雷达图)、Sankey(桑基图)、Scatter(散点图)、Scatter3D(3D 散点图)、ThemeRiver(主题河流图)和 WordCloud(词云图)。

1. 绘制 Pyecharts 图表

Pyecharts 画图步骤。
第 1 步,引入图表类型,构造具体类型图表对象。
from pyecharts. charts import 图表类型;
图表对象=图表类型("图的名字")。

第2步,添加图表的数据。

第3步,对系列进行配置。

图表对象.set_series_opts(主要是对图元、文字、标签、线型、标记点、标记线等内容进行配置)。

第4步:对全局进行配置。

图表对象.set_global_opts(可配置内容包括 x 轴、y 坐标轴、工具箱配置、标题、区域缩放、图例、提示框等参数配置)。

第5步:渲染图片,把图保存到本地,格式是 HTML 类型。

图表对象名.render()

图表对象名.render(path) ♯将图片渲染为 html 文件

图表对象名.render_notebook() ♯直接在 jupyter notebook 中渲染

以柱状图为例演示 Pyecharts 图表绘制,代码如下:

```
from pyecharts.charts import Bar                    ♯ 导入包
bar = Bar()
♯ 设置 x 轴
bar.add_xaxis(["甲", "乙", "丙", "丁", "戊", "己"])
♯ 设置 y 轴,y 的值为: 90, 50, 76, 100, 75, 90
bar.add_yaxis("成绩", [90, 50, 76, 100, 75, 90])
♯ render 会生成本地 HTML 文件,默认会在当前文件夹生成 render.html 文件
♯ 也可以传入路径参数,如 bar.render("mycharts.html")
bar.render("xmj1.html")
```

图形以 HTML 格式保存在当前路径下(xmjl.html),以网页形式才能打开。运行效果如图 9-30 所示。

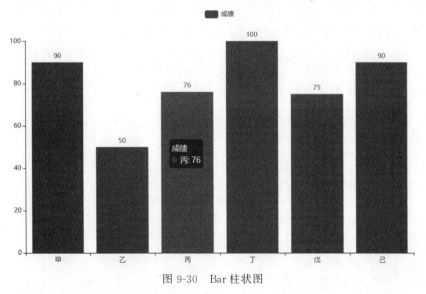

图 9-30　Bar 柱状图

Pyecharts 所有方法均支持链式调用。代码如下:

```
from pyecharts.charts import Bar
bar = (
```

```
    Bar()
    .add_xaxis(["甲", "乙", "丙", "丁", "戊", "己"])
    .add_yaxis("成绩", [90, 50, 76, 100, 75, 90])
)
bar.render()
```

当然,如果读者对链式的调用感到不习惯,也可以采用如上例单独调用方法。

2. 使用 Options 配置项和主题

图 9-30 所示的柱状图中缺少了一些可设置的项,如图中的线条粗细、颜色(主题)等,需要使用 options 配置项。

设置配置项首先要导入模块。代码如下:

```
from pyecharts import options as opts
```

接下来可以在函数体中加入设置参数。代码如下:

```
.set_global_opts(title_opts = opts.TitleOpts(title = "主标题", subtitle = "副标题"))
```

或者使用字典的方式来设置参数。代码如下:

```
.set_global_opts(title_opts = {"text": "主标题", "subtext": "副标题"})
```

Pyecharts 提供了 10 多种内置主题,开发者可以定制自己喜欢的主题,如 WHITE、DARK、CHALK、ESSOS. INFOGRAPHIC、MACARONS、PURPLE_PASSION、WESTEROS、WONDERLAND 等。使用主题需要导入模块 ThemeType。代码如下:

```
from pyecharts.globals import ThemeType
```

接下来,可以在函数体中加入 init_opts 参数项。代码如下:

```
init_opts = opts.InitOpts(theme = ThemeType.LIGHT)
```

具体使用 Options 配置项和主题的代码如下:

```
from pyecharts.charts import Bar
# 使用 options 配置项,在 Pyecharts 中一切皆 Options
from pyecharts import options as opts
# 内置主题类型可查看 pyecharts.globals.ThemeType
from pyecharts.globals import ThemeType
bar = (
    Bar(init_opts = opts.InitOpts(theme = ThemeType.LIGHT))
    .add_xaxis(["甲", "乙", "丙", "丁", "戊", "己"])
    .add_yaxis("A", [5, 20, 36, 10, 75, 90])
    .add_yaxis("B", [15, 6, 45, 20, 35, 66])
    # 全局配置项可通过 set_global_opts 方法设置
    .set_global_opts(title_opts = opts.TitleOpts(title = "主标题", subtitle = "副标题"))
)
bar.render()
```

运行效果如图 9-31 所示。

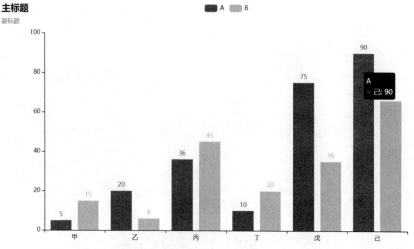

图 9-31 使用 Options 配置项和主题的 Bar 柱状图

9.5.3 常用图表

1. 饼图

部分相较于整体，一个整体被分成几部分。这类情况会用到构成型图表，如五大产品的收件量占比、公司利润的来源构成等。

对于参与构成研究的数据不超过 9 个时，可以使用饼图来绘制，如果超过了，就建议使用条形图来展示。

下面看看当代大学生的时间都去哪了？大学生时间分配饼图代码如下：

```
from pyecharts import options as opts
from pyecharts.charts import Pie
from pyecharts.faker import Collector, Faker
c = (
    Pie()
    .add("", [list(z) for z in zip(['上课','睡眠','餐饮','娱乐','聊天学习','健身'], [4,8,
3,3,2,1])])
    .set_colors(["blue", "green", "yellow", "red", "pink","orange"])
    .set_global_opts(title_opts = opts.TitleOpts(title = "这一天天的"))
    .set_series_opts(label_opts = opts.LabelOpts(formatter = "{b}: {c}"))
)
c.render()    # 如果不指定 path,则默认在当前路径下生成一个 render.html
```

运行效果如图 9-32 所示。

2. 折线图

当数据 x 轴为连续数值（如时间）且我们比较注重观察数据变化趋势时，折线图是非常好的选择。由成都飞往北京和成都飞往昆明最近六天的航班价格走势（最低价格），代码和绘制成折线图代码如下。

```
import pyecharts.options as opts
from pyecharts.charts import Line
```

```
attr = ["10.13", "10.14", "10.15", "10.16" , "10.17" , " 10.18"]
v1 = [1650, 1700, 1461, 1350, 1100, 1500]
v2 = [1020, 575, 400, 350, 330, 480]
m = (
        Line()
        .add_xaxis(attr)
        .add_yaxis("成都 fly 北京", v1)
        .add_yaxis("成都 fly 昆明", v2)
        .set_global_opts(title_opts = opts.TitleOpts(title = "航班价格折线图"))
    )
m.render()
```

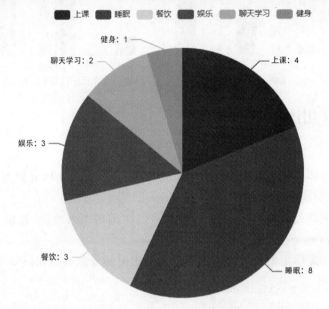

图 9-32 大学生的时间分配图

运行效果如图 9-33 所示。

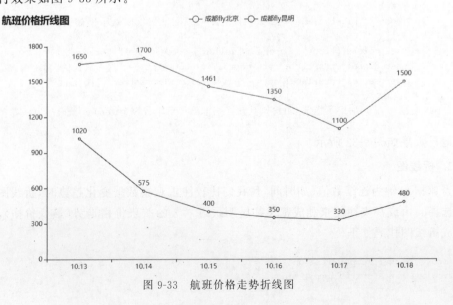

图 9-33 航班价格走势折线图

3. 条形图

当条目较多,如大于 12 条,移动端上的柱状图会显得拥挤不堪,更适合用条形图。一般数据条目不超过 30 条,否则易带来视觉和记忆负担。

```python
from pyecharts.charts import Bar
import pyecharts.options as opts
bar = Bar()
bar.add_xaxis(["甲", "乙", "丙", "丁", "戊", "己", "庚", "辛", "壬", "癸"])
bar.add_yaxis("成绩", [90, 50, 76, 100, 75, 90, 55, 78, 86, 70])
bar.set_global_opts(title_opts = opts.TitleOpts(title = "条形图"))
bar.reversal_axis()  # 翻转 x 轴、y 轴,将柱状图转换为条形图
bar.render()
```

运行效果如图 9-34 所示。

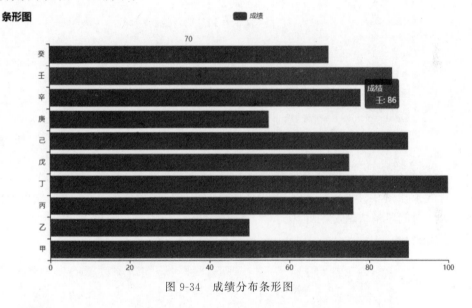

图 9-34 成绩分布条形图

4. 热力图

最传统的一种热力图(见图 9-35),x 轴是一天 24 小时,y 轴是一周 7 天,颜色的深浅代表该位置值的大小。

热力图的数据主要由横轴项名 xaxis、竖轴项名 yaxis、主体数据三部分组成。横轴和竖轴均为列表,主体数据的格式为列表嵌套列表,其中第二层列表为[x,y,value]。

例如,对于某个商品的销售量,统计一星期以及每小时的销售量。代码如下:

```python
x轴为小时: x = [x for y in range(24)]     # 0 代表 24 点
y轴为星期: y = [y for x in range(7)]      # 0 代表星期日
data 主体数据: data = [
['1点','星期一',20],
['2点','星期一',30],
['3点','星期一',40],
.......................
]
```

主体数据的项数＝横轴项数×竖轴项数。

下面随机生成某商品一星期每小时的销售量数据，据此来生成热力图。代码如下：

```
#热力图
import random
from pyecharts import options as opts
from pyecharts.charts import HeatMap
from pyecharts.faker import Faker
value = [[i, j, random.randint(0, 50)] for i in range(24) for j in range(7)]
c = (
    HeatMap()
    #.add_xaxis(Faker.clock)         #一天24小时
    .add_xaxis([x + 1 for x in range(24)])
    .add_yaxis(
        "",
        Faker.week,                  #星期一到星期日[y + 1 for y in range(7)],
        value,
        label_opts = opts.LabelOpts(is_show = True, position = "inside"),
    )
    .set_global_opts(
        title_opts = opts.TitleOpts(title = "基础热力图"),
        visualmap_opts = opts.VisualMapOpts(),
    )
)
c.render("基础热力图.html")
```

运行效果如图9-35所示。每个单元格颜色的深浅代表数值的高低，通过颜色就能迅速发现每天各时间段销售情况的好坏。

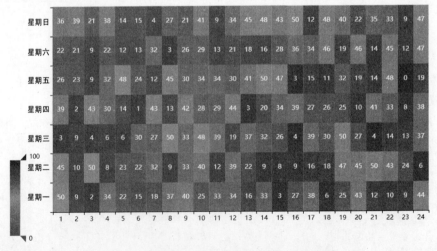

图9-35 某商品一星期每小时的销售量热力图

这里Faker. week代表星期一到星期天的序列。Faker数据集是Pyecharts自带的数据集，Pyecharts图表案例中使用的可视化数据都来源于Pyecharts中的faker.py文件。数据部分使用的是 Pyecharts 自带的数据演示数据字典,这部分的数据是随机进行选取的,使用模板时将自己的数据直接替换成对应的内容即可。也可以直接在 Faker 中设置自己需要的数据集。Faker 数据集如表 9-4 所示。例如:

```
print(Faker.clothes)
结果为:['衬衫', '毛衣', '领带', '裤子', '风衣', '高跟鞋', '袜子']
print(Faker.drinks)
结果为:['可乐', '雪碧', '橙汁', '绿茶', '奶茶', '百威', '青岛']
```

表 9-4　Faker 数据集

名　称	对 应 内 容
Faker.clothes	["衬衫", "毛衣", "领带", "裤子", "风衣", "高跟鞋", "袜子"]
Faker.drinks	["可乐", "雪碧", "橙汁", "绿茶", "奶茶", "百威", "青岛"]
Faker.phones	["小米", "三星", "华为", "苹果", "魅族", "VIVO", "OPPO"]
Faker.fruits	["草莓", "芒果", "葡萄", "雪梨", "西瓜", "柠檬", "车厘子"]
Faker.animal	["河马", "蟒蛇", "老虎", "大象", "兔子", "熊猫", "狮子"]
Faker.cars	["宝马", "法拉利", "奔驰", "奥迪", "大众", "丰田", "特斯拉"]
Faker.dogs	["哈士奇", "萨摩耶", "泰迪", "金毛", "牧羊犬", "吉娃娃", "柯基"]
Faker.week	["周一", "周二", "周三", "周四", "周五", "周六", "周日"]
Faker.week_en	['Saturday', 'Friday', 'Thursday', 'Wednesday', 'Tuesday', 'Monday', 'Sunday']
Faker.clock	['12a','1a','2a','3a','4a','5a','6a','7a','8a','9a','10a','11a','12p','1p','2p','3p','4p','5p','6p','7p','8p','9p','10p','11p']
Faker.visual_color	["#313695","#4575b4","#74add1","#abd9e9", "#e0f3f8","#ffffbf", "#fee090","#fdae61", "#f46d43","#d73027","#a50026"]
Faker.months	['1月', '2月', '3月', '4月', '5月', '6月', '7月', '8月', '9月', '10月', '11月', '12月']即["{}月".format(i) for i in range(1, 13)]
Faker.provinces	["广东", "北京", "上海", "江西", "湖南", "浙江", "江苏"]
Faker.guangdong_city	["汕头市", "汕尾市", "揭阳市", "阳江市", "肇庆市", "广州市", "惠州市"]
Faker.country	['China', 'Canada', 'Brazil', 'Russia', 'United States', 'France', 'Germany']
Faker.days_attrs	['0天', '1天', '2天', '3天', '4天', '5天', '6天', '7天', '8天', '9天', '10天', '11天', '12天', '13天', '14天', '15天', '16天', '17天', '18天', '19天', '20天', '21天', '22天', '23天', '24天', '25天', '26天', '27天', '28天', '29天']即["{}天".format(i) for i in range(30)]
Faker.days_values	生成的1~30的随机天数,顺序是打乱的,排序后是1~30

5. 南丁格尔-玫瑰图

当对比差异不是很明显的数据时,可以使用南丁格尔-玫瑰图。其原理为扇形的半径和面积是平方的关系,南丁格尔-玫瑰图会将数值之间的差异放大,适合对比大小相近的数值。它不适合对比差异较大的数值。

此外,因为圆有周期性,玫瑰图也适于表示周期/时间概念,如星期、月份。依然建议数据量不超过 30 条,超出可考虑 Bar 条形图。

```
import pyecharts.options as opts
from pyecharts.charts import Pie
```

```
c = (
Pie()
.add("",[list(z) for z in zip(["201{}年/{}季度".format(y,z)for y in range(2) for z in range
(1,3)], [4.80,4.10,5.80,5.20])],
radius = ["0%", "75%"],            # 设置内径外径
rosetype = "radius",               # 玫瑰图有两种类型
label_opts = opts.LabelOpts(is_show = True),)
.set_global_opts(title_opts = opts.TitleOpts(title = "Pie-玫瑰图示例"))
)
c.render()
```

运行效果如图 9-36 所示。

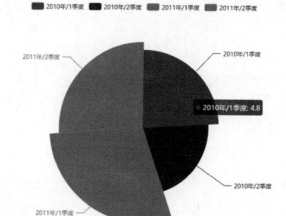

图 9-36　南丁格尔-玫瑰图

6. 桑基图

桑基图(Sankey Diagram),即桑基能量分流图,也叫桑基能量平衡图。它是一种特定类型的流程图,图中延伸的分支的宽度对应数据流量的大小,通常应用于能源、材料成分、金融等数据的可视化分析。因 1898 年 Matthew Henry Phineas Riall Sankey 绘制的“蒸汽机的能源效率图”而闻名,此后便以其名字命名为“桑基图”。

桑基图最明显的特征就是,始末端的分支宽度总和相等,即所有主支宽度的总和应与所有分出去的分支宽度的总和相等,保持能量的平衡。

桑基图的数据格式分为两部分,分别为 nodes 和 links。

nodes 为所有类别的集合,数据的格式将字典通过列表进行封装。

links 是“子类-父类-数值”的集合,字典的 key 对应的名称为'source(来源)','target(目标)','value'。例如:

```
nodes = [{'name':'支出'},{'name':'水果'},{'name':'苹果'},{'name':'橘子'},{'name':'交通工具'},
{'name':'自行车'}]
links = [
{'source':'水果','target':'支出','value':50},{'source':'交通工具','target':'支出','value':50},
{'source':'苹果','target':'水果','value':25},{'source':'橘子','target':'水果','value':25},
{'source':'自行车','target':'交通工具','value':50}
]
```

例如，关于消费支出的桑基图代码如下：

```python
from pyecharts import options as opts
from pyecharts.charts import Sankey
from pyecharts.render import make_snapshot
c = (
    Sankey()
    .add(
    "sankey",
    nodes,
    links,
    linestyle_opt = opts.LineStyleOpts(opacity = 0.2, curve = 0.5, color = "source"),
    label_opts = opts.LabelOpts(position = "right")
    )
    .set_global_opts(title_opts = opts.TitleOpts(title = "桑基图实例"))
)
c.render("桑基图.html")
```

运行效果如图 9-37 所示。

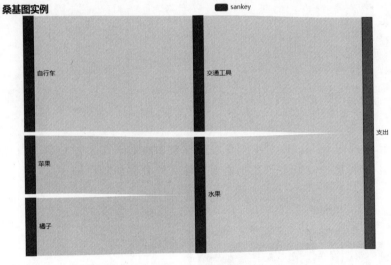

图 9-37　桑基图

9.6　Python 可视化应用——天气分析和展示

本案例使用 Python 中的 requests 和 BeautifulSoup 库对中国天气网当天和未来 7 天的数据进行爬取，保存为 CSV 文件，之后用 Matplotlib、NumPy、Pandas 对数据进行可视化处理和分析，得到温湿度变化曲线、空气质量图、风向雷达图等结果，为获得未来天气信息提供了有效方法。

9.6.1　爬取数据

首先查看中国天气网的网址（详见前言二维码），这里就访问郑州本地的天气网址，如果想爬取不同的地区只需修改最后的 101180101 地区编号即可，前面的 weather 代表是 7 天的网页,weather1d 代表当天,weather15d 代表未来 14 天。

这里主要访问 7 天的中国天气网。Python 爬取网页数据 requests 库和 urllib 库的原理相似且使用方法基本一致,都是根据 HTTP 协议操作各种消息和页面。一般情况,使用 requests 库比 urllib 库更简单些。这里采用 requests. get()方法请求网页,如果成功访问,则得到网页的所有字符串文本。

以下是使用 requests 库获取网页的字符串文本请求过程的代码:

```
♯导入相关库
import requests
from bs4 import BeautifulSoup
import pandas as pd
import matplotlib.pyplot as plt
import numpy as np
def get_data(url):   ♯getHTMLtext
"""请求获得网页内容"""
 try:
  r = requests.get(url, timeout = 30)
  r.raise_for_status()
  r.encoding = r.apparent_encoding
  print("成功访问")
  return r.text
 except:
  print("访问错误")
  return" "
```

接着采用 BeautifulSoup 库对刚刚获取的字符串进行天气数据提取。首先要对网页进行页面标签结构(见图 9-38)分析,找到需要获取天气数据的所在标签。

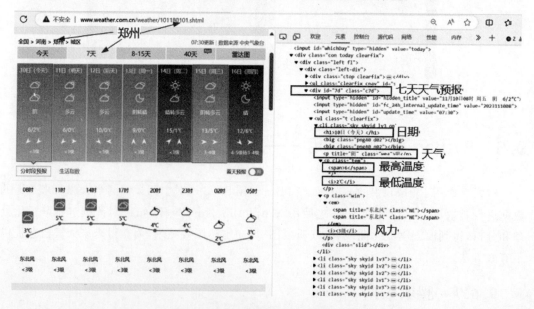

图 9-38　网页标签结构

可以发现,7 天的数据信息在 div 标签中并且 id="7d",每天的日期、天气、温度、风级等信息都在一个 ul 的 li 标签中,所以程序可以使用 BeautifulSoup 对获取的网页字符串文本进行查找 div 标签 id="7d",找出它包含的所有 ul 的 li 标签,之后提取标签中相应的天气数据值保存到列表中。

注意,有时日期没有最高气温,对于没有数据的情况,要进行判断和处理。另外,对于一些数据保存的格式也要提前进行处理,如温度后面的摄氏度符号,日期数字和风级文字这需要用到字符查找及字符串切片处理。代码如下:

```python
URL = 'http://www.weather.com.cn/weather/101180101.shtml'
# 调用函数获取网页源代码
html_code = get_data(URL)
soup = BeautifulSoup(html_code, "html.parser")

div = soup.find("div", id = "7d")
# 获取 div 标签,下面这种方式也可以
# div = soup.find('div', attrs = {'id': '7d', 'class': 'c7d'})
ul = div.find("ul")                              # ul
lis = ul.find_all("li")                          # 找到所有的 li,每天天气情况对应一个 li

li_today = lis[0]                                # 首天 li 标签
weather = []
weather_all = []
# 添加 7 天的天气数据
for li in lis:
    date = li.find('h1').text                                    # 日期
    wea = li.find('p', class_ = "wea").text                      # 天气
    tem_h = li.find('p', class_ = "tem").find("span").text       # 最高温度
    tem_l = li.find('p', class_ = "tem").find("i").text          # 最低温度
    spans = li.find('p', attrs = {"class": "win"}).find("span")  # 找到 span 标签
    win1 = spans.get('title')                                    # 风向
    win2 = li.find('p', attrs = {"class": "win"}).find("i").text # 风力
    weather = [date, wea, tem_h, tem_l, win1 , win2]             # 每天天气组合成一个列表
    weather_all.append(weather)                                  # 每天信息加入二维列表中
print(weather_all)
```

9.6.2 Pandas 处理分析数据

这里从网页数据中提取每天数据('日期','天气','最高温度','最低温度','风向','风力')以列表形式存入 weather_all,再把 weather_all 二维列表数据转换为数据框(DataFrame),同时导出到 CSV 文件存储。

```python
df_weather = pd.DataFrame(weather_all,columns = ['日期','天气','最高温度','最低温度','风向',
'风力'])
# print(df_weather)                                 # 查看二维表
df_weather.to_csv('天气.csv',encoding = 'gbk',index = False)   # 存储为 CSV 格式
for m in weather_all:
    print(m)
```

9.6.3 数据可视化展示

使用 Matplotlib 绘图进行最高和最低温度可视化展示,通过对比可以明显看出近期温度的变化情况。

```
♯设置正常显示中文
plt.rcParams['font.sans - serif'] = ['Microsoft YaHei']
plt.rcParams['axes.unicode_minus'] = False
♯创建画布
plt.figure(figsize = (10,10)) ♯设置画布大小
df = pd.DataFrame(df_weather[['日期','最高温度','最低温度']],columns = ['日期','最高温度','最低温度'])
df['最低温度'] = df['最低温度'].map(lambda x: str(x)[:-1])    ♯删除最低温度后的温度℃

f = df.loc[:,'日期']
g = df.loc[:,'最高温度'].map(lambda x: int(x))              ♯转换成数字
g2 = df.loc[:,'最低温度'].map(lambda x: int(x))             ♯转换成数字

my_y_ticks = np.arange(-5, 20, 1)
plt.yticks(my_y_ticks)                                     ♯纵坐标上的刻度(ticks)方式
plt.tick_params(axis = 'y',colors = 'blue')
♯添加 label 设置图例名称
plt.plot(f,g,label = '最高温度')                            ♯最高温度折线图
plt.plot(f,g2,label = '最低温度')                           ♯最低温度折线图
plt.title("郑州天气")
plt.grid()
plt.legend()
plt.show()
```

最终运行效果如图 9-39 所示。

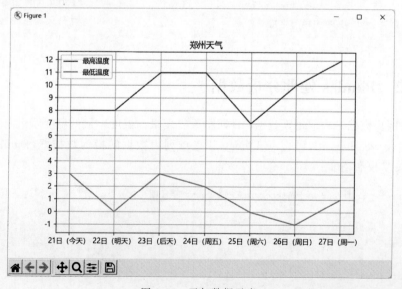

图 9-39　天气数据示意

读者可以获取两个城市的天气情况，对温度情况进行对比展示。

下面统计未来7天的风向和平均风力，并且采用极坐标形式，将圆周分为8部分，代表8个方向，采用雷达图展示。代码如下：

```python
# 构造数据
# values = df_weather['风力']              # 由于风力是3级,<3级,3-4级等数据需要复杂处理
values = [3.2, 2.1, 0, 2.8,1.3, 3, 6 ,4] # 这里采用假设平均风力数据
# feature = df_weather['风向']
feature = ['东风', '东北风', '北风', '西北风', '西风', '西南风', '南风', '东南风']

N = len(values)
# 设置雷达图的角度,用于平分切开一个圆面
angles = np.linspace(0, 2 * np.pi, N, endpoint = False)
# 为了使雷达图一圈封闭起来,需要下面的步骤
values = np.concatenate((values, [values[0]]))
angles = np.concatenate((angles, [angles[0]]))
feature = np.concatenate((feature,[feature[0]]))    # 对 labels 进行封闭
# 绘图
fig = plt.figure()
ax = fig.add_subplot(111, polar = True)             # 这里一定要设置为极坐标格式
ax.plot(angles, values, 'o-', linewidth = 2)        # 绘制折线图
ax.fill(angles, values, alpha = 0.25)               # 填充颜色
ax.set_thetagrids(angles * 180 / np.pi, feature)    # 添加每个特征的标签

ax.set_ylim(0, 8)                                   # 设置雷达图的范围
plt.title('风力属性')# 添加标题
ax.grid(True)                                       # 添加网格线
plt.show()                                          # 显示图形 plt.show()方法
```

最终运行效果如图 9-40 所示。

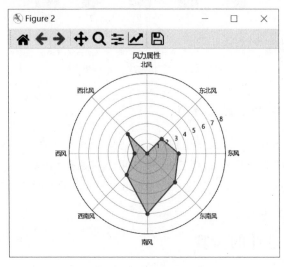

图 9-40　天气数据示意

分析可以发现未来7天南风、东南风是主要风向，风级最高达到了6级，未来7天没有北风。

9.7 Python 可视化应用——学生成绩分布柱状图展示

学生成绩存储在 Excel 文件(见表 9-5)中,本程序从 Excel 文件读取学生成绩,统计各个分数段(90 分以上,80~89 分,70~79 分,60~69 分,60 分以下)学生人数,并用柱状图(见图 9-41)展示学生成绩分布,同时计算出最高分、最低分、平均成绩等分析指标。

表 9-5   Mark. xlsx 文件

学号	姓名	物理	Python	数学	英语
199901	张海	100	100	95	72
199902	赵大强	95	94	94	88
199903	李志宽	94	76	93	91
199904	吉建军	89	78	96	100
……					

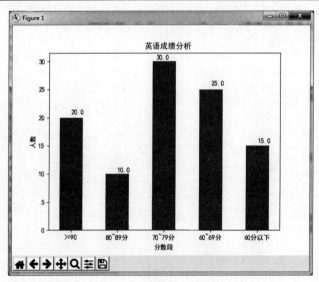

图 9-41   学生成绩分布柱状图

9.7.1   程序设计的思路

本程序涉及从 Excel 文件读取学生成绩,这里使用第三方的 xlrd 和 xlwt 两个模块用来读和写 Excel,学生成绩获取后存储到二维列表这样的数据结构中。学生成绩分布柱状图展示可采用 Python 中最出色的绘图库 Matplotlib,它可以轻松实现柱状图、饼图等可视化图形。

9.7.2   程序设计的步骤

1. 读取学生成绩 Excel 文件

代码如下:

```
import xlrd
wb = xlrd.open_workbook('marks.xlsx')              # 打开文件
sheetNames = wb.sheet_names()                      # 查看包含的工作表
# 获得工作表的两种方法
sh = wb.sheet_by_index(0)
sh = wb.sheet_by_name('Sheet1')                    # 通过名称''Sheet1''获取对应的 Sheet
# 第一行的值,课程名
courseList = sh.row_values(0)
print(courseList[2:])                              # 打印出所有课程名
course = input("请输入需要展示的课程名:")
m = courseList.index(course)
# 第 m 列的值
columnValueList = sh.col_values(m) # ['数学', 95.0, 94.0, 93.0, 96.0]
print(columnValueList)                             # 展示的指定课程的分数
scoreList = columnValueList[1:]
print('最高分:',max(scoreList))
print('最低分:',min(scoreList))
print('平均分:',sum(scoreList)/len(scoreList) )
```

运行结果如下:

```
请输入需要展示的课程名: 英语
['英语', 72.0, 88.0, 91.0, 100.0, 56.0, 75.0, 23.0, 72.0, 88.0, 56.0, 88.0, 78.0, 88.0, 99.0,
88.0, 88.0, 88.0, 66.0, 88.0, 78.0, 88.0, 77.0, 77.0, 77.0, 88.0, 77.0, 77.0]
最高分: 100.0
最低分: 23.0
平均分: 78.92592592592592
```

提示: xlrd 的最新版本 2.0.1 不支持.xlsx 格式文件的读取,此时需要安装 xlrd 的旧版本 1.2.0 版本。

2. 柱状图展示学生成绩分布

代码如下:

```
import matplotlib.pyplot as plt
import numpy as np
y = [0,0,0,0,0]                                    # 存放各分数段人数
for score in scoreList:
    if score >= 90:
        y[0] += 1
    elif score >= 80:
        y[1] += 1
    elif score >= 70:
        y[2] += 1
    elif score >= 60:
        y[3] += 1
    else:
        y[4] += 1
x1 = ['>=90','80~89分','70~79分','60~69分','60分以下']
plt.xlabel("分数段")
plt.ylabel("人数")
plt.rcParams['font.sans-serif'] = ['SimHei']       # 指定默认字体
```

```
rects = plt.bar(x = x1,height = y,color = 'green',width = 0.5)    ♯绘制柱状图
plt.title(course + "成绩分析")                                      ♯设置图表标题
for rect in rects:                                               ♯显示每个条形图对应数字
    height = rect.get_height()
    plt.text(rect.get_x() + rect.get_width()/2.0, 1.03 * height, "%s" % float(height))
plt.show()
```

运行效果如图 9-42 所示。

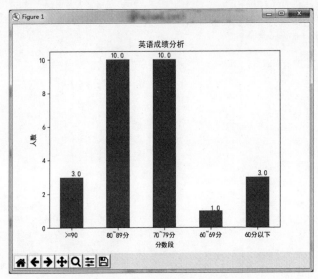

图 9-42　学生成绩分布柱状图

第 *10* 章

可视化在微信公众号舆情系统中的应用

微信公众号舆情管理系统是分析当前微信舆情情况的一款软件,通过获取和分析搜狗微信公众号(网址详见前言二维码)文章的相关信息,得到一系列用户想要的文章热度、意见领袖、高频词云、有关公众号等具体数据信息,并通过 ECharts 可视化技术展示出来。

10.1　系统背景意义

微信公众号舆情系统可以展现微信公众号文章列表、意见领袖、有关公众号等具体数据信息,发现话题下的热点文章、有影响力的公众号,同时会可视化展现文章热度、高频词云、数量趋向。正负面分析和话题(热点)发现,可以提供实时信息,更加有助于用户理解和处理这些繁杂的数据,使得想要了解的地方一目了然。

如今的信息时代更像是一个信息超载的时代,过量的信息是压倒性的。幸运的是,我们人类是强烈的视觉生物,即使是年幼的孩子也可以解读条形图,从这些数字的视觉表示中提取意义。出于这个原因,数据可视化是一个强大的工作。可视化数据是与其他人交流的最快方式。如一个普通用户想查看相关的文章或者热搜词汇等,通过该系统的可视化信息,能轻而易举地找到想要的内容。如果是一个公众号的运营者,通过分析热搜的词汇后,可以发布与热搜词汇相关的内容。用户也通过分析热门文章的标题,分析出相同领域的文章标题的起法,进而分析出文章的内容和排版,有助于用户写出更加热门的文章。因此通过可视化技术把这些数据可视化出来,可以让用户第一时间了解微信舆情的发展态势。

10.2　系统功能模块

微信公众号舆情系统是以数据可视化为目标,发现话题下的热点文章、有影响力的公众号,第一时间领会微信舆情的成长态势。其主要包含三大模块。

（1）展示文章列表、意见领袖、有关公众号的详细信息。

在微信公众号的文章展示中，以列表的形式展现热门文章。意见领袖是作为中间的媒介，起到十分重要的作用，它们把一些内容通过处理之后传播给用户，具备影响别人立场的本领。它们参与大众传播，加速了传播速度并扩展了影响。不管是文章列表还是意见领袖，都需要有详细的公众号信息，这样才能让用户了解到热门文章和有影响力的公众号。

（2）可视化展示文章热度、高频词云、数量趋势。

通过可视化能够清晰地展示公众号数据，让用户更加容易了解微信公众号舆情发展态势。可视化首先展示的是文章的热度，通过排名的方式进行可视化展示，让用户轻而易举地看到当下最热门的文章以及与该文章相关的公众号。高频词云是通过分析提取关键词，把高频词提取出来，进而形成词云，让用户一眼望去就能看到当下热搜的词汇。另外，通过文章的阅读量数据形成统计图，进而对一段时间的数据进行对比，让用户更加清晰地了解热门、有影响力的公众号的整体情况。

（3）文章正负面分析和话题发现。

文章正负面分析是通过把所发文章内容的网页 HTML 进行去除标签，得到纯文本，根据汉明距离来计算句子群中每个句子和关键字的关联程度，完成关键句群的提取后进行打分。正负面打分计算采用的是大连理工大学的情感分词库对文本进行打分。最后根据分数正负性判断文章的正负面，分数为正的是正面文章；分数为负的是负面文章；分数为 0 的是没有感情偏向。

话题发现是通过对文章话题设置搜索功能，根据用户输入的关键字进行分析之后，得出用户感兴趣的话题，在得到搜索结果之后，用户就可以阅读感兴趣的文章内容，以及公众号的相关信息等。

10.3　功能需求

10.3.1　系统首页

1. 主题说明

管理系统主要分为登录界面和系统主界面，管理员在登录界面输入登录名、密码，经过系统验证后可登录到系统主界面，在系统主界面，管理员可以对微信公众号文章的相关内容进行信息管理。系统功能用例图如图 10-1 所示。

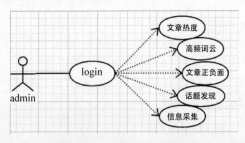

图 10-1　系统功能用例图

2．功能要求

在登录界面中,密码需要采取相应的保护措施,使用圆点来代替。

系统的主菜单界面的主要功能有文章热度、高频词云、文章正负面、话题发现、信息采集,管理员可以通过提供相关的权限来限制相应的界面展示。

10.3.2　文章热度

1．主题说明

进入文章热度的界面可以看到文章的相关内容,用户可以检索相关的文章,也可以查看文章的热度和近七天的数量趋势,从而对每篇文章都有清晰的了解。

2．数据结构描述

文章热度数据结构描述如表 10-1 所示。

表 10-1　文章热度数据结构描述

数　据　项	备　　注
ID	文章的 ID,用来表示每一篇文章,为自增型
标题	文章的头部,文章的中心内容
作者	文章内容的发布者
公众号名称	该文章发布的公众号的名称
浏览量	该文章的总浏览次数
评论量	该文章的总评论次数
点赞量	该文章的总点赞次数
分享量	该文章的总分享次数
发布时间	该文章的发布日期

3．功能要求

(1) 对上述数据进行列表展示,可以通过相关的文章标题和公众号名称进行查询。

(2) 可对每一篇文章的数量趋势以及文章的热度值进行查看。

10.3.3　高频词云

1．主题说明

当管理员进入系统,单击进入高频词云的界面,能够让用户清晰和直观地看到热门词汇。

2．数据结构描述

高频词云数据结构描述如表 10-2 所示。

表 10-2　高频词云数据结构描述

数　据　项	备　　注
关键字 ID	处理后相应的关键字唯一标识,为自增型
关键词	文章处理后的关键词
公众号名称	文章所载的公众号
词频	出现的频率

3. 功能要求

主要通过对爬取到的文章内容进行关键词提取,将出现最多的关键词形成高频词云。

10.3.4 文章正负面

1. 主题说明

文章正负面界面主要展示文章的相关信息、文章正负的分值和每篇文章的情感倾向,同时还可以对这些文章进行查询。

2. 数据结构描述

文章正负面数据结构描述如表 10-3 所示。

表 10-3 文章正负面数据结构描述

数 据 项	备 注
ID	文章的 ID,用来表示每一篇文章,为自增型
标题	文章的头部,文章的中心内容
作者	文章内容的发布者
公众号名称	该文章发布的公众号的名称
正面性	该文章正面得到的分数
负面性	该文章负面得到的分数
既正面又负面	该文章正面和负面得到的分数
中性	该文章中性得到的分数
正负性	该文章的情感倾向(正和负)
发布时间	文章的发布日期

3. 功能要求

(1) 将上述数据进行列表展示,同时通过文章的标题和公众号名称进行查询。

(2) 通过查看功能可以查看某一篇文章的正负性。若为正,则表示文章情感倾向为正向;若为负,则表示文章的情感倾向为负向。

10.3.5 话题发现

1. 主题说明

话题发现主要分为四部分:检索、关键字提示、全文检索结果以及意见领袖的展示。

2. 数据结构描述

话题发现数据结构描述如表 10-4 所示。

表 10-4 话题发现数据结构描述

数 据 项	备 注
标题	文章的头部,文章的中心内容
公众号名称	该文章发布的公众号的名称
发布时间	该文章的发布时间
图片	该文章的封面图

续表

数　据　项	备　　注
意见领袖	影响力比较大的公众号
文章热度	通过相应的分值来标识文章的热度

3. 功能要求

（1）能够查询相应的热门话题，同时提供相应的关键字。

（2）查询的结果通过列表展示出来，展示出文章热度和意见领袖。

10.3.6　信息采集

1. 主题说明

输入想要检索的关键字，单击"检索"按钮，就可以去爬取相关的文章内容。

2. 数据结构描述

信息采集数据结构描述如表 10-5 所示。

表 10-5　信息采集数据结构描述

数　据　项	备　　注
ID	文章的 ID，用来表示每一篇文章，为自增型
标题	文章的头部，文章的中心内容
作者	文章内容的发布者
公众号名称	该文章发布的公众号的名称
浏览量	该文章的总浏览次数
评论量	该文章的总评论次数
点赞量	该文章的总点赞次数
分享量	该文章的总分享次数
发布时间	该文章的发布日期
公众号图片	该文章发布的公众号的 Logo
微信号	该文章发布的公众号的微信号
功能介绍	该文章发布的公众号的功能介绍
文章内容	该文章的相关内容

3. 功能要求

（1）输入要查询的内容，单击"检索"按钮去爬取网页中相应的文章信息到数据库中。

（2）定时爬取每日更新的文章内容并保存到数据库中。

10.4　系统实现

10.4.1　登录界面

登录界面如图 10-2 所示，主要是输入用户名和密码，以及单击"登录"按钮。另外还有忘记密码功能，其用户忘记密码则可以单击界面中"这里"进行找回。

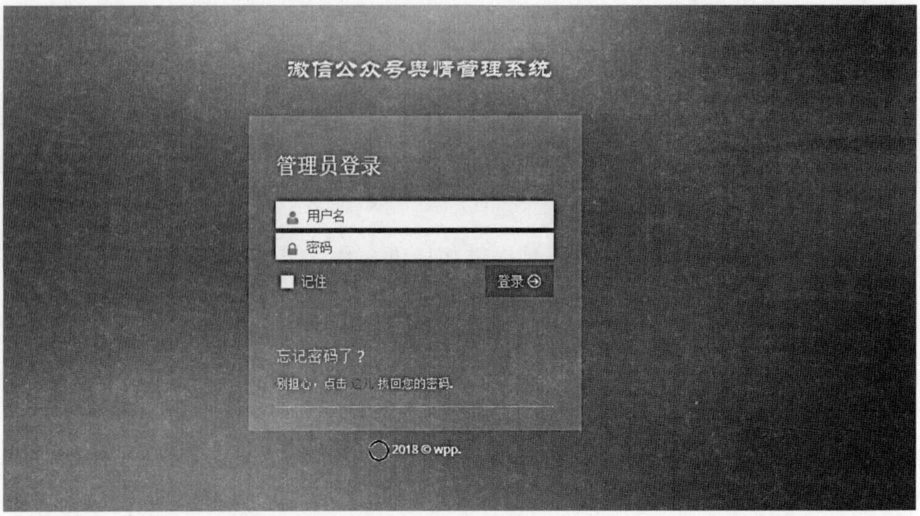

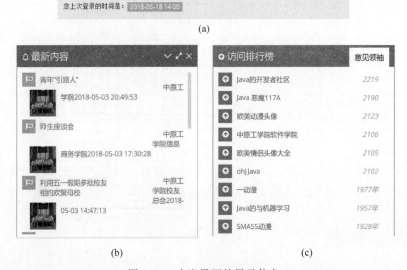

图 10-2　登录界面

10.4.2　欢迎界面

欢迎界面如图 10-3 所示,主要由三部分组成。

第一部分:登录用户以及登录时间,如图 10-3(a)所示。

第二部分:显示最新文章内容信息,如图 10-3(b)所示。

第三部分:显示微信公众号的意见领袖,如图 10-3(c)所示。

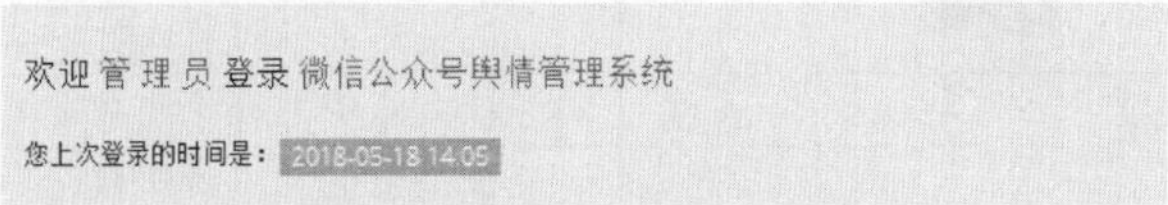

图 10-3　欢迎界面的展示信息

10.4.3　文章热度

文章热度界面如图 10-4 所示,主要展示文章的相关信息(包括公众号的信息),同时可以对这些文章进行查询(根据文章的标题以及文章的发布日期查询)。

	标题	作者	公众号名称	浏览量	评论量	点赞量	分享量	发布时间	操作
1	那些工作几年的往届生,为什么又回来考研了?		中原工学院信息商务学院	68266	687	933	8	2018-05-03 17:30:28	热度 趋势
2	Linux《十八》RPM	leeqico	Java后端生活	100001	88	5082	83	2018-05-02 23:38:25	热度 趋势
3	百分之九少年只是流量明星?		咪咕动漫	27214	831	2198	58	2018-05-02 19:14:24	热度 趋势
4	北上广Java开发月薪20K以上,如何拿到?需要会些什么?		达内Java培训	69907	207	204	70	2018-05-02 17:00:00	热度 趋势
5	架构师眼中的高并发架构		Java思维导图	32877	516	4687	43	2018-05-02 08:08:00	热度 趋势
6	连逛6天漫展才知道,何谓真正文化之旅		咪咕动漫	56136	316	269	51	2018-05-01 20:30:41	热度 趋势
7	一个"会说话"的思维导图,它教你这样预习	吕一明	Java思维导图	26604	957	354	54	2018-05-01 11:11:00	热度 趋势

图10-4 文章热度界面

右边有热度和趋势两个操作,其中热度是根据文章的浏览量、评论量、点赞量、分享量等得到的值,采用ECharts技术绘制,如图10-5所示。

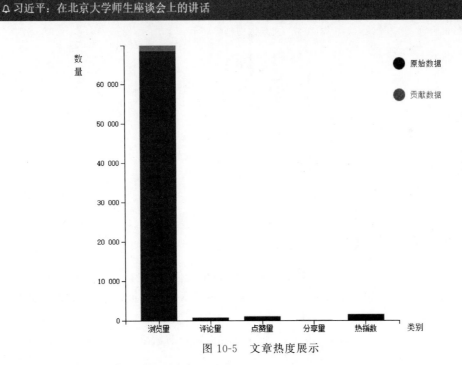

图10-5 文章热度展示

另一个是文章的浏览量等趋势,展示近七天的文章情况,采用ECharts技术绘制,如图10-6所示。

10.4.4 高频词云

主要通过对爬取的文章内容进行关键词的提取,最多的关键词形成高频词云(而这些关键词只是针对爬取的文章的关键词)。采用词云技术绘制,如图10-7所示。

286

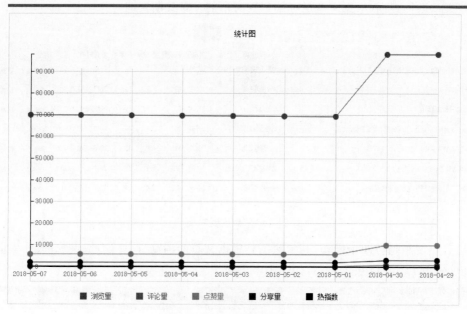

图 10-6　文章数据趋势展示

图 10-7　高频词云展示

10.4.5　文章正负面

文章正负面界面如图 10-8 所示,主要展示文章的相关信息(包括公众号的信息)、文章正负面的分值和每篇文章的情感倾向,同时可以对这些文章进行查询(根据文章的标题以及文章发布日期查询)。

	标题	作者	公众号名称	正面性	负面性	中立性	既正面又负面	正负性	发布时间	操作
□ 1	The Big Data / Fast Data Gap		摸索Java	0	0	0	0	无情感倾向	2014-03-12 19:19:48	◉查看
□ 2	2014年度移动开发工具类Jolt大奖	彭泰进	摸索Java	0	0	0	0	无情感倾向	2014-03-11 13:43:31	◉查看
□ 3	Web应用开发者必备的 14 个 JavaScript 音频库	Barnett	摸索Java	0	0	0	0	无情感倾向	2014-02-15 16:38:00	◉查看
□ 4	旅游专题——个人的旅行	新浪微博	中原工学院环境与发展协会	0	0	0	0	无情感倾向	2013-12-04 22:32:43	◉查看
□ 5	生活提示--多开窗通风,吹走"暖气病"		中原工学院环境与发展协会	0	0	0	0	无情感倾向	2013-11-30 19:02:02	◉查看

图 10-8　文章正负面列表界面

列表中每篇文章的最右边有"查看"功能,这个功能能够查看到某篇文章正负面得分以及最后的整体分值。正面和负面的差即为文章的情感倾向(橙色代表负面性,蓝色代表正面性)。文章正负面展示如图 10-9 所示。

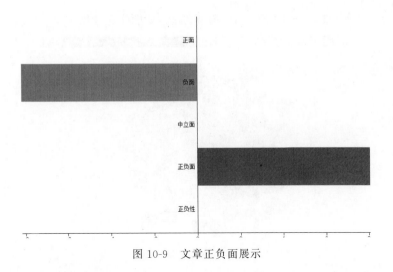

图 10-9　文章正负面展示

10.4.6　话题发现

话题发现主要分为四部分：关键字检索、关键字提示、全文检索结果和意见领袖。

第一部分：关键字检索，如图 10-10 所示。

图 10-10　关键字检索图

第二部分：关键字提示，如图 10-11 所示。

图 10-11　关键字提示图

第三部分：检索结果（如搜索"中原工学院"后的结果），如图 10-12 所示。

图 10-12　检索结果图

第四部分：意见领袖。采用 ECharts 技术绘制，如图 10-13 所示。

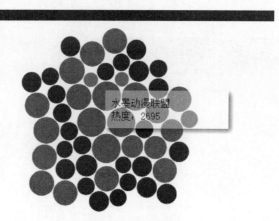

图 10-13　意见领袖图

10.4.7　信息采集

信息采集主要是对搜狗微信的内容进行爬取，把爬取的内容放到数据库中，以便进行查询和处理，如图 10-14 所示。

	标题	作者	公众号名称	发布时间
1	我校在2018年全球品牌策划大赛中国地区选拔赛中喜获佳绩	信商新媒体	中原工学院信息商务学院	2018-05-03 20:49:53
2	Tomcat 启动报错 Could not contact localhost: 8005	猫叔	Java猫说	2018-05-03 17:30:28
3	利用五一假期多批校友相约欢聚母校	校友会办公室	中原工学院校友总会	2018-05-03 14:47:13
4	Linux（十九）YUM	leeqico	Java后端生活	2018-05-03 13:15:51
5	离职的原因……写给那些想要跳槽的人们	faithsws	精讲java	2018-05-03 10:23:00
6	用JWT技术为Spring Boot的API增加授权保护		Java 葵花宝典	2018-05-03 10:06:51
7	2018之我要成为架构师资源分享-		Java思维导图	2018-05-03 08:08:00
8	教大家如何通过Maven创建SSH项目工程	许尚飞	Java学习	2018-05-03 08:00:00
10	如何正确面对雨锁	@星个	煮义Java自行车	2018-05-02 19:59:44
11	产品经理课从入门到精通，收费视频教程（限时免费三天）		远行Java	2018-05-02 19:21:23
12	百分之九少年只是流量明星?		咩咕动漫	2018-05-02 19:14:24
13	作为一个计算机专业的大学生,毕业时怎样才算合格		中原工学院软件学院	2018-05-02 18:43:38
14	北上广Java开发月薪20K以上,如何拿到?需要会些什么?		达内Java 培训	2018-05-02 17:00:00
15	如何学习一门编程语言		Java那些事	2018-05-02 16:00:00

图 10-14　信息采集后的爬取结果

本微信公众号舆情管理系统实现对微信文章进行分析，可视化展示文章热度、高频词云、文章正负面和话题发现功能。本系统在技术方面，文章分词主要用到了 IKAnalyzer 中文分词器；查询文章时用到了 Lucene 全文检索技术；正负面打分计算采用的是大连理工大学的情感分词库对文本进行打分；最后采用 ECharts 技术进行前台展示。

参 考 文 献

[1] 周苏,王文.大数据可视化[M].北京:清华大学出版社,2016.

[2] 周苏,张丽娜,王文.大数据可视化技术[M].北京:清华大学出版社,2016.

[3] 陈为,张嵩,鲁爱东.数据可视化的基本原理与方法[M].北京:科学出版社,2013.

[4] 吕之华.精通 D3.js[M].2 版.北京:电子工业出版社,2017.

[5] 阮文江.JavaScript 程序设计基础教程[M].2 版.北京:人民邮电出版社,2015.

[6] 刘浪.Python 基础教程[M].北京:人民邮电出版社,2015.

[7] 嵩天,礼欣,黄天羽.Python 语言程序设计基础[M].2 版.北京:高等教育出版社,2017.

[8] 岳学军.JavaScript 前端开发实用技术教程[M].北京:人民邮电出版社,2014.

[9] 李雯,李洪发.HTML5 程序设计基础教程[M].北京:人民邮电出版社,2015.

[10] 范路桥,张良均.Web 数据可视化(ECharts 版)[M].北京:人民邮电出版社,2021.

图 书 资 源 支 持

感谢您一直以来对清华版图书的支持和爱护。为了配合本书的使用，本书提供配套的资源，有需求的读者请扫描下方的"书圈"微信公众号二维码，在图书专区下载，也可以拨打电话或发送电子邮件咨询。

如果您在使用本书的过程中遇到了什么问题，或者有相关图书出版计划，也请您发邮件告诉我们，以便我们更好地为您服务。

我们的联系方式：

清华大学出版社计算机与信息分社网站：https://www.shuimushuhui.com/

地　　　址：北京市海淀区双清路学研大厦 A 座 714

邮　　　编：100084

电　　　话：010-83470236　010-83470237

客服邮箱：2301891038@qq.com

QQ：2301891038（请写明您的单位和姓名）

资源下载：关注公众号"书圈"下载配套资源。

资源下载、样书申请

书 圈

图书案例

清华计算机学堂

观看课程直播